鲁棒非线性伺服控制及应用

程国扬　著

科学出版社
北　京

内 容 简 介

伺服控制是工业自动化和智能制造的核心技术之一。伺服控制系统的性能决定了生产效率、加工精度和系统运行的安全性。本书针对工业生产装备和机电一体化系统中的伺服机构，采用基于状态空间模型的现代控制理论方法，以及线性控制与非线性控制相结合的技术路线，致力于研发高性能的伺服控制方案及其支持工具包，包括抗扰动鲁棒近似时间最优伺服控制、复合非线性定点伺服控制和轨迹跟踪控制、双模切换伺服控制，实现快速、平稳、准确的大范围伺服控制，满足先进制造业对效率和性能的严格要求。

本书可供伺服传动系统和装备制造业（如数控机床、机器人、自动包装/装配机械等）的研发人员，以及高等院校和科研机构中从事控制工程与自动化、机电一体化系统控制研究工作的技术人员阅读参考，也可作为相关专业的研究生教材。

图书在版编目（CIP）数据

鲁棒非线性伺服控制及应用 / 程国扬著. —北京：科学出版社，2017.12

ISBN 978-7-03-056151-0

Ⅰ. 鲁… Ⅱ. 程… Ⅲ. 鲁棒控制-非线性-伺服控制 Ⅳ. TP275

中国版本图书馆 CIP 数据核字（2017）第 317783 号

责任编辑：裴 育 赵微微 / 责任校对：桂伟利
责任印制：张 伟 / 封面设计：蓝 正

科学出版社 出版
北京东黄城根北街 16 号
邮政编码：100717
http://www.sciencep.com
北京厚诚则铭印刷科技有限公司 印刷
科学出版社发行 各地新华书店经销
*
2017 年 12 月第 一 版 开本：720×1000 B5
2021 年 1 月第三次印刷 印张：12 3/4
字数：257 000

定价：88.00元

（如有印装质量问题，我社负责调换）

前　言

伺服控制是工业自动化的基础。在数控机床、自动装配生产线等现代机电一体化装备系统中，伺服控制技术是其支撑技术之一。作为控制科学的一个传统研究领域，伺服控制在国内外得到了广泛的研究。在当前中国推行智能制造战略、大力发展机器人和装备制造业的时代背景下，伺服控制技术的重要性更加凸显，将成为学术界和产业界共同关注的技术领域。

本书针对机电伺服传动系统的动态特性和功能需求，采用基于状态空间模型的控制设计技术，致力于提高伺服控制系统的性能和鲁棒性。鉴于线性控制技术固有的局限性，即对于给定的带宽，线性控制系统若要获得较小的超调量就无法同时获得快速响应性能，本书采用线性控制与非线性控制相结合的技术路线，以期同时实现快速响应与平稳控制。为了应对系统的扰动和不确定性，本书采用基于扩展状态观测器的扰动补偿机制，来提高伺服系统的稳态精度和鲁棒性。本书不仅介绍具体的伺服控制技术方案，而且提供了一个软件工具包来支持设计过程，还通过各种典型的电机伺服系统的实验案例来提供示范和应用指南。

本书介绍的伺服控制技术方案，不同于传统的基于传递函数模型的多环串级伺服控制系统方案。传统方案由于线性控制律和单自由度结构的局限性，其在性能上存在难以克服的不足。本书介绍的伺服控制技术，也有别于目前控制领域内受到广泛关注的自抗扰控制技术。自抗扰控制的出发点是为线性和非线性不确定系统提供一种统一的简单有效的控制方案，它对系统模型做了大胆的简化假设，即控制器的设计只需用到系统的相对阶和增益系数，而把模型的其他项和外部干扰都归入一个总扰动(扩展的状态变量)，利用观测器来提供对状态和扰动的在线估计，用于反馈补偿。为保证快速的收敛性，自抗扰控制在扩展状态观测器和控制律中使用了非线性、非光滑函数(如关于误差量的分段函数)，但这种非线性结构导致了理论分析和参数整定的困难。本书介绍的伺服控制技术主要面向机电伺服传动系统这类具有清晰物理结构的工程系统，通过机理建模和系统辨识，这类系统的动态特性可以用一个带有扰动(如负载)和非线性环节(饱和限幅)的线性系统模型来描述。本书的核心理念就是针对被控系统的模型特点，通过线性控制律与非线性控制律的综合运用，实现理想的瞬态性能；同时，利用一个线性的扩展状态观测器来进行扰动补偿，改善系统的控制精度和鲁棒性。

本书是作者过去十多年在伺服控制领域研究工作的总结，其中主要内容源于国家自然科学基金项目(面向高性能伺服运动系统的鲁棒非线性控制技术研究，61174051)的研究成果。首先，特别感谢新加坡国立大学的陈本美教授和彭可茂博士在理论方法上的启发与引导(本书有一部分内容是作者与他们的合作成果)；其次，感谢福州大学电气工程与自动化学院的胡金高副教授、黄宴委教授以及作者指导的研究生乐宏来、陆涛、洪建水、彭萌、陈怡、赵继强、张宝刚和张玉彬等在实验方面所作的贡献；最后，感谢家人长期以来的支持和照顾。

由于作者水平有限，书中难免存在不妥之处，恳请读者和同行批评斧正。

作　者

2017年8月于福州大学

目录

前言
第 1 章 绪论 …… 1
1.1 中国智能制造战略 …… 1
1.2 先进伺服控制技术 …… 2
1.3 本书主要内容 …… 7
参考文献 …… 8
第 2 章 鲁棒近似时间最优伺服控制 …… 14
2.1 引言 …… 14
2.2 连续时域鲁棒PTOS控制 …… 15
2.2.1 鲁棒PTOS控制律的设计 …… 15
2.2.2 稳定性分析 …… 19
2.2.3 仿真实例 …… 21
2.3 离散时域鲁棒PTOS控制 …… 23
2.3.1 离散鲁棒PTOS控制律的设计 …… 23
2.3.2 稳定性分析 …… 26
2.3.3 仿真实例 …… 31
2.4 速度受限PTOS控制 …… 32
2.5 带阻尼伺服系统的扩展PTOS控制 …… 36
2.5.1 扩展PTOS控制律的设计 …… 36
2.5.2 稳定性分析 …… 38
2.5.3 仿真实例 …… 41
2.6 小结 …… 43
参考文献 …… 43
第 3 章 鲁棒复合非线性定点伺服控制 …… 46
3.1 引言 …… 46
3.2 连续时域RCNS控制 …… 47
3.2.1 RCNS控制律的设计 …… 48
3.2.2 稳定性分析 …… 52
3.2.3 仿真实例 …… 57

3.3　离散时域RCNS控制 ············ 64
3.3.1　离散RCNS控制律的设计 ············ 64
3.3.2　稳定性分析 ············ 68
3.3.3　仿真实例 ············ 72
3.4　小结 ············ 77
参考文献 ············ 78
第 4 章　鲁棒复合非线性轨迹跟踪控制 ············ 80
4.1　引言 ············ 80
4.2　参考信号发生器 ············ 81
4.3　复合非线性轨迹跟踪控制器 ············ 83
4.4　稳定性分析 ············ 86
4.5　参考信号生成器的另一种设计 ············ 89
4.6　仿真实例 ············ 90
4.7　小结 ············ 99
参考文献 ············ 99
第 5 章　复合非线性控制 MATLAB 工具包 ············ 100
5.1　引言 ············ 100
5.2　理论基础 ············ 101
5.2.1　积分增强复合非线性反馈控制 ············ 101
5.2.2　鲁棒复合非线性控制 ············ 104
5.3　软件框架和用户指南 ············ 104
5.4　设计举例 ············ 108
5.4.1　旋转-平移执行器系统 ············ 108
5.4.2　硬盘磁头定位伺服控制系统 ············ 111
5.4.3　三阶系统的轨迹跟踪控制 ············ 114
5.5　小结 ············ 117
参考文献 ············ 117
第 6 章　双模切换伺服控制 ············ 118
6.1　引言 ············ 118
6.2　连续时域DMSC设计 ············ 119
6.2.1　鲁棒PTOS控制律 ············ 120
6.2.2　RCNS控制律 ············ 121
6.2.3　DMSC切换策略 ············ 123
6.2.4　稳定性分析 ············ 125

6.3 离散时域DMSC设计 …… 128
6.3.1 离散鲁棒PTOS控制律 …… 129
6.3.2 离散RCNS控制律 …… 133
6.3.3 离散DMSC切换策略 …… 136
6.4 仿真实例 …… 140
6.5 小结 …… 143
参考文献 …… 143
第7章 伺服控制应用实践 …… 145
7.1 永磁同步电机位置伺服系统的鲁棒PTOS控制 …… 145
7.1.1 位置伺服控制器的设计 …… 145
7.1.2 仿真分析 …… 148
7.1.3 实验研究 …… 152
7.2 直流伺服电机位置的扩展PTOS控制 …… 155
7.2.1 位置伺服控制器的设计 …… 155
7.2.2 仿真与实验验证 …… 157
7.3 无刷直流电机调速系统的RCNS控制 …… 160
7.3.1 无刷直流电机调速系统的数学模型 …… 161
7.3.2 速度伺服控制器的设计 …… 161
7.3.3 仿真分析 …… 164
7.3.4 实验研究 …… 168
7.4 硬盘音圈电机伺服系统的离散RCNS控制 …… 170
7.4.1 位置伺服控制器的设计 …… 170
7.4.2 仿真与实验验证 …… 173
7.5 永磁同步电机位置伺服系统的DMSC控制 …… 176
7.5.1 位置伺服控制器的设计 …… 176
7.5.2 实验研究 …… 179
7.6 直线电机二维伺服平台轮廓轨迹的RCNT控制 …… 184
7.6.1 二维伺服平台的数学模型 …… 184
7.6.2 曲线轨迹跟踪控制器的设计 …… 186
7.6.3 实验研究 …… 188
7.7 小结 …… 193
参考文献 …… 194

第 1 章　绪　　论

1.1　中国智能制造战略

制造业是发展国民经济、保障国家安全和改善社会民生的基石。从 2010 年开始，我国制造业的产值超越了美国，成为全球制造业第一大国。但是，我国制造业当前还存在四个主要问题：一是自主创新能力不强；二是产品质量问题还比较突出；三是资源利用效率比较低，能耗比较高，污染较严重；四是产业结构不合理，低端产品产能严重过剩，高端制造能力比较差。简而言之，我国制造业多处于附加值较低的“生产—加工—组装”环节，只能算是一个以低端制造业为主体的“制造大国”，距离“制造强国”还有很长的路要走[1]。

随着我国人口老龄化趋势凸显，人口红利逐渐消失、劳动力供给减少，加之资源枯竭、环境危机加重，我国长期以来以劳动密集型、资源消耗型和环境污染型为主体的制造业将难以为继、急需转型。另外，发达国家在经历 2008 年的金融危机之后，对制造业的重要性有了新的认识。美国、德国、英国等国家纷纷提出以重振制造业为核心，以信息网络技术、数字化制造技术应用为重点，旨在依靠科技创新，抢占制造业新的制高点的“再工业化”战略。例如，美国于 2012 年 2 月正式发布了《先进制造业国家战略计划》；德国在 2013 年 4 月推出了“工业 4.0 实施建议”。在国际制造业竞争加剧、我国制造业传统优势逐渐弱化、新一轮工业革命酝酿爆发的大背景下，我国政府于 2015 年推出了制造业战略发展规划[2]，期望用三个十年左右的时间，实现中国从制造业大国向制造业强国的转变。其中，《中国制造 2025》是三步走的第一个十年行动纲领，也是一个路线图和时间表。它提出通过新一代信息技术与制造业融合，来强化工业基础能力，提高综合集成水平和完善多层次人才体系，实现数字化和智能制造，满足经济社会发展和国防建设对重大技术装备的需求，达到创新发展、提质增效的目的。

《中国制造 2025》拟定了九大任务、十大领域、五大工程以及八大政策。2015 年，全国启动了超过 30 个智能制造试点示范项目，覆盖了流程制造、离散制造、智能装备和产品、智能制造新业态/新模式、智能化管理、智能服务等六方面。通过试点示范，关键智能部件、装备和系统自主化能力大幅提升，产品、生产过程、管理、服务等智能化水平显著提高，智能制造标准化体系初步建立，智能制造体系和公共服务平台初步成形。2017 年扩大应用范围，在全国推广有效的经验和模式。

《中国制造 2025》提出要“推进制造过程智能化”、“促进制造工艺的仿真优化、数字化控制、状态信息实时监测和自适应控制”。其实现的基础是生产过程或制造环节的自动化(工业自动化)，这就需要在工厂里装备各类自动加工或装配的生产线、机器设备，包括数控机床、工业机器人等。全球最大的电子产品代工企业富士康提出了百万机器人计划，希望借助自动化技术消除简单、重复性的工作，预期今后几年内将出现首批完全自动化的工厂。《中国制造 2025》也提出“加快发展智能制造装备和产品。组织研发具有深度感知、智慧决策、自动执行功能的高档数控机床、工业机器人、增材制造装备等智能制造装备以及智能化生产线”。为实现这个目标，则需要在高档数控系统、伺服电机和控制器等方面加强研发、突破技术障碍。其中的电机伺服控制技术也是新能源汽车(电动汽车、燃料电池汽车等)和先进农机设备这些重大领域的关键核心技术之一。

1.2　先进伺服控制技术

在工业自动化制造和各类机电一体化系统中，广泛使用伺服传动机构。控制技术在这类系统中发挥着重要的作用，例如，在数控加工和自动装配生产线时，一个有效的控制系统，可确保系统的运动部件按预期的轨迹和速度运行，从而实现所需的功能和效能。上述这类系统，称为运动控制系统(或伺服系统)，在现代生产和生活领域中大量存在，如数控机床、机械手的定位控制系统，计算机硬盘中的磁头定位伺服系统等。伺服控制系统的性能决定了劳动生产率和最终产品的性能及精度。可以说，伺服控制技术是现代装备制造业的核心技术之一。

对一个控制系统，通常的要求是输出响应要快(相当于提高生产效率)、平稳(即振荡或超调量低，从而降低设备磨损，节能降耗)、没有稳态误差(提高加工精度，从而改善质量)。迄今，90%以上的工业控制系统采用比例-积分-微分(proportional-integral-derivative, PID)控制[3]。PID 控制的优点是结构简单，只有三个参数，仅利用误差信号，其设计不依赖对象模型。尤其是在化工过程控制领域，由于控制对象的机理复杂，不易建立其数学模型，采用 PID 控制最便利。但是，PID 控制系统的性能并不理想，往往存在振荡(超调)过大或响应迟缓的缺点。控制性能的拙劣意味着效率的损失和能源的浪费。尽管人们不断研究 PID 参数的整定方法，以改进控制性能[4]，但由于 PID 控制本质上是一种单自由度的线性控制方法，不能很好地协调快速响应和减少振荡这两者的矛盾，这就从结构上限制了控制系统的效能；PID 控制中的积分项容易产生积分饱和(windup)现象，并且在包含静摩擦的系统中会产生极限环(limit cycle)。目前已出现了一些 PID 控制的改进方案[5-10]。其中，文献[8]在对象模型已知的情况下，提出了基于积分项预测的抗饱和方案，并在交流变速电机上取得较好的效果。文献[9]研究了在满足预期稳定裕度下优化闭环性能指标的 PID 参数整定方法。文献[10]采用变增益积分控制器来改善运动控制系统的瞬态性能。这些改进型 PID 控制器有的只是针对特定的对象类型，有的需依赖于启发式的参数调整，缺乏严格的闭环稳定性分析，而且随着控制器的复杂度增大，已偏离 PID 控制原本简单明快的优点。对某些复杂系统(高阶次或/和非线性对象)，PID 控制甚至难以保证稳定性。为突破 PID 控制的局限性，一些学者转而研究分数阶控制器。例如，文献[11]和[12]把分数阶控制器应用于伺服传动系统中。与 PID 控制相关的、引起广泛关注的一种控制技术是由韩京清教授提出的自抗扰控制(active disturbance rejection control, ADRC)[13,14]。ADRC 不需要精确的被控对象模型，只要知道系统的相对阶和开环增益就可以设计控制律：它引入非线性跟踪微分器来提取给定目标信号的平滑(广义)导数，据以安排过渡过程，利用扩展状态观测器来估计系统状态量和广义扰动(包括模型不确定性)，通过误差信号及其各阶导数构成非线性反馈控制律，并对扰动进行抵偿，最终成为一种比 PID 控制更有效的控制方案。迄今，围绕 ADRC 的理论方法展开了大量的研究[15]，它也在许多领域得到了成功应用[16-19]。但由于 ADRC 引入了非线性动态特性，其闭环稳定性和性能方面的理论分析较为困难，且控制器的参数较多，参数选择与系统性能的关系不明朗，给应用推广带来了麻烦。近年来，研究的热点转向线性 ADRC[20]。

由于大多数伺服运动系统都具有清晰的物理结构，可以通过物理定律建立其伺服机制的数学模型，然后采用基于数学模型的更有效的控制技术，而不必仅仅依赖于 PID 等控制技术。随着微处理器和 DSP(digital signal processor)芯片的性价比越来越高，在系统中采用微计算机来实现比 PID 控制复杂但性能更优的控制算法无论在经济上还是在技术上都具有了现实性和合理性。这方面的研究在最近二十年间受到国内外同行的持续关注[21]，研究重点在于控制系统的扰动补偿机制[22-28]和参数自适应能力[29-34]两方面，特别是对系统未知扰动的估计，已提出了一些较为有效的方法，如基于内模原理的扰动观测器的方法[22]、基于时间延迟控制的扰动/不确定性的估计[23]、基于 PI 观测器的扰动估计[24]、基于等价输入的扰动估计[25]、采用滑模观测器的扰动估计方案[26]，而文献[27]和[28]在扰动观测器的基础上分别引入非线性阻尼项和 H_∞ 滤波来抑制高频段的扰动观测器误差。上述基于扰动估计、补偿机制或参数自适应能力的研究成果有助于提高控制系统的稳态精度，但瞬态性能也是控制系统中必须关注的一个重要因素。

由于伺服系统是一种快速动态系统，其瞬态性能往往直接影响了系统的效率和安全性，所以针对提高瞬态性能的研究非常重要。众所周知，时间最优控制(time-optimal control, TOC)的瞬态性能虽好，但缺乏鲁棒性；二次型线性最优控制需要面对线性控制方法固有的“快速响应与减少振荡”的矛盾；增益调度控制(也包括变参数 PID 控制)在保证稳定性和算法实现方面较为麻烦。迄今，对提高瞬态性能较为有效的控制技术有两种：第一种是近似时间最优伺服(proximate time-optimal servomechanism, PTOS)控制[35,36]，它在时间最优控制律的基础上引入一个线性控制区，从而避免了控制量的颤振现象。但 PTOS 控制现有的设计方案主要适用于双积分模型的伺服系统，要应用到一般模型的系统尚有困难。第二种能有效提高瞬态性能的控制技术是复合非线性反馈(composite nonlinear feedback, CNF)控制技术，它可以解决那些控制输入饱和受限的线性系统的快速跟踪控制问题[37,38]。CNF 控制技术是针对线性控制技术固有的局限性(快速响应和低超调不能得兼)而提出的改进方案，其控制器包含线性反馈和非线性反馈两部分：线性反馈实现快速响应的控制功能；非线性反馈通过动态阻尼来抑制超调，从而使整个系统具有快递且平稳的优越的瞬态性能。这种控制技术具有灵活的结构，其线性部分可以独立运行，非线性部分可按需要选用或不用，而不改变控制信号的平滑性，也不影响系统稳定性(采用基于 Lyapunov 稳定性的设计来保证)。CNF 控制技术最初在硬盘磁头定位控制系统中获得了实验验证，其渐近跟踪性能不但远远优于 PID 控制，甚至超过时间最优控制[38]。这项技术目前已在硬盘伺服系统[38-40]、机械手的定位控制[41]、无人直升机的飞行控制[42,43]等系统上进行了成功测试，展示了其优越性，特别是在数控加工、自动装配等需要快速精确定位的应用领域。文献[44]将目标轨迹生成器引入 CNF 控制律，并进行基于误差信号的积分控制，实现了在常值扰动下对典型曲线轨迹信号的准确跟踪。文献[45]给出了一种适于多输入多输出系统进行轨迹跟踪的 CNF 控制设计方案，但未考虑扰动因素的影响。文献[46]和[47]针对未知扰动和模型不确定性的影响，引入扩展状态观测器，对扰动进行估计和补偿，改进了 CNF 控制系统的稳态性能和鲁棒性。由于 CNF 线性控制律的输出信号不应超过控制信号的最大幅值，在设计 CNF 控制律时就限定了允许的工作范围，即只保证半全局稳定性(semi-global stability)——现有的线性控制方法在控制信号幅度受限的情况下都存在这个问题。文献[48]提出了基于两阶段定位的统一控制方案(unified control scheme, UCS)，可以扩大系统的工作范围，但并不能彻底消除半全局稳定性的缺陷，而且由于其控制器中含有两个非线性反馈律，控制系统的设计和实现都较为麻烦。CNF 控制器的设计过程涉及矩阵方程求解和参数选择，尤其是非线性反馈部分的设计，需要一定的技巧和调试工作量。文献[49]给出了一种对 CNF 非线性增益函数的参数进行整定从而优化 ITAE(integral of time multiplied by absolute error)性能指标的思路，其实质就是通过循环迭代仿真来寻优。文献[50]介绍了一个基于 MATLAB 的 CNF 设计支持软件包，它实现了一些基本设计功能，例如，利用积分控制消除常值扰动的影响，实现准确的定点跟踪；仿真测试和数据导出。

CNF 控制虽然具有卓越的瞬态性能，但其仅考虑了控制输入量的饱和限幅，还不能处理系统状态约束的问题。文献[51]和[52]研究了约束条件下的迭代学习控制方法，可用于改善伺服跟踪性能。文献[53]和[54]把模型预测控制与滑模控制技术结合起来改善微纳定位系统的性能。迄今，模型预测控制(model predictive control, MPC)是唯一能在求解优化控制问题的过程中直接处理状态与控制量约束条件的工业控制技术，但约束条件下的控制量不再具有解析形式，而是要在每个控制周期内通过实时求解一个数学规划问题来获得，因而 MPC 算法的在线计算量巨大。现有的成功应用主要集中在炼油、化工这些动态特性缓慢且计算资源相对宽裕的系统[55]。而对电力电子、伺服传动等快速动态系统和计算资源有限的嵌入式系统，MPC 的实际应用尚存在不少困难[56]，目前研究的重点是对 MPC 算法进行简化和提高其计算效率[57,58]，这方面仍有待更深入的研究和突破。

在实际应用中，伺服传动系统的功能趋于多样化，面临的环境不确定性增大，当系统特性发生较大差异时，如出现大扰动(给定目标变化、突加负载、非线性效应等)，或者由于零件故障导致系统参数突变等情况，其控制系统的性能可能出现很大的偏差，甚至失去稳定性。其根本原因在于，控制系统的设计目前主要采用连续变量动态系统(continuous variable dynamic system, CVDS)控制技术，其本身不足以有效地处理系统特性突变等离散事件，而这些离散事件的产生有其独特的时序逻辑关系，且与底层的连续变量动态系统之间又有相互作用。这种既带有事件触发的离散逻辑，又包含时间驱动的连续动态，且两者相互作用的复杂系统，称为混杂动态系统(hybrid dynamic system, HDS)，或简称为混杂系统[59]。混杂系统包含离散事件动态系统(discrete event dynamic system, DEDS)和 CVDS 两类不同的子系统[60]，虽然 DEDS 和 CVDS 领域的研究迄今已经取得了较多成果，特别是 CVDS 领域的研究较为成熟。但是，正如 Godbole 等[61]所证实的，简单地将单独设计的连续系统控制器和离散事件监控器结合起来，不能确保系统获得理想的性能。例如，在硬盘伺服系统中，磁头的行为受计算机逻辑单元发出的磁道定位和读写信号支配，一方面，需满足“在未达到目标磁道时不能开始读写”和“未能成功读出数据时产生失败标志”等逻辑约束关系；另一方面，磁头在音圈电机带动下的寻道过程是一种连续动态的机械运动过程，其占用的时间远大于数据访问的电磁运动过程的时间，因而硬盘访问数据的时间瓶颈就是磁头的寻道过程，从优化硬盘整体性能的角度考虑，必须同时考虑寻道过程和数据访问要求，对寻道顺序进行调度，并采用批数据预读入。这就是一个混杂动态控制的问题。

虽然混杂动态控制的概念可追溯到 20 世纪 60 年代[62]，但其真正受到密切关注是在最近二三十年，这主要得益于计算机技术的发展使得复杂控制算法的实时实现成为可能，另外也归因于现代社会对控制系统的性能要求日益提高。由于混杂系统的复杂性，难以建立统一的建模和分析方法，一般是根据工程实际 HDS 问题的各自特点，把它们加以分类之后进行模型描述，以便“对具体系统进行具体分析”，典型的子类有切换型 HDS、水箱型 HDS、集中控制型 HDS、旅行商型 HDS、递阶型/交互型 HDS、HDS 的仿真语言模型/混杂自动机/混杂 Petri 模型等。目前，切换型 HDS，特别是线性切换系统，得到较多的研究，研究的重点是切换系统的稳定性、能控性和切换镇定[63-79]。切换型 HDS 针对的工程背景是采用多个控制器按切换方式来控制一个连续动态对象，其在某种意义上可看成是变结构系统的一般化，但系统的复杂性大为增加。在混杂控制器设计方面，Narendra 等从自适应控制的角度出发，提出采用多个模型对系统进行辨识、参数整定和控制律切换的设计方案[80-83]。Morse 等[84-86]针对系统的不同运行状态设计一族固定的控制律，然后在顶层采用一个监督控制器进行控制律调度和切换。这些方案及其扩展方案受到了广泛关注。但现有的研究成果主要是基于线性控制律的切换策略，分析切换系统的稳定性，而对如何通过合理设计底层控制律(族)和顶层基于逻辑的切换规则来提高系统性能从而实现单一控制律无法达到的多个性能目标，这方面的研究还远远不够。特别是对复杂的工业伺服传动系统，其动态特性会由于非线性扰动、突加负载、零件故障、控制目标/任务不同等因素而发生急剧的变化，控制系统必须能在其状态变量和控制输入受限的条件下进行快速响应并维持良好的工作性能。常规的自适应控制方案很难适用于这样的系统，而需要借助 HDS 的理论方法加以分析和进行控制设计。目前，这一方向的研究已开始受到重视。例如，文献[87]基于混杂系统的理论方法，把带间隙机械系统的运行模式分为“接触模式”和“间隙模式”，分别设计其分段模型预测控制器，改善了带间隙机械系统的跟踪控制性能。文献[88]提出一种基于脉冲控制的混杂控制结构，在离散时间点上对反馈控制器的状态进行脉冲式的改变，可以实现线性反馈所不能达到的性能目标，并应用于一个扫描探针显微镜的精确运动控制。文献[89]和[90]分别在离散时域和连续时域，针对带未知扰动的双积分伺服系统的快速定点跟踪问题，提出把近似时间最优伺服控制律用于初始大误差阶段的快速追踪，随后切换成带扰动补偿的复合非线性控制律进行平稳的渐近跟踪，实现了系统大范围工作的鲁棒一致性能。文献[91]设计了基于有限状态机的机电系统运行状态监督控制器，并采用事件驱动的控制律对无刷交流电机进行电流调节，在降低逆变开关切换频率的同时保持了滞环电流控制的优势。文献[92]借鉴混杂控制的思想，根据系统实时运行状态，在驱动电机与负载侧轮换进行摩擦补偿，实现了间接驱动机构负载侧的准确跟踪控制。文献[93]提出一种基于指令调节器的混杂监督控制结构，可用于受约束系统的实时控制。这些研究成果体现了混杂动态控制技术的性能优越性，但其主要针对特殊的系统结构进行设计，若要加以推广则需进一步的研究。随着现代工业制造环境对伺服传动系统的功能需求走向复杂化和智能化，其发展成为一种信息物理系统(cyber-physical system)的趋势日渐明朗，系统的底层物理过程与顶层信息处理之间的融合与相互作用越来越密切。在伺服传动系统中引入混杂动态建模与控制技术，能显著提升其运行效率和可靠性，而这方面的研究才刚刚起步。

总之，伺服控制是一个在国内外均受到持续关注的研究领域。研究适用于工业自动化和智能制造系统的高性能伺服控制技术，并与实际应用紧密结合，对我国装备制造业的技术进步、实现中国智能制造战略具有重要的现实意义。

1.3　本书主要内容

本书针对工业自动化与智能制造环境下伺服传动机构对定点位置和曲线轨迹的跟踪控制问题，探索基于状态空间模型的控制设计方法，致力于提高伺服控制的瞬态性能，实现快速与平稳的跟踪，并改善系统对负载扰动和不确定因素的鲁棒性。本书的主体内容将在后续的六章分别加以介绍。本节在此提供一个概要预览，帮助读者了解与把握全书的技术内容。

第 2 章针对双积分模型为基础的系统，分别在连续时域和离散时域介绍基于线性扩展状态观测器的鲁棒 PTOS 控制方案。这种控制方案在初始误差较大时利用饱和控制信号对系统进行最大的加速或减速(类似于时间最优控制)，而当误差低于某个阈值时则平滑切换为线性控制律；利用一个降阶的扩展状态观测器来同时估计系统状态量和未知扰动，并用于反馈和补偿。这种控制方案可以达到接近时间最优控制的性能，但具有对系统模型偏差和扰动的鲁棒性，特别适合如数控机床进给系统的快速位置伺服控制。该章也将讨论带有速度限制和惯性阻尼两种特殊情况下的 PTOS 控制方案设计。

第 3 章考虑控制输入(执行器)饱和受限和存在未知扰动的一般线性系统的定点伺服控制问题，分别在连续时域和离散时域上介绍鲁棒复合非线性定点伺服(robust composite nonlinear set-point servo, RCNS)控制设计方法。这种控制方案具有模块化的结构，它包含线性控制律(核心部分)、非线性反馈(可选)、基于扩展状态观测器的扰动补偿机制(可选)三个组成部分，可实现优越的瞬态和稳态定点跟踪性能。利用 Lyapunov 理论严格证明 RCNS 闭环系统的稳定性，并通过一个双惯性伺服传动系统和一个电机位置伺服系统的控制器设计仿真实例，展示控制方案的优越性。这种可组态的控制系统为高性能伺服应用场景提供一种有效的解决方案。

第 4 章把鲁棒复合非线性控制设计方案推广用于曲线轨迹跟踪。首先引入一个参考信号生成器来构造出与目标信号相对应的状态量和辅助控制信号，然后把它们结合到鲁棒复合非线性控制的统一框架中。通过一个仿真案例的研究，来验证该方案在曲线轨迹的跟踪控制的优越性能，且对目标轨迹和未知扰动的变化具有较好的鲁棒性。该章介绍的鲁棒复合非线性轨迹跟踪(robust composite nonlinear trajectory tracking, RCNT)控制方案，可应用于数控机床、机械臂等多轴联动机电装置的伺服控制系统设计。

第 5 章介绍一个用于支持复合非线性控制器(包括定点伺服和轨迹跟踪)设计和仿真测试的 MATLAB 工具包。此工具包利用 MATLAB 系统的图形用户界面资源，为用户提供简便易用的软件操作功能。用户通过此工具包，可以方便地对控制器的结构和参数进行组态，如选择状态反馈或输出反馈、积分增强或基于扩展状态观测器的扰动补偿、复合非线性控制或纯线性控制等，以及闭环主导极点的阻尼和自然频率、观测器的带宽等参数值，可以进行仿真测试、观察仿真结果，还可以把设计和仿真的相关数据导出 MATLAB 工作空间。

第 6 章介绍双模切换伺服控制(dual mode switching servo control, DMSC)，其主要思想是在大误差时采用 PTOS 控制进行快速追踪，而当系统状态进入目标的邻域时则切换为 RCNS 控制来实现平稳着陆。分别在连续时域和离散时域上设计 DMSC 的切换策略和用于速度估计、干扰补偿的扩展状态观测器，并从理论上分析闭环系统的稳定性。通过一个仿真案例，验证该控制方案可以实现大范围定点目标的快速、精确跟踪，具有改进的调节时间和较好的鲁棒性。该章给出的 DMSC 方案采用参数化设计，可以方便地应用于具有双积分器模型的伺服系统。

第 7 章把前面各章介绍的伺服控制技术，即鲁棒 PTOS 控制技术(包括速度受限 PTOS 控制、扩展 PTOS 控制)、RCNS 和 RCNT 控制技术，以及 DMSC 技术等应用到具体的电机伺服系统中，实现高性能的位置或速度调节。涉及的电机伺服系统包括永磁交流同步电机、直流伺服电机、无刷直流电机、音圈电机、直线电机两维伺服运动平台等，基本覆盖了工业伺服应用中常见的电气传动设备。通过控制器设计、仿真分析、数字信号处理器芯片编程实现和实验测试，展示这些伺服控制技术的优越性，为实际应用提供示范和指导。

参考文献

[1] 中国科学院先进制造领域战略研究组. 中国至 2050 年先进制造科技发展路线图. 北京: 科学

出版社, 2009.
[2] 国务院. 国务院关于印发《中国制造 2025》的通知(国发〔2015〕28 号). 2015-05-19. http://www.gov.cn/zhengce/content/2015-05/19/content_9784. htm.
[3] Li Y, Ang K H, Chong G. Patents, software, and hardware for PID control—An overview and analysis of the current art. IEEE Control Systems Magazine, 2006, 26(2): 42-54.
[4] Åström K J, Hägglund T. PID Controllers: Theory, Design, and Tuning. Research Triangle Park: Instrument Society of America, 2006.
[5] Su Y X, Sun D, Duan B Y. Design of an enhanced nonlinear PID controller. Mechatronics, 2005, 15(9): 1005-1024.
[6] Heertjes M F, Schuurbiers X G P, Nijmeijer H. Performance-improved design of N-PID controlled motion systems with applications to wafer stages. IEEE Transactions on Industrial Electronics, 2009, 56(5): 1347-1355.
[7] Choi J W, Lee S C. Antiwindup strategy for PI-type speed controller. IEEE Transactions on Industrial Electronics, 2009, 56(6): 2039-2046.
[8] Shin H B, Park J G. Anti-windup PID controller with integral state predictor for variable-speed motor drives. IEEE Transactions on Industrial Electronics, 2012, 59(3): 1509-1516.
[9] Li K. PID tuning for optimal closed-loop performance with specified gain and phase margins. IEEE Transactions on Control Systems Technology, 2013, 21(3): 1024-1030.
[10] Hunnekens B, van de Wouw N, Heertjes M, et al. Synthesis of variable gain integral controllers for linear motion systems. IEEE Transactions on Control Systems Technology, 2015, 23(1): 139-149.
[11] Yu W, Luo Y, Pi Y. Fractional order modeling and control for permanent magnet synchronous motor velocity servo system. Mechatronics, 2013, 23(7): 813-820.
[12] Zhong J, Li L. Tuning fractional-order $PI^{\lambda}D^{\mu}$ controllers for a solid-core magnetic bearing system. IEEE Transactions on Control Systems Technology, 2015, 23(4): 1648-1656.
[13] Han J Q. From PID to active disturbance rejection control. IEEE Transactions on Industrial Electronics, 2009, 56(3): 900-906.
[14] 韩京清. 自抗扰控制技术. 北京: 国防工业出版社, 2008.
[15] 李杰, 齐晓慧, 万慧, 等. 自抗扰控制: 研究成果总结与展望. 控制理论与应用, 2017, 34(3): 281-295.
[16] 周振雄, 曲永印, 杨建东, 等. 采用改进型自抗扰控制器的平面磁轴承悬浮控制. 电工技术学报, 2010, 25(6): 31-38.
[17] 赵春哲, 黄一. 基于自抗扰控制的制导与运动控制一体化设计. 系统科学与数学, 2010, 30(6): 742-751.
[18] 吴丹, 赵彤, 陈恳. 快速刀具伺服系统自抗扰控制的研究与实践. 控制理论与应用, 2013, 30(12): 1354-1362.
[19] Tang H, Li Y. Development and active disturbance rejection control of a compliant micro/nano-positioning piezo-stage with dual mode. IEEE Transactions on Industrial Electronics, 2014, 61(3): 1475-1492.
[20] 陈增强, 程赟, 孙明玮, 等. 线性自抗扰控制理论及工程应用的若干进展. 信息与控制, 2017,

46(3): 257-266.

[21] 张磊, 苏为洲. 伺服系统的反馈控制设计研究综述. 控制理论与应用, 2014, 31(5): 545-559.

[22] Kim B K, Chung W K. Advanced disturbance observer design for mechanical positioning systems. IEEE Transactions on Industrial Electronics, 2003, 50(6): 1207-1216.

[23] Zhong Q C, Rees D. Control of uncertain LTI systems based on an uncertainty and disturbance estimator. ASME Journal of Dynamic Systems, Measurement and Control, 2004, 126(4): 905-910.

[24] Chang J L. Applying discrete-time proportional integral observers for state and disturbance estimations. IEEE Transactions on Automatic Control, 2006, 51(5): 814-818.

[25] She J, Fang M, Ohyama Y, et al. Improving disturbance-rejection performance based on an equivalent-input-disturbance approach. IEEE Transactions on Industrial Electronics, 2008, 55(1): 380-389.

[26] Veluvolu K C, Yeng C S. High-gain observers with sliding mode for state and unknown input estimations. IEEE Transactions on Industrial Electronics, 2009, 56(9): 3386-3393.

[27] Yang Z J, Tsubakihara H, Kanae S, et al. A novel robust nonlinear motion controller with disturbance observer. IEEE Transactions on Control Systems Technology, 2008, 16(1): 137-147.

[28] Thum C K, Du C L, Lewis F L, et al. H_∞ disturbance observer design for high precision track-following in hard disk drives. IET Control Theory & Applications, 2009, 3(12): 1591-1598.

[29] Liu T H, Lee Y C, Crang Y H. Adaptive controller design for a linear motor control system. IEEE Transactions on Aerospace and Electronic Systems, 2004, 40(2): 601-616.

[30] Huang C Q, Peng X F, Jia C Z, et al. Guaranteed robustness/performance adaptive control with limited torque for robot manipulators. Mechatronics, 2008, 18(10): 641-652.

[31] Taghirad H D, Jamei E. Robust performance verification of adaptive robust controller for hard disk drives. IEEE Transactions on Industrial Electronics, 2008, 55(1): 448-456.

[32] Yang Z J, Hara S, Kanae S, et al. An adaptive robust nonlinear motion controller combined with disturbance observer. IEEE Transactions on Control Systems Technology, 2010, 18(2): 454-462.

[33] Vu N T, Choi H H, Jung J W. Certainty equivalence adaptive speed controller for permanent magnet synchronous motor. Mechatronics, 2012, 22(6): 811-818.

[34] Xu Q, Jia M. Model reference adaptive control with perturbation estimation for a micropositioning system. IEEE Transactions on Control Systems Technology, 2014, 22(1): 352-359.

[35] Workman M L. Adaptive proximate time optimal servomechanisms(PhD Dissertation). Palo Alto: Stanford University, 1987.

[36] Dhanda A, Franklin G F. An improved 2-DOF proximate time optimal servomechanism. IEEE Transactions on Magnetics, 2009, 45(5): 2151-2164.

[37] Lin Z, Pachter M, Banda S. Toward improvement of tracking performance—Nonlinear feedback for linear system. International Journal of Control, 1998, 70(1): 1-11.

[38] Chen B M, Lee T H, Peng K M, et al. Composite nonlinear feedback control for linear systems with input saturation: Theory and an application. IEEE Transactions on Automatic Control, 2003, 48(3): 427-439.

[39] Peng K M, Chen B M, Cheng G Y, et al. Modeling and compensation of nonlinearities and friction in a micro hard disk drive servo system with nonlinear feedback control. IEEE Transactions on

Control Systems Technology, 2005, 13(5): 708-721.

[40] Peng K M, Cheng G Y, Chen B M, et al. Improvement of transient performance in tracking control for discrete-time systems with input saturation and disturbances. IET Control Theory & Applications, 2007, 1(1): 65-74.

[41] Peng W, Lin Z, Su J. Computed torque control-based composite nonlinear feedback controller for robot manipulators with bounded torques. IET Control Theory & Applications, 2009, 3(6): 701-711.

[42] Cai G, Chen B M, Peng K, et al. Comprehensive modeling and control of the yaw channel of a UAV helicopter. IEEE Transactions on Industrial Electronics, 2008, 55(9): 3426-3434.

[43] Peng K M, Cai G, Chen B M, et al. Design and implementation of an autonomous flight control law for a UAV helicopter. Automatica, 2009, 45(10): 2333-2338.

[44] Cheng G Y, Peng K M, Chen B M, et al. Improving transient performance in tracking general references using composite nonlinear feedback control and its application to *XY*-table positioning mechanism. IEEE Transactions on Industrial Electronics, 2007, 54(2): 1039-1051.

[45] 彭文东, 苏剑波. 一种推广的组合非线性输出反馈控制. 控制理论与应用, 2009, 26(11): 1185-1191.

[46] Cheng G Y, Peng K M. Robust composite nonlinear feedback control with application to a servo positioning system. IEEE Transactions on Industrial Electronics, 2007, 54(2): 1132-1140.

[47] Cheng G Y, Huang Y W. Disturbance-rejection composite nonlinear control applied to two-inertia servo drive system. Control Theory & Applications, 2014, 31(11): 1539-1547.

[48] Thum C K, Du C L, Chen B M, et al. A unified control scheme for combined seeking and track-following of a hard disk drive servo system. IEEE Transactions on Control Systems Technology, 2010, 18(2): 294-306.

[49] Lan W Y, Thum C K, Chen B M. A hard disk drive servo system design using composite nonlinear feedback control with optimal nonlinear gain tuning methods. IEEE Transactions on Industrial Electronics, 2010, 57(5): 1735-1745.

[50] Cheng G Y, Chen B M, Peng K M, et al. A MATLAB toolkit for composite nonlinear feedback control—Improving transient response in tracking control. Journal of Control Theory and Applications, 2010, 8(3): 271-279.

[51] Mishra S, Topcu U, Tomizuka M. Optimization-based constrained iterative learning control. IEEE Transactions on Control Systems Technology, 2011, 19(6): 1613-1621.

[52] Freeman C T, Tan Y. Iterative learning control with mixed constraints for point-to-point tracking. IEEE Transactions on Control Systems Technology, 2013, 21(3): 604-617.

[53] Xu Q, Li Y. Model predictive discrete-time sliding mode control of a nanopositioning piezostage without modeling hysteresis. IEEE Transactions on Control Systems Technology, 2012, 20(4): 983-994.

[54] Xu Q. Digital sliding mode prediction control of piezoelectric micro/nanopositioning system. IEEE Transactions on Control Systems Technology, 2015, 23(1): 297-304.

[55] 席裕庚. 预测控制. 2版. 北京: 国防工业出版社, 2013.

[56] 席裕庚, 李德伟, 林姝. 模型预测控制——现状与挑战. 自动化学报, 2013, 39(3): 222-236.

[57] Wang Y, Boyd S. Fast model predictive control using on-line optimization. IEEE Transactions on Control Systems Technology, 2010, 18(2): 267-278.

[58] Goebel G, Allgower F. Semi-explicit MPC based on subspace clustering. Automatica, 2017, 83(9): 309-316.

[59] Goebel R, Sanfelice R, Teel A R. The hybrid dynamical systems. IEEE Control Systems Magazine, 2009, 29(2): 28-93.

[60] 郑大钟, 赵千川. 离散事件动态系统. 北京: 清华大学出版社, 2001.

[61] Godbole D N, Lygeros J, Sasstry S. Hierarchical hybrid control: A case study//Antsaklis P J, et al. Hybrid Systems Ⅱ. New York: Springer, 1995: 166-199.

[62] Witsenhausen H S. A class of hybrid-state continuous-time dynamic systems. IEEE Transactions on Automatic Control, 1966, 11(6): 665-683.

[63] Branicky M S. Multiple Lyapunov functions and other analysis tools for switched and hybrid systems. IEEE Transactions on Automatic Control, 1998, 43(4): 475-482.

[64] Skafidas E, Evans R J, Savkin A V, et al. Stability results for switched controller systems. Automatica, 1999, 35(4): 553-564.

[65] Liberzon D, Morse A S. Basic problems in stability and design of switched systems. IEEE Control Systems Magazine, 1999, 19(5): 59-70.

[66] Dayawansa W, Martin C F. A converse Lyapunov theorem for a class of dynamical systems which undergo switching. IEEE Transactions on Automatic Control, 1999, 44(4): 751-760.

[67] Bemporad A, Morari M. Control of systems integrating logic, dynamics, and constraints. Automatica, 1999, 35(3): 407-427.

[68] Daafouz J, Riedinger R, Iung C. Stability analysis and control synthesis for switched systems: A switched Lyapunov function approach. IEEE Transactions on Automatic Control, 2002, 47(11): 1883-1887.

[69] Hespanha J P. Uniform stability of switched linear systems: Extensions of LaSalle’s invariance principle. IEEE Transactions on Automatic Control, 2004, 49(4): 470-482.

[70] Sun Z, Ge S S. Analysis and synthesis of switched linear control systems. Automatica, 2005, 41(2): 181-195.

[71] Cheng D, Guo L, Lin Y, et al. Stabilization of switched linear systems. IEEE Transactions on Automatic Control, 2005, 50(5): 661-666.

[72] Xu X, Zhai G. Practical stability and stabilization of hybrid and switched systems. IEEE Transactions on Automatic Control, 2005, 50(11): 1897-1903.

[73] Margaliot M. Stability analysis of switched systems using variational principles: An introduction. Automatica, 2006, 42(12): 2059-2077.

[74] Ji Z, Wang L, Guo X. Design of switching sequences for controllability realization of switched linear systems. Automatica, 2007, 43(4): 662-668.

[75] Lin H, Antsaklis P J. Switching stabilizability for continuous time uncertain switched linear systems. IEEE Transactions on Automatic Control, 2007, 52(4): 633-646.

[76] Zhao J, Hill D J. Dissipativity theory for switched systems. IEEE Transactions on Automatic Control, 2008, 53(5): 941-953.

[77] Lin H, Antsaklis P J. Stability and stabilizability of switched linear systems: A survey of recent results. IEEE Transactions on Automatic Control, 2009, 54(2): 308-322.
[78] 李丽花, 高岩, 杨建芳. 一类混杂系统的最优控制. 控制理论与应用, 2013, 30(7): 891-897.
[79] Ma D. Design of two-layer switching rule for stabilization of switched linear systems with mismatched switching. Control Theory and Technology, 2014, 12(3): 275-283.
[80] Narendra K S, Balakrishnan J. Improving transient response of adaptive control systems using multiple models and switching. IEEE Transactions on Automatic Control, 1994, 39(9): 1861-1866.
[81] Narendra K S, Balakrishnan J, Ciliz M K. Adaptation and learning using multiple models, switching, and tuning. IEEE Control Systems Magazine, 1995, 15(3): 37-51.
[82] Narendra K S, Balakrishnan J. Adaptive control using multiple models. IEEE Transactions on Automatic Control, 1997, 42(2): 171-187.
[83] Prabhu S, George K. Introducing robustness in model predictive control with multiple models and switching. Control Theory and Technology, 2014, 12(3): 284-303.
[84] Morse A S. Supervisory control of families of linear set-point controllers—Part I: Exact matching. IEEE Transactions on Automatic Control, 1996, 41(10): 1413-1431.
[85] Morse A S. Supervisory control of families of linear set-point controllers—Part II: Robustness. IEEE Transactions on Automatic Control, 1997, 42(11): 1500-1515.
[86] Hespanha J P, Morse A S. Switching between stabilizing controllers. Automatica, 2002, 38(11): 1905-1907.
[87] 董领逊, 窦丽华, 陈杰, 等. 含间隙机械系统的混杂模型预测控制器. 控制理论与应用, 2009, 26(12): 1378-1382.
[88] Tuma T, Pantazi A, Lygeros J, et al. Nanopositioning with impulsive state multiplication: A hybrid control approach. IEEE Transactions on Control Systems Technology, 2013, 21(4): 1352-1364.
[89] Cheng G Y, Peng K M, Chen B M, et al. Discrete-time mode switching control with application to a PMSM position servo system. Mechatronics, 2013, 23(8): 1191-1201.
[90] Cheng G Y, Hu J G. An observer-based mode switching control scheme for improved position regulation in servomotors. IEEE Transactions on Control Systems Technology, 2014, 22(5): 1883-1891.
[91] Horvat R, Jezernik K, Curkovic M. An event-driven approach to the current control of a BLDC motor using FPGA. IEEE Transactions on Industrial Electronics, 2014, 61(7): 3719-3726.
[92] Chen W, Kong K, Tomizuka M. Dual-stage adaptive friction compensation for precise load side position tracking of indirect drive mechanisms. IEEE Transactions on Control Systems Technology, 2015, 23(1): 164-175.
[93] Famularo D, Franzè G, Furfaro A, et al. A hybrid real-time command governor supervisory scheme for constrained control systems. IEEE Transactions on Control Systems Technology, 2015, 23(3): 924-936.

第 2 章　鲁棒近似时间最优伺服控制

2.1　引　　言

在数控机床等工业加工生产线上，往往需要快速且准确的定位控制，即希望机器设备的运动部件能够快速、平稳且准确地进入目标邻域，这就要求伺服控制系统同时具有良好的瞬态性能和稳态性能。对于控制信号受限情况下的快速定位问题，通常会首先考虑 TOC 技术。其思路是依次将正反两方向的最大幅值控制信号施加到系统中进行最大的加速和减速控制(即 Bang-Bang 控制)，但这种方法的鲁棒性较差，当实际对象的模型有差异或系统中存在扰动时，控制信号将出现颤震(chattering)而导致系统性能恶化。因此，TOC 很难在实际系统中应用。为了在实际应用中实现快速定点控制，Workman 等提出在 TOC 控制律的基础上引入了一个线性工作区：当误差较小时采用线性控制律来代替原先的 Bang-Bang 控制律[1,2]。这种控制方案称为近似时间最优伺服(PTOS)控制，其性能在理论上稍逊于 TOC，但拥有较好的鲁棒性，从而在实际系统中得到了成功的应用，如硬盘磁头寻道伺服系统。

PTOS 控制律的计算需用到位置和速度信号。通常，位置信号是易测的，而速度传感器的安装由于会降低伺服系统的可靠性，并给系统维护带来困难，所以一般考虑无速度传感器的控制。速度信号的获取，虽然也可以经由位移信号的微分，或者加速度信号的积分而获得。但是，对信号的微分容易放大系统测量噪声，而积分的方法又依赖于加速度传感器的性能，且增加控制系统的成本。此外，实际系统中存在着扰动(如摩擦和负载转矩)，如果不加以补偿，则会产生静态误差。通常的解决方法是采用积分控制。但是积分控制易产生积分器饱和(integrator windup)现象，这就需要引入抗饱和措施，从而使原本简单的控制律复杂化。另外，积分控制的性能对系统给定和扰动的幅值差异比较敏感，当给定或扰动的幅值偏离原设计值时，积分控制的参数往往必须重新整定才能维持较好的瞬态性能。这在实际应用中非常麻烦。为消除未知扰动的不利影响、改善系统瞬态性能和稳态精度，一种更好的办法是对扰动进行估计和补偿[3]。通过观测器对状态和扰动进行估计的思想可以追溯到 20 世纪 80 年代，采用比例-积分观测器[4-7]。随后，提出了扩展状态观测器(extended state observer, ESO)的设计方法，其中系统的未知扰动作为增广系统模型的扩展状态变量，并在此基础上形成抗扰控制方案[8-11]。这类控制方案也包括文献[12]提出的 ADRC。ADRC 把系统模型的不确定性和外部扰动都归入一个“广义”输入扰动，得到一个简化的积分链模型，然后利用非线性扩展状态观测器来快速重构状态变量和扰动，并进行反馈和补偿，实现优于 PID 的控制性能[13]。这种 ADRC 引起了广泛的关注，目前已有较多的应用案例[14]。然而，由于在 ADRC 中，非线性扩展状态观测器的设计和性能分析都较为困难，目前一些研究人员转而探索基于线性扩展状态观测器的 ADRC 方案[15-18]。

本章针对典型的双积分模型伺服系统，引入线性扩展状态观测器，来对未测量的速度信号和未知扰动同时估计，并在 PTOS 控制律的基础上进行扰动补偿，实现无速度传感下快速且准确的定点伺服跟踪。这种基于观测器的抗扰 PTOS 控制方案，不仅尽可能地保留 TOC 的快速瞬态响应特性，而且在系统存在扰动的情况下具有稳态准确性，其瞬态性能在目标设定点和扰动幅度变化时也具有较好的鲁棒性，因此称为鲁棒 PTOS 控制。其控制律的具体设计分别在连续时域和离散时域中给出，并从理论上分析其闭环稳定性，而且将结合 MATLAB 仿真案例来验证其有效性。

2.2　连续时域鲁棒 PTOS 控制

在控制工程中，二阶系统是最典型的系统，不少高阶系统的特性在一定条件下可用二阶系统来表征。常见的电机伺服系统可用如下双积分模型来描述：

$$\begin{cases}\dot{y}=v\\ \dot{v}=b\cdot(\mathrm{sat}(u)+d)\end{cases}\tag{2.1}$$

式中，y 为可测量的系统输出(位置)；v 为速度信号；u 为幅值受限的控制输入信号；d 为未知的扰动(分段常值或缓慢变化)；b 为模型参数，不失一般性，可假设$b>0$；饱和限幅函数$\mathrm{sat}(\cdot)$定义为

$$\mathrm{sat}(u)=\begin{cases}u_{\max}, & u\geqslant u_{\max}\\ u, & |u|<u_{\max}\\ -u_{\max}, & u\leqslant -u_{\max}\end{cases}\tag{2.2}$$

式中，$u_{\max}$ 是控制量的饱和限幅值。

控制设计的目标是在未知扰动和控制信号饱和受限的情况下使输出 y 快速精确地跟踪定点位置 r。

2.2.1　鲁棒 PTOS 控制律的设计

在控制信号受限的条件下，若要使输出 y 快速精确地跟踪给定 r，首先可以考虑下面的 TOC[19]：

$$u = u_{\max} \cdot \mathrm{sign}(f_{\mathrm{t}}(e) - v) \tag{2.3}$$

式中，$f_{\mathrm{t}}(e) = \mathrm{sign}(e)\sqrt{2bu_{\max}|e|}$；$e = r - y$ 为跟踪误差；$\mathrm{sign}(\cdot)$ 为符号函数。

TOC 控制律本质上是围绕开关曲线 $v = f_{\mathrm{t}}(e)$ 的 Bang-Bang 控制，如图 2.1 所示。由于这种控制律对微小的偏差量非常敏感，系统中的模型差异(包括未知扰动)或者测量噪声，都可能导致控制信号在正负两个极端值之间频繁切换，这种现象称为颤振，如图 2.2 所示，它会对实际系统的物理执行器造成损害。

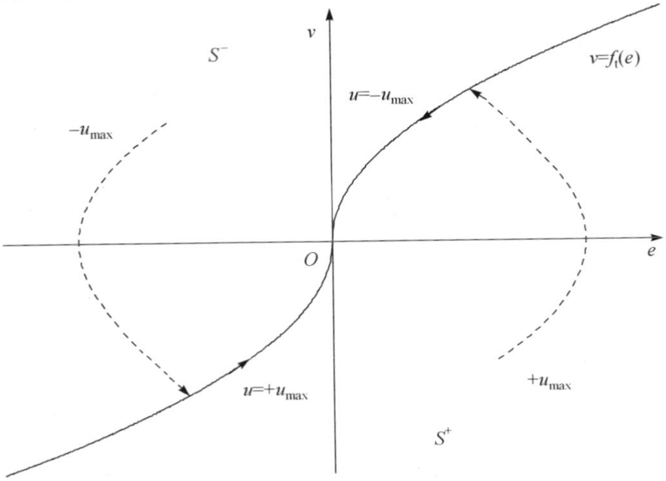

图 2.1　TOC 切换曲线

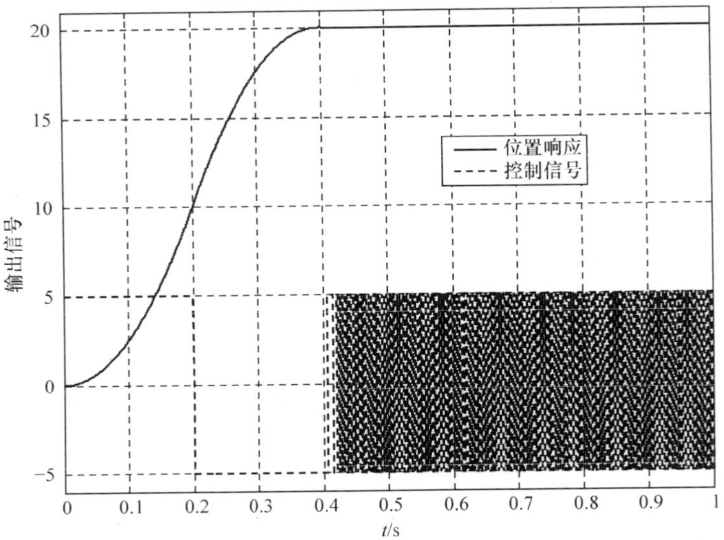

图 2.2　TOC 控制效果

由于 TOC 控制律缺乏鲁棒性，影响了其实用性。这种鲁棒性的不足，主要源于符号函数所造成的频繁切换。为避免这种缺陷，文献[1]在 TOC 控制律框架下用饱和限幅函数来取代符号函数，并引入一个线性工作区，即当误差的幅值较小时把 TOC 控制律切换为线性 PD 控制，并确保切换的平滑性。这种改进的控制方法就是 PTOS 控制。文献[2]在此基础上，提出基于双可调参数的双自由度 PTOS 控制设计方法，其控制律可表述如下：

$$u_{\mathrm{p}} = \mathrm{sat}\left(k_2\left[f_{\mathrm{p}}(e) - v\right]\right) \tag{2.4}$$

式中，$f_{\mathrm{p}}(e)$ 函数定义如下：

$$f_{\mathrm{p}}(e) = \begin{cases} \dfrac{k_1}{k_2}e, & |e| \leqslant y_1 \\ \mathrm{sign}(e)\left(\sqrt{2b\alpha \cdot u_{\max}|e|} - v_{\mathrm{s}}\right), & |e| > y_1 \end{cases} \tag{2.5}$$

其中，k_1 和 k_2 分别是位置反馈增益和速度反馈增益；$\alpha > 0$ 是加速度折扣系数；y_1 是线性工作区的宽度；v_{s} 是待定的偏置量；$\mathrm{sign}(\cdot)$ 是符号函数；$f_{\mathrm{p}}(e)$ 函数的线性部分必须连接两侧的非线性部分，即满足连续性和平滑性的约束条件：

$$\begin{cases} \dfrac{k_1}{k_2}y_1 = \sqrt{2b\alpha u_{\max} y_1} - v_{\mathrm{s}} \\ \dfrac{k_1}{k_2} = \sqrt{\dfrac{b\alpha u_{\max}}{2y_1}} \end{cases}$$

若选择线性工作区的闭环极点阻尼系数为 ζ，则根据极点配置方法和上式即可解得

$$k_1 = \frac{2\alpha\zeta^2 u_{\max}}{y_1}, \quad k_2 = 2\zeta\sqrt{\frac{k_1}{b}}, \quad v_{\mathrm{s}} = \frac{k_1 y_1}{k_2} \tag{2.6a}$$

式中，ζ 和 y_1 作为两个自由的设计参数。实际上，也可以采用线性控制区的闭环极点阻尼系数 ζ 和自然频率 ω 来作为设计参数，相应地，PTOS 控制律其他参数可按以下公式推算：

$$k_1 = \frac{\omega^2}{b}, \quad k_2 = \frac{2\zeta\omega}{b}, \quad v_{\mathrm{s}} = \frac{b\alpha u_{\max}\zeta}{\omega}, \quad y_1 = \frac{2\zeta v_{\mathrm{s}}}{\omega} \tag{2.6b}$$

加速度折扣系数 α 需根据系统模型的不确定性和 ζ 值进行调整，从而在控制效果与鲁棒性之间进行折中[2]：

$$\alpha < 2\beta - \frac{1}{2\zeta^2}$$

式中，β 是衡量系统模型准确性(可信度)的参数，$0 < \beta \leqslant 1$，在理想情况下，$\beta = 1$。

根据式(2.4)的 PTOS 控制律，在系统的相平面上可定义以下四个区域(图 2.3)：

$$S^- = \left\{(e,v)\in\mathbb{R}^2 : k_2\left[f_{\mathrm{p}}(e)-v\right] < -u_{\max}\right\}$$

$$S^+ = \left\{(e,v)\in\mathbb{R}^2 : k_2\left[f_{\mathrm{p}}(e)-v\right] > u_{\max}\right\}$$

$$U = \left\{(e,v)\in\mathbb{R}^2 : \left|k_2\left[f_{\mathrm{p}}(e)-v\right]\right| \leqslant u_{\max}\right\}$$

$$L = \left\{(e,v)\in U : |e| \leqslant y_1\right\}$$

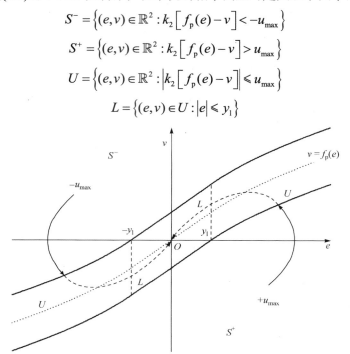

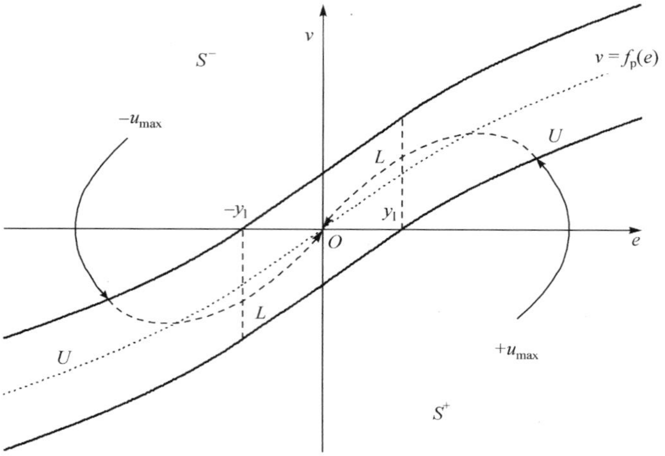

图 2.3　PTOS 切换曲线与控制域

注意到$S^+\cup U\cup S^- = \mathbb{R}^2$，$S^+\cap S^- = \varnothing$，$L\subset U$，其中$L$是 PTOS 控制的线性控制区域。系统的典型运动轨迹是：从某个饱和区域(S^+或S^-)的初始位置出发，以最大幅值的控制量加速，然后进入不饱和控制区U，控制量(幅值)减小乃至反向(减速)，最后进入线性控制区L从而平稳地趋于原点，最终实现对给定目标的平稳且准确的跟踪。

在控制律(2.4)中用到未量测的速度信号 v，而且未考虑对扰动进行补偿，因而在实际应用中并不适用。假定系统的扰动是分段定常或慢变化的，则可用微分方程描述为$\dot{d}=0$。把这个方程结合到对象的模型中，得到增广后的模型为

$$\begin{cases}\dot{\bar{\boldsymbol{x}}} = \bar{\boldsymbol{A}}\cdot\bar{\boldsymbol{x}} + \bar{\boldsymbol{B}}\cdot\mathrm{sat}(u)\\ y = \bar{\boldsymbol{C}}\cdot\bar{\boldsymbol{x}}\end{cases} \tag{2.7}$$

式中，$\bar{\boldsymbol{x}} = \begin{bmatrix} y\\ v\\ d\end{bmatrix}$；$\bar{\boldsymbol{A}} = \begin{bmatrix}0&1&0\\0&0&b\\0&0&0\end{bmatrix}$；$\bar{\boldsymbol{B}} = \begin{bmatrix}0\\ b\\ 0\end{bmatrix}$；$\bar{\boldsymbol{C}} = \begin{bmatrix}1&0&0\end{bmatrix}$。

注意到输出量 y 是可测量的，只需估计状态 v 和扰动 d 的值，因而可采用如下降阶观测器来估计[3]：

$$\begin{cases}\dot{\boldsymbol{\eta}}=(\bar{\boldsymbol{A}}_{22}+\boldsymbol{H}\bar{\boldsymbol{A}}_{12})\boldsymbol{\eta}+(\bar{\boldsymbol{B}}_2+\boldsymbol{H}\bar{\boldsymbol{B}}_1)\cdot\mathrm{sat}(u)\\ \qquad+[\bar{\boldsymbol{A}}_{21}+\boldsymbol{H}\bar{\boldsymbol{A}}_{11}-(\bar{\boldsymbol{A}}_{22}+\boldsymbol{H}\bar{\boldsymbol{A}}_{12})\boldsymbol{H}]\cdot y\\ \begin{bmatrix}\hat{v}\\ \hat{d}\end{bmatrix}=\boldsymbol{\eta}-\boldsymbol{H}y\end{cases} \tag{2.8}$$

式中，$\boldsymbol{\eta}$ 为观测器内部状态量；$\hat{v}$ 和 $\hat{d}$ 分别为状态 v 和扰动 d 的估计值；观测器增益矩阵 $\boldsymbol{H}$ 应使得 $\bar{\boldsymbol{A}}_{22}+\boldsymbol{H}\bar{\boldsymbol{A}}_{12}$ 的特征值落在稳定区域，其他各矩阵如下：

$$\bar{\boldsymbol{A}}_{11}=0,\quad \bar{\boldsymbol{A}}_{12}=[1\quad 0],\quad \bar{\boldsymbol{A}}_{21}=\begin{bmatrix}0\\0\end{bmatrix},\quad \bar{\boldsymbol{A}}_{22}=\begin{bmatrix}0&b\\0&0\end{bmatrix},\quad \bar{\boldsymbol{B}}_1=0,\quad \bar{\boldsymbol{B}}_2=\begin{bmatrix}b\\0\end{bmatrix}$$

上面观测器的设计虽然只考虑了输入扰动，但估计出来的实际上是一个综合(等价的)扰动信号，它不但包括输入扰动，还包括那些可以被输入扰动等价匹配的输出扰动和内部结构扰动。相应地，扰动补偿也是补偿了所有能匹配的扰动，而不仅仅是输入扰动。把估计出来的状态变量用于 PTOS 控制律，并考虑扰动补偿，最终的控制律如下：

$$u=\mathrm{sat}\left(k_2\left[f_{\mathrm{p}}(e)-\hat{v}\right]-\hat{d}\right) \tag{2.9}$$

式(2.5)、式(2.8)和式(2.9)构成完整的鲁棒 PTOS 控制器。控制量先经过饱和限幅再作用到被控对象中。鲁棒 PTOS 控制器的内部结构如图 2.4 所示。

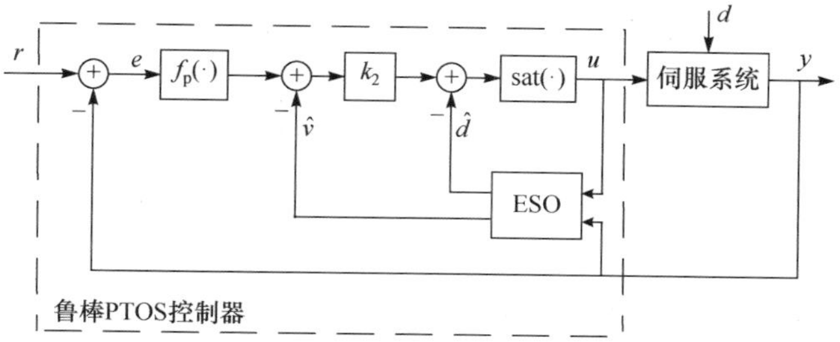

图 2.4　鲁棒 PTOS 控制器的内部结构

2.2.2　稳定性分析

定义 $\boldsymbol{z}=\begin{bmatrix}z_1\\z_2\end{bmatrix}=\begin{bmatrix}\hat{v}-v\\ \hat{d}-d\end{bmatrix}$，以及 $\boldsymbol{A}_{\mathrm{o}}=\bar{\boldsymbol{A}}_{22}+\boldsymbol{H}\bar{\boldsymbol{A}}_{12}$，则可验证：

$$\dot{\boldsymbol{z}}=\boldsymbol{A}_{\mathrm{o}}\cdot\boldsymbol{z} \tag{2.10}$$

定义 $\boldsymbol{F}=[k_2\quad 1]$，选择一个正定对称矩阵 $\boldsymbol{Q}$ 满足 $\boldsymbol{Q}>\boldsymbol{F}^{\mathrm{T}}\boldsymbol{F}/(4k_2^2)$，并求解 Lyapunov 方程：

$$A_o^T P + PA_o = -Q$$

因为 A_o 是稳定的，所以满足上述 Lyapunov 方程的正定矩阵 P 存在且唯一。定义一个二维点集 $\Omega(P,\lambda_\delta) := \{z \in \mathbb{R}^2 : z^T P z < \lambda_\delta\}$，其中 λ_δ 是满足如下条件的最大标量正参数：

$$\forall z \in \Omega(P,\lambda_\delta) \Rightarrow |Fz| < (1-\delta)u_{\max}$$

式中，$\delta \in (0,1)$。参数 λ_δ 可以按下式进行估计[20]：

$$\lambda_\delta = [(1-\delta)u_{\max}]^2 / (FP^{-1}F^T)$$

定理 2.1 对于系统(2.1)，当系统扰动满足 $|d| \leqslant \delta u_{\max}$ 且初始估计误差 $z(0) \in \Omega(P,\lambda_\delta)$ 时，控制律(2.9)作用下的闭环系统是稳定的，且输出 y 渐近无静差地跟踪定点目标 r。

证明 类似于状态变量可量测且无扰动的双积分系统的情形(图 2.3)，可以在基于观测器的 PTOS 控制系统的状态空间中定义以下四个区域：

$$S^- = \left\{(e,v,\tilde{v},\tilde{d}) \in \mathbb{R}^4 : k_2\left[f_p(e)-\hat{v}\right]-\hat{d} < -u_{\max}\right\}$$

$$S^+ = \left\{(e,v,\tilde{v},\tilde{d}) \in \mathbb{R}^4 : k_2\left[f_p(e)-\hat{v}\right]-\hat{d} > u_{\max}\right\}$$

$$U = \left\{(e,v,\tilde{v},\tilde{d}) \in \mathbb{R}^4 : \left|k_2\left[f_p(e)-\hat{v}\right]-\hat{d}\right| \leqslant u_{\max}\right\}$$

$$L = \left\{(e,v,\tilde{v},\tilde{d}) \in U : |e| \leqslant y_1\right\}$$

显然，$S^+ \cup U \cup S^- = \mathbb{R}^4$，$S^+ \cap S^- = \varnothing$，$L \subset U$。

首先考虑观测器误差动态子系统(2.10)，定义 $V_1(t) = z^T(t)Pz(t)$，可求得其时间导数为

$$\dot{V}_1 = \dot{z}^T P z + z^T P \dot{z} = z^T(A_o^T P + PA_o)z = -z^T Q z \leqslant 0$$

根据条件 $z(0) \in \Omega(P,\lambda_\delta)$，有

$$z^T(t)Pz(t) \leqslant z^T(0)Pz(0) < \lambda_\delta \Rightarrow z(t) \in \Omega(P,\lambda_\delta)$$
$$\Rightarrow |Fz(t)| < (1-\delta)u_{\max}, \forall t \geqslant 0$$

上式结合条件 $|d| \leqslant \delta u_{\max}$，可得

$$|Fz(t)+d| < u_{\max}$$

注意到控制律(2.9)可改写为

$$u = \mathrm{sat}\left(k_2\left[f_p(e)-\hat{v}\right]-\hat{d}\right) = \mathrm{sat}\left(k_2\left[f_p(e)-v\right]-Fz-d\right)$$

显然，上式中扰动和观测器误差的存在不会改变控制量饱和时的系统加减速方向，故所有位于饱和控制区域 S^+ 和区域 S^- 的轨线都趋向于区域 U。接下来证明：一旦系统状态进入 U，则系统在控制律作用下将渐近趋于平衡点，即

$(e,v)\to(0,0)$， $\boldsymbol{z}\to\boldsymbol{0}$。

当系统状态处于U内时，$u=k_2\left[f_{\mathrm{p}}(e)-v\right]-\boldsymbol{F}\boldsymbol{z}-d$。考虑系统的误差动态方程：

$$\begin{cases}\dot{e}=-v\\ \dot{v}=b\cdot(u+d)\end{cases}\tag{2.11}$$

和如下的 Lyapunov 函数：

$$V(t)=\frac{v^2(t)}{2bk_2}+\int_0^{e(t)}f_{\mathrm{p}}(\sigma)\mathrm{d}\sigma+\boldsymbol{z}^{\mathrm{T}}(t)\boldsymbol{P}\boldsymbol{z}(t)\tag{2.12}$$

沿着由式(2.10)和式(2.11)构成的闭环系统的轨迹，计算$V(t)$的时间导数如下：

$$\begin{aligned}\dot{V}&=\frac{v\dot{v}}{bk_2}+f_{\mathrm{p}}(e)\dot{e}+\dot{\boldsymbol{z}}^{\mathrm{T}}\boldsymbol{P}\boldsymbol{z}+\boldsymbol{z}^{\mathrm{T}}\boldsymbol{P}\dot{\boldsymbol{z}}\\
&=\frac{v(u+d)}{k_2}+f_{\mathrm{p}}(e)(-v)+\boldsymbol{z}^{\mathrm{T}}(\boldsymbol{A}_{\mathrm{o}}^{\mathrm{T}}\boldsymbol{P}+\boldsymbol{P}\boldsymbol{A}_{\mathrm{o}})\boldsymbol{z}\\
&=\frac{k_2v\left[f_{\mathrm{p}}(e)-v\right]-\boldsymbol{F}\boldsymbol{z}v}{k_2}-vf_{\mathrm{p}}(e)-\boldsymbol{z}^{\mathrm{T}}\boldsymbol{Q}\boldsymbol{z}\\
&=-v^2-\frac{\boldsymbol{F}\boldsymbol{z}v}{k_2}-\boldsymbol{z}^{\mathrm{T}}\boldsymbol{Q}\boldsymbol{z}\\
&=-\begin{bmatrix}v\\ \boldsymbol{z}\end{bmatrix}^{\mathrm{T}}\begin{bmatrix}1 & \dfrac{\boldsymbol{F}}{2k_2}\\ \dfrac{\boldsymbol{F}^{\mathrm{T}}}{2k_2} & \boldsymbol{Q}\end{bmatrix}\begin{bmatrix}v\\ \boldsymbol{z}\end{bmatrix}\end{aligned}$$

由于上式中的矩阵$\boldsymbol{Q}$满足条件$\boldsymbol{Q}>\dfrac{\boldsymbol{F}^{\mathrm{T}}\boldsymbol{F}}{4k_2^2}$，从而可得$\dot{V}\leqslant 0$，且等号仅在$\begin{bmatrix}v\\ \boldsymbol{z}\end{bmatrix}=\boldsymbol{0}$所对应的区域内成立。应用 LaSalle 不变性原理可得：$v\to 0$， $\boldsymbol{z}\to\boldsymbol{0}$。根据$\dot{v}=b\cdot\left[k_2f_{\mathrm{p}}(e)-k_2v-\boldsymbol{F}\boldsymbol{z}\right]$，可知$\dot{v}$是一致连续的，利用 Barbalat 引理可得$\dot{v}\to 0$，从而得到$f_{\mathrm{p}}(e)\to 0$。由式(2.5)关于$f_{\mathrm{p}}(e)$函数的定义，$f_{\mathrm{p}}(e)=0$意味着$e=0$，即$y=r$。因此，PTOS 控制下的闭环系统在原点具有唯一的平衡状态，并且是渐近稳定的，系统输出量y渐近无静差地跟踪定点目标r。

定理 2.1 证毕。

2.2.3　仿真实例

将提出的控制方法应用于一个典型的伺服定位系统，其数学模型是一个双积

分传递函数 $\dfrac{b}{s^2}$，其中模型参数 b=100；控制输入信号(电流)满足 $|u|\leqslant u_{\max}=5\text{A}$，系统输出量 y(位置：rad)可量测，假设在输入通道中存在扰动 d=–0.2A。

采用本节给出的鲁棒 PTOS 控制律，选取 PTOS 控制器参数为：$\zeta=0.8$，$y_1=0.05\text{rad}$，$\alpha=0.95$；其他参数值计算如下：$k_1=121.6$，$k_2=1.7644$，$v_s=3.446\,\text{rad/s}$。速度和扰动的观测器方程为

$$\begin{cases}\dot{\boldsymbol{\eta}}=\begin{bmatrix}-2\zeta_0\omega_0 & b\\ -\dfrac{\omega_0^2}{b} & 0\end{bmatrix}\boldsymbol{\eta}+\begin{bmatrix}b & (1-4\zeta_0{}^2)\omega_0^2\\ 0 & -\dfrac{2\zeta_0\omega_0^3}{b}\end{bmatrix}\cdot\begin{bmatrix}\text{sat}(u)\\ y\end{bmatrix}\\ \begin{bmatrix}\hat{v}\\ \hat{d}\end{bmatrix}=\boldsymbol{\eta}+\begin{bmatrix}2\zeta_0\omega_0\\ \dfrac{\omega_0^2}{b}\end{bmatrix}y\end{cases}$$

式中，$\zeta_0=0.707$ 和 ω_0 =50rad/s 分别是观测器的一对共轭极点的阻尼系数和自然频率。

为验证所设计的控制器的有效性，在 MATLAB/Simulink 下进行仿真。首先在扰动为–0.2A 的情况下对目标位置 1rad、5rad 和 20rad 进行跟踪控制，结果如图 2.5 所示。在各种情况下系统都能实现快速和平稳的定位，其超调量低于 2%，稳态无误差。图 2.6 给出了在各种扰动下对目标位置 10rad 的定位控制结果。随着扰动的增大，系统的位置响应有所减缓，但仍保持平稳性和稳态准确性。这表明控制系统具有一定的性能鲁棒性。

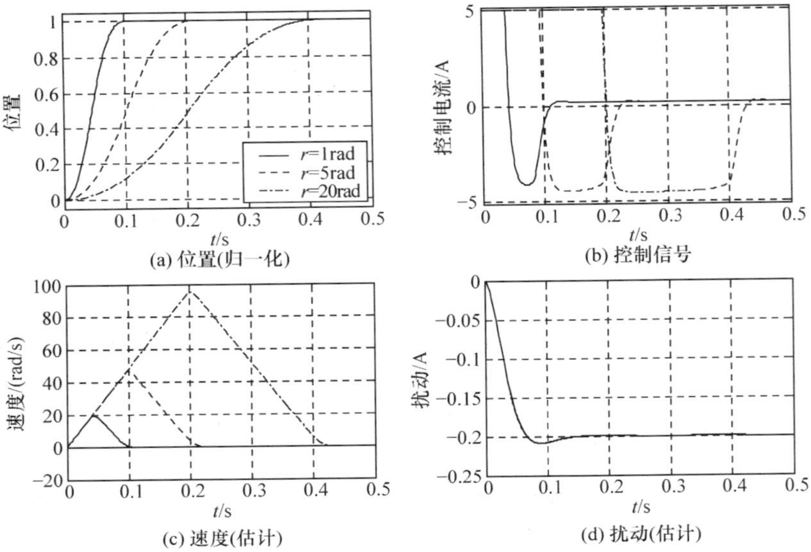

图 2.5　扰动为–0.2A 时三种目标位置的定位控制仿真结果

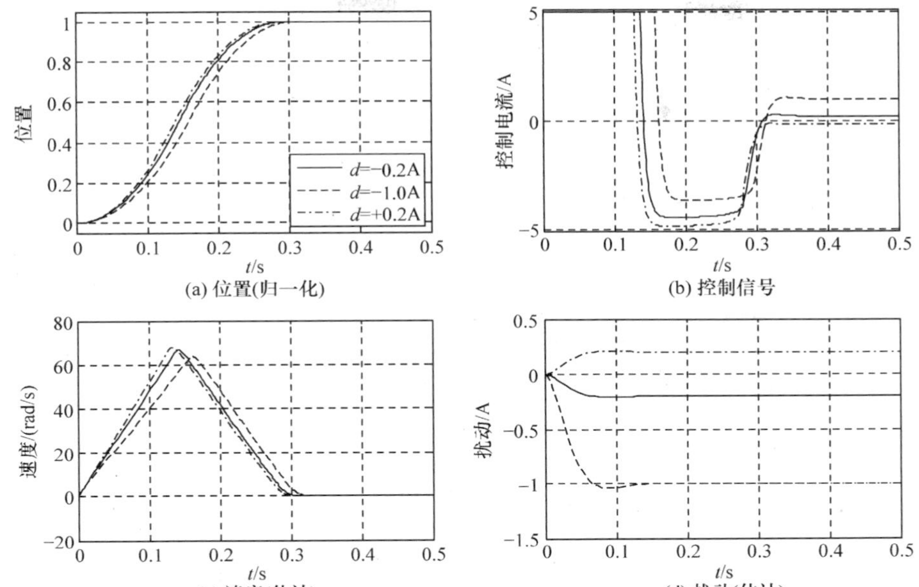

(a) 位置(归一化)　(b) 控制信号　(c) 速度(估计)　(d) 扰动(估计)

图 2.6　三种不同扰动下对目标位置 $r=10\text{rad}$ 的定位控制仿真结果

2.3　离散时域鲁棒 PTOS 控制

2.2 节给出的鲁棒 PTOS 控制设计是在连续时域里进行的，设计出来的控制器需经过离散化后才能在实际系统上实现，这种模拟化设计方式通常要求一个 30 倍于闭环带宽的离散采样频率，否则实际控制性能可能出现较大的偏差，从而增加了设计和调试的工作量。本节在离散时域上直接设计出数字化 PTOS 控制器，方便在实际应用中编程实现。

2.3.1　离散鲁棒 PTOS 控制律的设计

考虑典型的双积分模型描述的伺服系统：

$$\begin{cases} \dot{y}=v \\ \dot{v}=b\cdot(\text{sat}(u)+d) \end{cases}$$

式中，y 和 v 分别为系统的输出位置(可量测)和速度信号；d 为未知扰动；u 为幅值受限的控制输入信号；b 为模型参数，不妨假设 $b>0$。饱和限幅函数 $\text{sat}(\cdot)$ 定义为

$$\text{sat}(u)=\text{sign}(u)\cdot\min\{u_{\max},|u|\}$$

式中，sign(·) 为符号函数；$u_{\max}$ 为控制量的饱和限幅值。把系统模型按采样周期 T 进行基于零阶保持器的离散化，得到如下的离散时间状态空间模型：

$$\begin{cases} \boldsymbol{x}(k+1)=\boldsymbol{A}\cdot\boldsymbol{x}(k)+\boldsymbol{B}\cdot\left(\operatorname{sat}(u(k))+d(k)\right) \\ y(k)=\boldsymbol{C}\cdot\boldsymbol{x}(k) \end{cases} \tag{2.13}$$

式中，$\boldsymbol{x}=\begin{bmatrix} y \\ v \end{bmatrix}$；$\boldsymbol{A}=\begin{bmatrix} 1 & T \\ 0 & 1 \end{bmatrix}$；$\boldsymbol{B}=\begin{bmatrix} \dfrac{bT^2}{2} \\ bT \end{bmatrix}$；$\boldsymbol{C}=\begin{bmatrix} 1 & 0 \end{bmatrix}$；$d(k)$ 表示分段常值或缓慢变化的未知扰动。

控制的目标是在控制信号受限的条件下，使输出 y 快速精确地跟踪给定 r。TOC 控制律因缺乏对系统模型差异及扰动的鲁棒性而影响了实用性，文献[1]提出在误差较小时把 TOC 控制律平滑地切换为线性 PD 控制，这种改进的控制方法就是 PTOS 控制，其在离散时域的控制律如下：

$$u_{\mathrm{p}}(k)=\operatorname{sat}\left(k_2[f_{\mathrm{p}}(e(k))-v(k)]\right) \tag{2.14}$$

式中，$e(k)=r-y(k)$；$f_{\mathrm{p}}(e)$ 函数与连续时域 PTOS 控制的情形相同，为便于参照，在此复述如下：

$$f_{\mathrm{p}}(e)=\begin{cases} \dfrac{k_1}{k_2}e, & |e|\leqslant y_1 \\ \operatorname{sign}(e)\left(\sqrt{2b\alpha u_{\max}|e|}-v_{\mathrm{s}}\right), & |e|>y_1 \end{cases}$$

式中，y_1 是线性区的宽度；α 是加速度折扣系数，$0<\alpha\leqslant 1$；v_{s} 是待定的偏置量；k_1 和 k_2 分别是位置反馈增益与速度反馈增益。k_1 和 k_2 值可通过极点配置来确定：若选择线性区的闭环极点阻尼系数为 ζ，自然频率为 ω，其对应的离散域特征方程为

$$z^2+p_1z+p_0=0$$

式中

$$p_1=-2\mathrm{e}^{-\zeta\omega T}\cos(\omega T\sqrt{1-\zeta^2}),\quad p_0=\mathrm{e}^{-2\zeta\omega T}$$

则可得

$$k_1=\frac{p_1+p_0+1}{bT^2},\quad k_2=\frac{p_1-p_0+3}{2bT} \tag{2.15}$$

根据 $f_{\mathrm{p}}(e)$ 函数在 $|e|=y_1$ 处连续控制和平滑性条件可求得

$$v_{\mathrm{s}}=\frac{b\alpha u_{\max}T}{4}\left(\frac{p_1-p_0+3}{p_1+p_0+1}\right),\quad y_1=\frac{2v_{\mathrm{s}}^2}{b\alpha u_{\max}} \tag{2.16}$$

PTOS 控制律需要用到速度信号，而速度在定位控制中由于传感器成本的制

约往往未加测量。同时，实际应用中需要对未知扰动加以补偿，因此这里利用扩展状态观测器对速度信号和未知扰动进行估计。根据系统模型(2.13)的假设条件，即扰动是分段常值或慢变化的：$d(k+1)=d(k)$，把它加入系统模型可得到一个增广系统，从而可设计一个降阶观测器来估计速度和扰动信号：

$$\begin{cases}\boldsymbol{\eta}(k+1)=\boldsymbol{A}_{\mathrm{o}}\cdot\boldsymbol{\eta}(k)+\boldsymbol{B}_{\mathrm{u}}\cdot\mathrm{sat}(u(k))+\boldsymbol{B}_{\mathrm{y}}\cdot y(k)\\ \begin{bmatrix}\hat{v}(k)\\ \hat{d}(k)\end{bmatrix}=\boldsymbol{\eta}(k)-\boldsymbol{H}\cdot y(k)\end{cases}\tag{2.17}$$

式中，$\boldsymbol{\eta}(k)$是观测器的内部状态量；$\hat{v}(k)$和$\hat{d}(k)$分别是速度与扰动的估计值；各系数矩阵如下：

$$\begin{cases}\boldsymbol{A}_{\mathrm{o}}=\bar{\boldsymbol{A}}_{22}+\boldsymbol{H}\bar{\boldsymbol{A}}_{12}\\ \boldsymbol{B}_{\mathrm{u}}=\bar{\boldsymbol{B}}_{2}+\boldsymbol{H}\bar{\boldsymbol{B}}_{1}\\ \boldsymbol{B}_{\mathrm{y}}=\bar{\boldsymbol{A}}_{21}+\boldsymbol{H}\bar{\boldsymbol{A}}_{11}-(\bar{\boldsymbol{A}}_{22}+\boldsymbol{H}\bar{\boldsymbol{A}}_{12})\boldsymbol{H}\end{cases}$$

式中

$$\bar{\boldsymbol{A}}_{11}=1,\quad \bar{\boldsymbol{A}}_{12}=\begin{bmatrix}T & \dfrac{bT^2}{2}\end{bmatrix},\quad \bar{\boldsymbol{A}}_{21}=\begin{bmatrix}0\\0\end{bmatrix},\quad \bar{\boldsymbol{A}}_{22}=\begin{bmatrix}1 & bT\\0 & 1\end{bmatrix}$$

$$\bar{\boldsymbol{B}}_{1}=\frac{bT^2}{2},\quad \bar{\boldsymbol{B}}_{2}=\begin{bmatrix}bT\\0\end{bmatrix}$$

观测器增益矩阵$\boldsymbol{H}$应使得$\boldsymbol{A}_{\mathrm{o}}=\bar{\boldsymbol{A}}_{22}+\boldsymbol{H}\bar{\boldsymbol{A}}_{12}$的特征值落在期望的位置上。若选择观测器极点的自然频率ω_0和阻尼系数ζ_0，则可求得

$$\boldsymbol{A}_{\mathrm{o}}=\begin{bmatrix}\dfrac{q_0-q_1-1}{2} & \dfrac{bT}{4}(1+q_0-q_1)\\ -\dfrac{1+q_0+q_1}{bT} & \dfrac{1-q_0-q_1}{2}\end{bmatrix},\quad \boldsymbol{B}_{\mathrm{u}}=\begin{bmatrix}\dfrac{bT}{4}(1+q_0-q_1)\\ -\dfrac{1+q_0+q_1}{2}\end{bmatrix}$$

$$\boldsymbol{B}_{\mathrm{y}}=\begin{bmatrix}-\dfrac{4-4q_0+q_1(q_1-q_0+3)}{2T}\\ -\dfrac{2+2q_0+q_1(q_1+q_0+3)}{bT^2}\end{bmatrix},\quad \boldsymbol{H}=-\begin{bmatrix}\dfrac{q_1-q_0+3}{2T}\\ \dfrac{1+q_0+q_1}{bT^2}\end{bmatrix}$$

式中，$q_0=\mathrm{e}^{-2\zeta_0\omega_0 T}$；$q_1=-2\mathrm{e}^{-\zeta_0\omega_0 T}\cos(\omega_0 T\sqrt{1-\zeta_0{}^2})$。

由于系统模型中把扰动和控制信号都合并到系统输入通道(对应同一矩阵 $\boldsymbol{B}$)，则上述观测器估计出来的是一个综合(等价的)扰动信号，它既包括输入扰动，也包括可以被输入扰动等价相匹配的其他扰动和模型偏差。基于观测器(2.17)，在 PTOS 控制律中加入对扰动的补偿，最终的控制律可写成

$$u(k)=\text{sat}\Big(k_2[f_{\text{p}}(e(k))-\hat{v}(k)]-\hat{d}(k)\Big) \tag{2.18}$$

2.3.2 稳定性分析

定义

$$\tilde{v}(k)=\hat{v}(k)-v(k)\,,\quad \tilde{d}(k)=\hat{d}(k)-d(k)\,,\quad \boldsymbol{w}(k)=\begin{bmatrix}\tilde{v}(k)\\ \tilde{d}(k)\end{bmatrix}$$

根据观测器方程，可验证如下观测器误差动态方程成立：

$$\boldsymbol{w}(k+1)=\boldsymbol{A}_{\text{o}}\cdot\boldsymbol{w}(k) \tag{2.19}$$

选择一个正定实对称矩阵$\boldsymbol{Q}\in\mathbb{R}^{2\times2}$，并求解如下离散 Lyapunov 方程：

$$\boldsymbol{A}_{\text{o}}^{\text{T}}\boldsymbol{P}\boldsymbol{A}_{\text{o}}+\boldsymbol{Q}=\boldsymbol{P} \tag{2.20}$$

因为$\boldsymbol{A}_{\text{o}}$是稳定的，所以满足上述 Lyapunov 方程的正定矩阵$\boldsymbol{P}$存在且唯一。定义$\boldsymbol{F}=[k_2 \quad 1]$，$\boldsymbol{K}=\begin{bmatrix}1 & \dfrac{1}{k_2}\end{bmatrix}$，以及二维点集$\Omega(\boldsymbol{P},\lambda_\delta):=\{\boldsymbol{w}\in\mathbb{R}^2:\boldsymbol{w}^{\text{T}}\boldsymbol{P}\boldsymbol{w}<\lambda_\delta\}$，其中$\lambda_\delta$是满足如下条件的最大标量正参数：

$$\forall\boldsymbol{w}\in\Omega(\boldsymbol{P},\lambda_\delta)\Rightarrow|\boldsymbol{F}\boldsymbol{w}|<(1-\delta)u_{\max}$$

式中，$\delta\in(0,1)$。参数λ_δ可以按下式进行估计[20]：

$$\lambda_\delta=[(1-\delta)u_{\max}]^2\Big/\Big(\boldsymbol{F}\boldsymbol{P}^{-1}\boldsymbol{F}^{\text{T}}\Big)$$

控制律(2.18)作用下的闭环系统的动态方程可改写为

$$\begin{cases}e(k+1)=e(k)-v(k)T-\dfrac{1}{2}bT^2[u(k)+d]\\ v(k+1)=v(k)+bT[u(k)+d]\\ \boldsymbol{w}(k+1)=\boldsymbol{A}_{\text{o}}\cdot\boldsymbol{w}(k)\\ u(k)=\text{sat}\Big(k_2[f_{\text{p}}(e(k))-v(k)]-k_2\boldsymbol{K}\cdot\boldsymbol{w}(k)-d\Big)\end{cases} \tag{2.21}$$

定理 2.2 若系统扰动满足$|d|\leqslant\delta u_{\max}$，初始观测误差$\boldsymbol{w}(0)\in\Omega(\boldsymbol{P},\lambda_\delta)$，且下列各条件都满足时，则闭环系统(2.21)渐近稳定，且输出 y 渐近无静差地跟踪定点目标 r。

(1) $bTk_2\in(0,2)$；

(2) $f_{\text{p}}(0)=0$；

(3) $\forall e\neq0\Rightarrow f_{\text{p}}(e)e>0$；

(4) $\lim\limits_{e\to\infty}\displaystyle\int_0^e f_{\text{p}}(\sigma)\text{d}\sigma=\infty$；

(5) $f_{\mathrm{p}}(e)$对e的导数处处存在，且$\left|\dot{f}_{\mathrm{p}}(e)\right|<\dfrac{2}{T}$；

(6) 控制信号不饱和区域内的任一状态$(e,v,\boldsymbol{w})$，都满足

$$\left|k_2[f_{\mathrm{p}}(e+\Delta e)-(v+\Delta v)-\boldsymbol{K}\boldsymbol{A}_{\mathrm{o}}\cdot\boldsymbol{w}]-d\right|<u_{\max}$$

式中，$\Delta e=-vT-\dfrac{1}{2}bT^2(u+d)$；$\Delta v=bT(u+d)$。

证明　根据观测器误差动态方程(2.19)，且初始观测误差$\boldsymbol{w}(0)\in\Omega(\boldsymbol{P},\lambda_\delta)$，则对$\forall k\geqslant 0$，有

$$\begin{aligned}\boldsymbol{w}^{\mathrm{T}}(k+1)\boldsymbol{P}\boldsymbol{w}(k+1)&=\boldsymbol{w}^{\mathrm{T}}(k)\boldsymbol{A}_{\mathrm{o}}^{\mathrm{T}}\boldsymbol{P}\boldsymbol{A}_{\mathrm{o}}\boldsymbol{w}(k)\\&=\boldsymbol{w}^{\mathrm{T}}(k)(\boldsymbol{P}-\boldsymbol{Q})\boldsymbol{w}(k)\\&\leqslant\boldsymbol{w}^{\mathrm{T}}(k)\boldsymbol{P}\boldsymbol{w}(k)\end{aligned}$$

从而有$\boldsymbol{w}^{\mathrm{T}}(k)\boldsymbol{P}\boldsymbol{w}(k)\leqslant\boldsymbol{w}^{\mathrm{T}}(0)\boldsymbol{P}\boldsymbol{w}(0)<\lambda_\delta$，即$\boldsymbol{w}(k)\in\Omega(\boldsymbol{P},\lambda_\delta)$，则$|\boldsymbol{F}\boldsymbol{w}(k)|<(1-\delta)u_{\max}$。考虑到扰动满足$|d|\leqslant\delta u_{\max}$，则可得

$$\left|k_2\boldsymbol{K}\cdot\boldsymbol{w}(k)+d\right|=\left|\boldsymbol{F}\cdot\boldsymbol{w}(k)+d\right|\leqslant\left|\boldsymbol{F}\cdot\boldsymbol{w}(k)\right|+|d|<u_{\max}$$

此表示系统扰动和观测器误差并不会改变系统在控制信号饱和情况下的加/减速方向。参照文献[1]对状态反馈且无扰动情形时的分析，可证明当系统初始状态处于饱和控制区域时，系统轨迹将在控制作用下进入不饱和控制区域。而条件(6)则确保系统轨迹一旦进入不饱和控制区域，将继续停留在该区域内。剩下的问题是证明在系统轨迹进入不饱和控制区域，即控制信号不超过其饱和限幅值的情况下，闭环系统是渐近稳定的。

在控制信号不饱和的情况下，闭环动态方程为

$$\begin{cases}e(k+1)=e(k)-v(k)T-\dfrac{mT}{2}[f_{\mathrm{p}}(e(k))-v(k)-\boldsymbol{K}\cdot\boldsymbol{w}(k)]\\v(k+1)=v(k)+m[f_{\mathrm{p}}(e(k))-v(k)-\boldsymbol{K}\cdot\boldsymbol{w}(k)]\\\boldsymbol{w}(k+1)=\boldsymbol{A}_{\mathrm{o}}\cdot\boldsymbol{w}(k)\end{cases}\tag{2.22}$$

式中，$m=bTk_2$。为分析闭环系统(2.22)的渐近稳定性，定义如下的 Lyapunov 函数：

$$V(k)=p_{\mathrm{v}}v^2(k)+\int_0^{e(k)}f(\sigma)\mathrm{d}\sigma+\boldsymbol{w}^{\mathrm{T}}(k)\boldsymbol{P}\boldsymbol{w}(k)\tag{2.23}$$

式中，p_{v}是一个正的标量参数。沿着闭环系统(2.22)的轨迹，计算上述 Lyapunov 函数的增量：

$$\Delta V(k)=V(k+1)-V(k)$$
$$=p_{\mathrm{v}}[v^2(k+1)-v^2(k)]+\int_{e(k)}^{e(k+1)}f_{\mathrm{p}}(\sigma)\mathrm{d}\sigma+\boldsymbol{w}^{\mathrm{T}}(k+1)\boldsymbol{P}\boldsymbol{w}(k+1)-\boldsymbol{w}^{\mathrm{T}}(k)\boldsymbol{P}\boldsymbol{w}(k)$$

上式中的积分项可利用泰勒级数展开式而改写为

$$\int_{e(k)}^{e(k+1)}f_{\mathrm{p}}(\sigma)\mathrm{d}\sigma=f_{\mathrm{p}}(e(k))[e(k+1)-e(k)]+\frac{1}{2}\dot{f}_{\mathrm{p}}(\xi)[e(k+1)-e(k)]^2$$
$$\leqslant f_{\mathrm{p}}(e(k))[e(k+1)-e(k)]+c[e(k+1)-e(k)]^2$$

式中，ξ 在 $e(k)$ 与 $e(k+1)$ 之间取值；$c:=\sup\left|\frac{1}{2}\dot{f}_{\mathrm{p}}(\xi)\right|$。因而，有

$$\Delta V(k)\leqslant p_{\mathrm{v}}[v^2(k+1)-v^2(k)]-\boldsymbol{w}^{\mathrm{T}}(k)\boldsymbol{Q}\boldsymbol{w}(k)+f_{\mathrm{p}}(e(k))[e(k+1)-e(k)]+c[e(k+1)-e(k)]^2$$

注意到

$$\begin{cases}e(k+1)-e(k)=-\dfrac{mT}{2}f_{\mathrm{p}}(e(k))+\left(\dfrac{m}{2}-1\right)Tv(k)+\dfrac{mT}{2}\boldsymbol{K}\boldsymbol{w}(k)\\ v^2(k+1)-v^2(k)=(m^2-2m)v^2(k)+m^2f_{\mathrm{p}}^{\,2}(e(k))+(2m-2m^2)v(k)f_{\mathrm{p}}(e(k))\\ \qquad\qquad+m^2\boldsymbol{w}^{\mathrm{T}}(k)\boldsymbol{K}^{\mathrm{T}}\boldsymbol{K}\boldsymbol{w}(k)-2m^2\boldsymbol{K}\boldsymbol{w}(k)f_{\mathrm{p}}(e(k)+(2m^2-2m)\boldsymbol{K}\boldsymbol{w}(k)v(k)\end{cases}$$

于是，有

$$\begin{aligned}\Delta V(k)\leqslant&\left[p_{\mathrm{v}}(m^2-2m)+c\left(1-\frac{m}{2}\right)^2T^2\right]v^2(k)\\&+\left(p_{\mathrm{v}}m^2-\frac{mT}{2}+\frac{1}{4}cm^2T^2\right)f_{\mathrm{p}}^2(e(k))\\&+\left[p_{\mathrm{v}}(2m-2m^2)+\left(\frac{m}{2}-1\right)T+c\left(m-\frac{m^2}{2}\right)T^2\right]v(k)f_{\mathrm{p}}(e(k))\\&+\boldsymbol{w}^{\mathrm{T}}(k)\left[\left(p_{\mathrm{v}}m^2+\frac{1}{4}cm^2T^2\right)\boldsymbol{K}^{\mathrm{T}}\boldsymbol{K}-\boldsymbol{Q}\right]\boldsymbol{w}(k)\\&+\left[\frac{mT}{2}-\frac{1}{2}cm^2T^2-2p_{\mathrm{v}}m^2\right]\boldsymbol{K}\boldsymbol{w}(k)f_{\mathrm{p}}(e(k))\\&+\left[p_{\mathrm{v}}(2m^2-2m)+c\left(\frac{1}{2}m^2-m\right)T^2\right]\boldsymbol{K}\boldsymbol{w}(k)v(k)\\=&\begin{bmatrix}v(k)\\\boldsymbol{w}(k)\end{bmatrix}^{\mathrm{T}}\boldsymbol{P}_{\mathrm{v}}\begin{bmatrix}v(k)\\\boldsymbol{w}(k)\end{bmatrix}+\begin{bmatrix}v(k)\\\boldsymbol{w}(k)\end{bmatrix}^{\mathrm{T}}\boldsymbol{M}\cdot f_{\mathrm{p}}(e(k))+N\cdot f_{\mathrm{p}}^2(e(k))\end{aligned}\tag{2.24}$$

式中，$\boldsymbol{P}_{\mathrm{v}}=\boldsymbol{P}_{\mathrm{v}}^{\mathrm{T}}=\begin{bmatrix}p_{11}&\boldsymbol{p}_{12}\\\boldsymbol{p}_{12}^{\mathrm{T}}&\boldsymbol{p}_{22}\end{bmatrix}$，$\boldsymbol{M}=\begin{bmatrix}m_1\\\boldsymbol{m}_2\end{bmatrix}$，$N=p_{\mathrm{v}}m^2-\dfrac{mT}{2}+\dfrac{1}{4}cm^2T^2$。

其中

$$\begin{cases} p_{11} = p_{\mathrm{v}}(m^2 - 2m) + c\left(1 - \dfrac{m}{2}\right)^2 T^2 \\ \boldsymbol{p}_{12} = \dfrac{1}{2}\left[p_{\mathrm{v}}(2m^2 - 2m) + c\left(\dfrac{1}{2}m^2 - m\right)T^2\right]\boldsymbol{K} \\ \boldsymbol{p}_{22} = (p_{\mathrm{v}}m^2 + \dfrac{1}{4}cm^2T^2)\boldsymbol{K}^{\mathrm{T}}\boldsymbol{K} - \boldsymbol{Q} \\ m_1 = p_{\mathrm{v}}(2m - 2m^2) + \left(\dfrac{m}{2} - 1\right)T + c\left(m - \dfrac{m^2}{2}\right)T^2 \\ \boldsymbol{m}_2 = \left(\dfrac{mT}{2} - \dfrac{1}{2}cm^2T^2 - 2p_{\mathrm{v}}m^2\right)\boldsymbol{K}^{\mathrm{T}} \end{cases}$$

若要使式(2.24)的右端是负半定的，则需要如下条件：

$$\begin{cases} \boldsymbol{P}_{\mathrm{v}} < 0 \\ N - \dfrac{1}{4}\boldsymbol{M}^{\mathrm{T}}\boldsymbol{P}_{\mathrm{v}}^{-1}\boldsymbol{M} \leqslant 0 \end{cases} \tag{2.25}$$

要使得 $\boldsymbol{P}_{\mathrm{v}} < 0$，需要 $p_{11} < 0$ 且 $\boldsymbol{p}_{22} - \boldsymbol{p}_{12}^{\mathrm{T}}p_{11}^{-1}\boldsymbol{p}_{12} < 0$。

由 $p_{11} < 0$，可推出：

$$0 < m < 2 \text{ 和 } p_{\mathrm{v}} > \frac{cT^2(2-m)}{4m} \tag{2.26}$$

另外，如果矩阵 $\boldsymbol{Q}$ 满足

$$\boldsymbol{Q} > \left(p_{\mathrm{v}}m^2 + \frac{1}{4}cm^2T^2\right)\boldsymbol{K}^{\mathrm{T}}\boldsymbol{K} - \boldsymbol{p}_{12}^{\mathrm{T}}p_{11}^{-1}\boldsymbol{p}_{12} \tag{2.27}$$

则可保证 $\boldsymbol{p}_{22} - \boldsymbol{p}_{12}^{\mathrm{T}}p_{11}^{-1}\boldsymbol{p}_{12} < 0$。

注意到

$$\boldsymbol{P}_{\mathrm{v}}^{-1} = \begin{bmatrix} (1 + \boldsymbol{p}_{12}\varDelta_{\mathrm{p}}\boldsymbol{p}_{12}^{\mathrm{T}})/p_{11} & -\boldsymbol{p}_{12}\varDelta_{\mathrm{p}} \\ -\varDelta_{\mathrm{p}}\boldsymbol{p}_{12}^{\mathrm{T}} & p_{11}\varDelta_{\mathrm{p}} \end{bmatrix}$$

式中，$\varDelta_{\mathrm{p}} = (p_{11}\boldsymbol{p}_{22} - \boldsymbol{p}_{12}^{\mathrm{T}}\boldsymbol{p}_{12})^{-1}$。

要使得 $N - \dfrac{1}{4}\boldsymbol{M}^{\mathrm{T}}\boldsymbol{P}_{\mathrm{v}}^{-1}\boldsymbol{M} \leqslant 0$，则需要

$$N \leqslant 0 \text{ 和 } 4Np_{11} - m_1^2 \geqslant S(\overline{p}_{12}m_1 - p_{11}\overline{m}_2)^2 \tag{2.28}$$

式中

$$\begin{cases} S = \boldsymbol{K}\varDelta_{\mathrm{p}}\boldsymbol{K}^{\mathrm{T}} \\ \bar{p}_{12} = \dfrac{1}{2}\left[p_{\mathrm{v}}(2m^2 - 2m) + c\left(\dfrac{1}{2}m^2 - m\right)T^2 \right] \\ \bar{m}_2 = \dfrac{mT}{2} - \dfrac{1}{2}cm^2T^2 - 2p_{\mathrm{v}}m^2 \end{cases}$$

注意到$S>0$，以及

$$\begin{cases} 4Np_{11} - m_1^2 = -(2p_{\mathrm{v}}m - T + \dfrac{1}{2}mT)^2 \\ \bar{p}_{12}m_1 - p_{11}\bar{m}_2 = -p_{\mathrm{v}}m\left(2p_{\mathrm{v}}m - T + \dfrac{1}{2}mT\right) \end{cases}$$

由式(2.28)的第二个不等式可得

$$(Sp_{\mathrm{v}}^2m^2 + 1)\left(2p_{\mathrm{v}}m - T + \frac{1}{2}mT\right)^2 \leqslant 0$$

由上式可推出：

$$2p_{\mathrm{v}}m - T + \frac{1}{2}mT = 0$$

即

$$p_{\mathrm{v}} = \frac{T(2-m)}{4m} \tag{2.29}$$

不等式$N \leqslant 0$等价于

$$p_{\mathrm{v}} \leqslant \frac{T(2-cTm)}{4m} \tag{2.30}$$

综合式(2.26)、式(2.29)和式(2.30)，可得如下条件：

$$0 < cT < 1 \tag{2.31}$$

注意到式(2.26)和式(2.31)分别由定理的假设条件(1)和(5)来加以保证。显然，存在合适的正参数p_{v}和正定矩阵$\boldsymbol{Q}$，使得$\Delta V(k) \leqslant 0$。类似于连续时域的情形，可推断在离散时间 PTOS 控制律作用下的闭环系统是渐近稳定的，系统输出y渐近无静差地跟踪定点目标r。

定理 2.2 证毕。

2.3.3 仿真实例

将提出的离散 PTOS 控制方法应用于一个典型的伺服定位系统，其数学模型是一个双积分传递函数 $\frac{b}{s^2}$，其中模型参数 $b=100$；控制输入信号(电流) u 的饱和限值是 $u_{\max}=5\text{A}$，输出量 y (位置：rad)可测量，假设在输入通道中存在扰动 $d=-0.2\text{A}$。

首先选择离散采样周期 $T=0.01\text{s}$，选取离散 PTOS 控制器的设计参数为：$\zeta=0.8$，$\omega=60\text{rad/s}$，$\alpha=0.9$；其他参数值计算如下：$k_1=22.466$，$k_2=0.7294$，$y_1=0.2372\text{rad}$，$v_s=7.3055\text{rad/s}$。选择速度和扰动观测器的一对共轭极点的阻尼系数与自然频率为：$\zeta_0=0.707$，$\omega_0=180\text{rad/s}$。

为验证所设计的离散 PTOS 控制器的有效性，在 MATLAB/Simulink 下进行仿真。首先在扰动为 −0.2A 的情况下对三种目标位置 1rad、5rad 和 20rad 分别进行定位控制，结果如图 2.7 所示。系统在各种情况下都能实现快速和平稳的定位，其超调量低于 2%，稳态无误差。图 2.8 给出在各种扰动下对目标位置 $r=10\text{rad}$ 的定位控制结果。随着扰动阻力的增大，控制系统的输出响应整体趋缓，但仍保持平稳性和稳态准确性。这说明控制系统具有一定的性能鲁棒性。采用离散域 PTOS 控制律，可以取得与连续域 PTOS 控制律相似的控制性能，但更便于在计算机上编程实现。

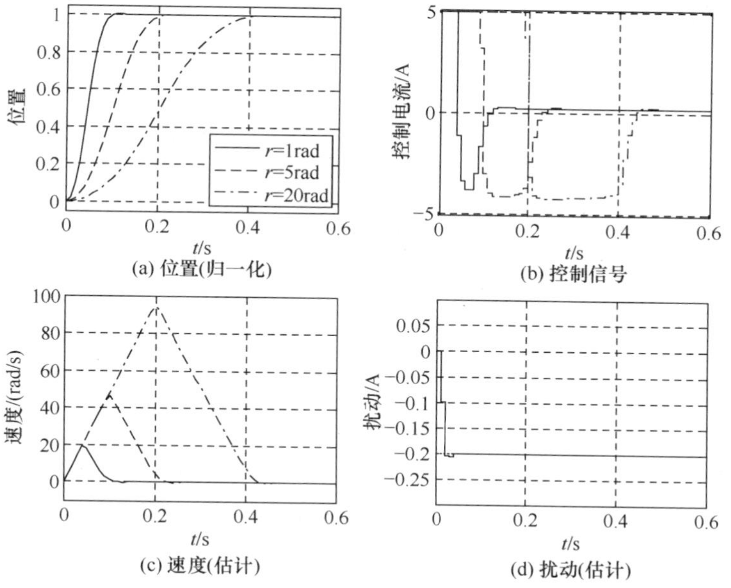

图 2.7　扰动为−0.2A 时三种目标位置的定位控制效果

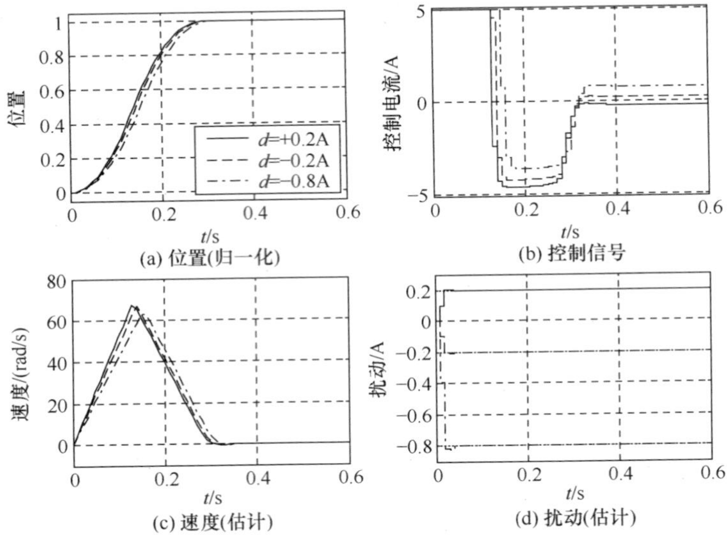

图 2.8　三种不同扰动下对目标位置 $r = 10\text{rad}$ 的定位控制效果

2.4　速度受限 PTOS 控制

采用 PTOS 控制进行快速定位控制的伺服系统，其运行过程可分为加速段和减速段两个阶段(线性工作区可归入减速段)，对应的速度曲线近似为一个三角波，在加速段与减速段的交接处系统速度达到最大值(峰值)，其值随定位目标距离的增大而增大。由于实际系统对速度往往有限制，例如，通常情况下不希望电机的转速超过其额定转速，所以不能直接把 PTOS 用于电机的大范围位置控制。本节针对电机位置伺服系统的模型特点和性能需求，提出一种基于切换的三阶段近似时间最优控制方案：在 PTOS 的框架中插入一个转速调节(恒速控制)的环节，在快速位置跟踪的同时也对转速加以限制。

对于双积分模型的伺服系统，假定其最大允许速度为 v_{m}，那么系统从静止状态按最大加速度达到 v_{m} 所对应的位移为 $y_{\mathrm{m}} = v_{\mathrm{m}}^2 / (2bu_{\max})$；同样，系统从 v_{m} 减速到零的位移也是 y_{m}。当目标位移超过 $2y_{\mathrm{m}}$ 时，系统在定位控制中的速度峰值可能超过 v_{m}，需要采取措施进行限速。一个直观的思路是当速度的幅值达到限值 v_{m} 且可能继续增大时，立即改换另一种控制律，使速度能维持在 v_{m} 附近，即进行恒速控制。随后当定位误差 $|e| \leqslant e_{\mathrm{m}}$ 时则恢复为 PTOS 的减速段控制(这将产

生一条近似梯形波的速度曲线)。其中，e_m 为无扰动时的 PTOS 控制信号 $\bar{u}_p = k_2[f_p(e) - v]$ 发生符号变化(穿越 0 值)时对应的位置误差值，即

$$\bar{u}_p\Big|_{(e_m, v_m)} = 0$$

由上式可解得

$$e_m(v_m) = \begin{cases} \dfrac{k_2}{k_1} v_m, & |v_m| \leqslant v_s \\ \dfrac{(v_m + v_s)^2}{2b\alpha u_{max}}, & |v_m| > v_s \end{cases} \tag{2.32}$$

恒速控制阶段的控制律可采用比例控制+扰动补偿的形式，如下所示：

$$u_v = k_v[\text{sign}(e) \cdot v_m - \hat{v}] - \hat{d} \tag{2.33}$$

式中，$k_v > 0$ 是可调参数；$\hat{v}$ 和 $\hat{d}$ 是扩展状态观测器提供的估计值；控制律带有符号函数是考虑到伺服系统双向运动的情况。

控制方案的工作流程如图 2.9 所示，可描述如下：

(1) 对给定的目标位置(或目标发生变化)，把阶段标志设为 Stage=1，采用鲁棒 PTOS 控制律 $u_p = \text{sat}\left(k_2[f_p(e) - \hat{v}] - \hat{d}\right)$，先进行 PTOS 加速控制；

(2) 在 Stage=1 的条件下，若出现 $|v| \geqslant v_m$ 且 $\bar{u}_p = k_2[f_p(e) - \hat{v}]$ 与当前速度 $\hat{v}$ 同号的情况，则阶段标志改为 Stage=2；

(3) 在 Stage=2 的条件下，采用控制律(2.33)进行恒速调节，一旦定位误差满足条件 $|e| \leqslant e_m$，则阶段标志改为 Stage=3；

(4) 在 Stage=3 的条件下，采用鲁棒 PTOS 控制律进行减速控制，直至系统到达目标位置。

在图 2.9 中，工作流程分为位置跟踪和恒速调节两条支路，每个控制周期要执行其中某一条支路，并在规定的条件下进行状态迁移。系统进行一次定位控制的典型过程是：首先按照鲁棒 PTOS 控制律进行加速，随后改用速度调节律进行恒速控制，最后利用鲁棒 PTOS 控制律进行减速和平稳控制。系统的典型运行轨迹如图 2.10 所示。在某些情况(目标位置较小，且初始速度也小)下，恒速调节阶段可能不会出现，系统经过 PTOS 加速段之后直接进入减速段，但系统的阶段标志保持不变(Stage=1)。

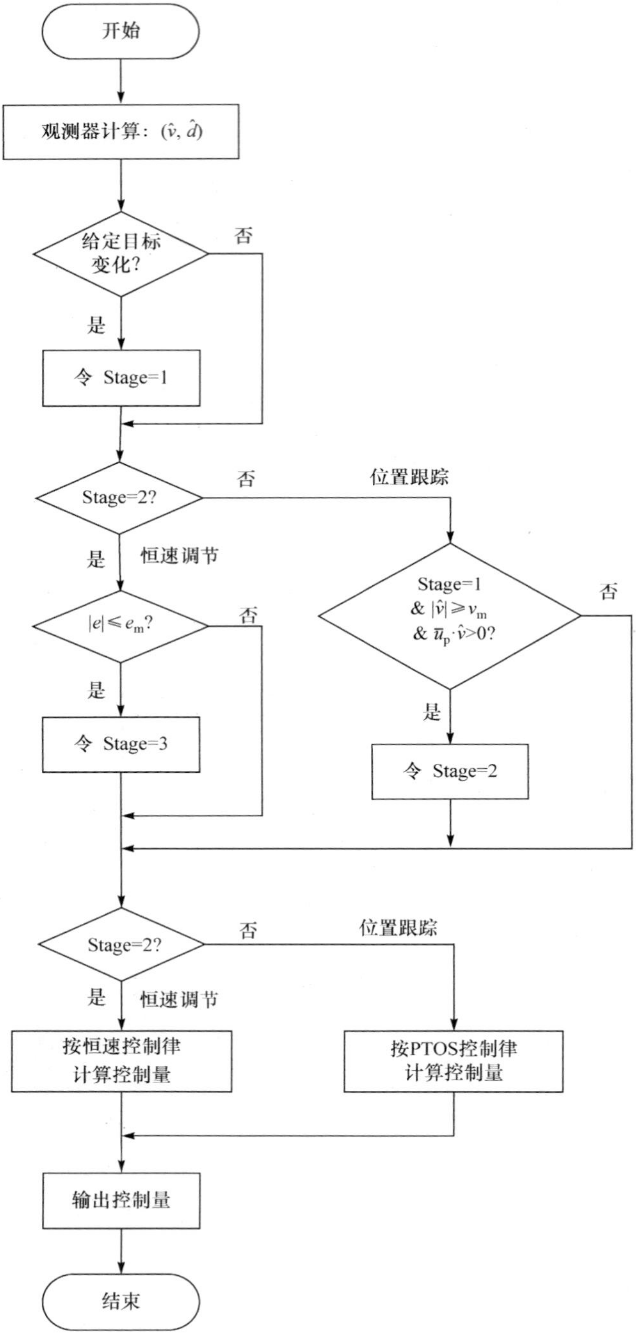

图 2.9　速度受限 PTOS 控制的工作流程

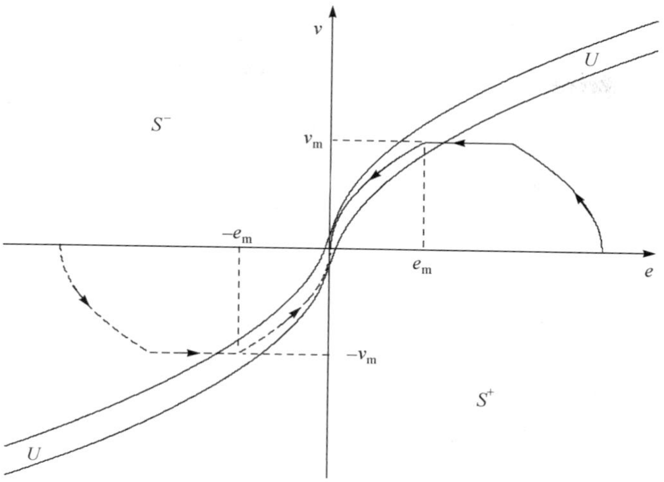

图 2.10 速度受限 PTOS 控制系统的典型相轨迹

这种速度受限 PTOS 控制方案对连续时域 PTOS 控制和离散时域 PTOS 控制都适用。为进行仿真研究，采用 2.3.3 节的仿真实例及参数值，另选取速度调节律的参数 $k_v = 0.2$，在扰动 $d = -0.2\text{A}$ 和三种不同速度限值(100rad/s, 60rad/s, 40rad/s)的条件下对目标位置 $r = 20\text{rad}$ 分别进行定位控制，仿真结果如图 2.11 所示。显然，系统在各种速度限值下都能实现平稳且准确的位置控制，但随着速度限值的降低，位置响应趋于减缓。

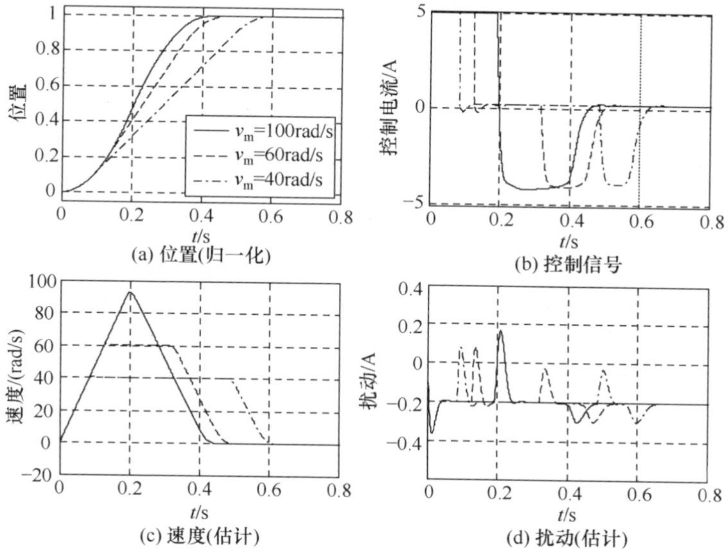

图 2.11 三种速度限值下的定位控制性能比较 ($r = 20\text{rad}$)

2.5 带阻尼伺服系统的扩展 PTOS 控制

前面的 PTOS 控制方案都是针对双积分模型的伺服系统而设计的，这种双积分模型是一种过度简化的假设模型。实际的机电伺服系统由于受到摩擦力矩的阻尼作用，其模型往往带有一个惯性阻尼环节，而不是纯粹的双积分模型。当这个环节的阻尼作用较弱时，可以把它看成一种未知恒定扰动，然后采用针对双积分模型的鲁棒 PTOS 控制。如果这种阻尼作用较强，采用针对双积分模型的鲁棒 PTOS 控制则可能会在瞬态性能上出现明显偏差。因此，有必要针对带惯性阻尼环节的伺服系统，对原先的 PTOS 控制方案进行修正或扩展。实际上，文献[21]已对这个问题展开了研究，提出了一种单参数的扩展 PTOS (expanded PTOS, EPTOS) 控制方案。本节在此基础上，给出一种双自由度的设计方案。

2.5.1 扩展 PTOS 控制律的设计

本节所考虑的带惯性阻尼环节的伺服系统模型如下：

$$\begin{cases} \dot{y} = v \\ \dot{v} = a \cdot v + b \cdot \mathrm{sat}(u) \end{cases} \tag{2.34}$$

式中，y 为可测量的系统输出(位置)；v 为速度信号；u 为幅值饱和受限的控制输入信号；$a<0$ 和 $b>0$ 为模型参数；饱和限幅函数 $\mathrm{sat}(\cdot)$ 定义为

$$\mathrm{sat}(u) = \begin{cases} u, & |u| < u_{\max} \\ \mathrm{sign}(u) \cdot u_{\max}, & |u| \geqslant u_{\max} \end{cases}$$

式中，$\mathrm{sign}(\cdot)$ 是符号函数。

为实现对某个定点目标 r 的快速跟踪控制，根据最优控制理论推导出如下时间最优控制律[19]：

$$u_{\mathrm{t}} = u_{\max} \cdot \mathrm{sign}(e + f_{\mathrm{t}}(v)) \tag{2.35}$$

式中，$e = r - y$ 是跟踪误差；$f_{\mathrm{t}}(v)$ 是关于速度变量 v 的非线性函数：

$$f_{\mathrm{t}}(v) = \mathrm{sign}(v) \cdot \frac{bu_{\max}}{a^2} \ln\left|1 - \frac{a\,|v|}{bu_{\max}}\right| + \frac{v}{a} \tag{2.36}$$

显然，控制律 u_{t} 是一种 Bang-Bang 控制律，如果应用在实际系统中易触发颤振现象。为避免这个问题，采用一个饱和限幅函数来近似替代 Bang-Bang 控制律中的符号函数，从而得到如下控制律：

$$u_{\mathrm{s}} = \mathrm{sat}(k_1[e + f_{\mathrm{s}}(v)]) \tag{2.37}$$

式中，$k_1>0$ 是饱和函数线性区的斜率，而 $f_s(v)$ 则定义为

$$f_s(v)=\text{sign}(v)\cdot\left(\frac{bu_{\max}}{a^2}\ln\left|1-\frac{a|v|}{bu_{\max}}\right|-y_s\right)+\frac{v}{a} \tag{2.38}$$

式中，y_s 是一个偏置值；参数 k_1 和 y_s 的值将在下面加以确定。

为确保伺服系统的平稳性，考虑在运动速度减缓到某个阈值时转而采用线性控制律。为此，把上面关于速度变量 v 的非线性函数进一步改造如下：

$$f_{ep}(v)=\begin{cases}\dfrac{k_2}{k_1}v, & |v|\leqslant v_1\\ \text{sign}(v)\cdot\left(\dfrac{bu_{\max}}{a^2}\ln\left|1-\dfrac{a|v|}{bu_{\max}}\right|-y_s\right)+\dfrac{v}{a}, & |v|>v_1\end{cases} \tag{2.39}$$

式中，v_1 是线性控制区的宽度，即速度的阈值；k_1 和 k_2 是控制律的增益系数。在文献[21]中，给出了采用 v_1 作为唯一的设计参数进而推算 k_1 和 k_2 值的表达式。本节中，为便于对控制性能进行更灵活的整定，采用线性控制区的闭环极点阻尼系数 $\zeta\in(0,1]$ 和自然频率 $\omega>0$ 作为设计参数(双自由度)，从而确定 k_1 和 k_2 的值如下：

$$k_1=\frac{\omega^2}{b},\quad k_2=-\frac{a+2\zeta\omega}{b} \tag{2.40}$$

式中，ζ 和 ω 的取值应保证：$a+2\zeta\omega>0$。

接着，利用非线性函数 $f_{ep}(v)$ 在 v_1 处的连续性和平滑性，可得如下关系式：

$$\begin{cases}\dfrac{k_2}{k_1}v_1=\dfrac{bu_{\max}}{a^2}\ln\left(1-\dfrac{av_1}{bu_{\max}}\right)-y_s+\dfrac{v_1}{a}\\ \dfrac{k_2}{k_1}=\dfrac{bu_{\max}}{a(av_1-bu_{\max})}+\dfrac{1}{a}\end{cases}$$

从上面的联立方程可解得参数 v_1 和 y_s 的值如下：

$$\begin{cases}v_1=\dfrac{bu_{\max}(a+2\zeta\omega)}{a(a+2\zeta\omega)+\omega^2}\\ y_s=\dfrac{bu_{\max}}{a^2}\ln\left(1-\dfrac{av_1}{bu_{\max}}\right)-\dfrac{bu_{\max}v_1}{a(av_1-bu_{\max})}\end{cases} \tag{2.41}$$

至此，可得到扩展 PTOS 控制律如下：

$$u_{ep}=\text{sat}(k_1[e+f_{ep}(v)]) \tag{2.42}$$

控制律 u_{ep} 是一个以 ζ 和 ω 作为设计参数的全参数化控制律。它与前面设计的

PTOS 控制律有一个显著的差别：PTOS 控制律是根据位置误差 e 来划分线性控制区域，而扩展 PTOS 控制律则是用速度阈值来定义线性控制区，如图 2.12 所示。

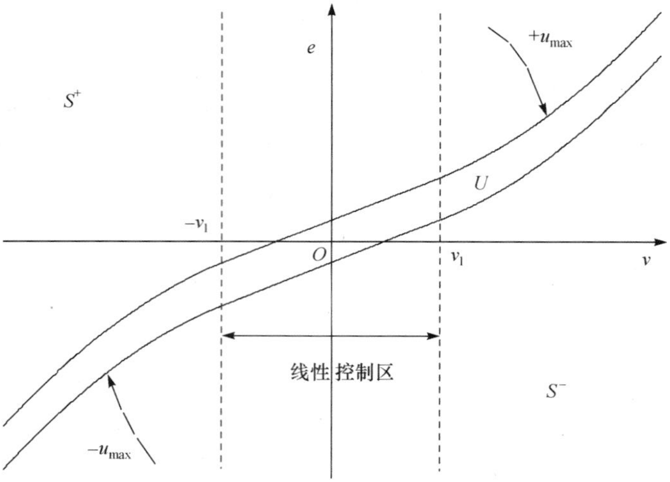

图 2.12　扩展 PTOS 控制律的切换曲线与控制域

2.5.2　稳定性分析

关于带阻尼伺服系统的扩展 PTOS 控制，有如下结论。

定理 2.3　对带有阻尼环节的伺服系统(2.34)，采用式(2.42)的扩展 PTOS 控制律，在其参数满足 $a+2\zeta\omega>0$ 的条件下，能保证闭环系统的稳定性，且系统输出量 y 能渐近跟踪定点参考信号 r 。

证明　在扩展 PTOS 控制律的作用下，闭环系统的误差动态方程可写为

$$\begin{cases}\dot{e}=-v\\ \dot{v}=a\cdot v+b\cdot \mathrm{sat}(u)\\ e=r-y\end{cases} \tag{2.43}$$

在二维状态空间上定义一个不饱和控制区域：

$$\boldsymbol{U}:=\left\{\begin{bmatrix}e\\ v\end{bmatrix}\in\mathbb{R}^2:\left|k_1[e+f_{ep}(v)]\right|<u_{max}\right\}$$

证明过程将分为两步：第 1 步是证明所有源自区域 $\boldsymbol{U}$ 之外的轨迹最终都将进入 $\boldsymbol{U}$ 之内，第 2 步是证明 $\boldsymbol{U}$ 之内的轨迹将渐近收敛到原点。

第 1 步　假定系统的初始状态在 $\boldsymbol{U}$ 之外，定义 $\bar{u}=k_1[e+f_{ep}(v)]$ ，则 $\bar{u}\geqslant u_{max}$ 或 $\bar{u}\leqslant -u_{max}$ 。

不妨先考虑 $\bar{u} \geqslant u_{\max}$ 的情况，则由系统模型得 $\dot{v} = a \cdot v + b \cdot u_{\max}$，且有

$$\dot{\bar{u}} = k_1[(av + bu_{\max})\dot{f}_{\text{ep}}(v) - v]$$

式中

$$\dot{f}_{\text{ep}}(v) := \frac{\partial f_{\text{ep}}(v)}{\partial v} = \begin{cases} \dfrac{v_1}{av_1 - bu_{\max}}, & |v| \leqslant v_1 \\ \dfrac{|v|}{a|v| - bu_{\max}}, & |v| > v_1 \end{cases}$$

把 $\dot{f}_{\text{ep}}(v)$ 的表达式代入 $\dot{\bar{u}}$ 的计算式中，可得

$$\dot{\bar{u}} = \begin{cases} \dfrac{k_1 bu_{\max}(v + v_1)}{av_1 - bu_{\max}}, & |v| \leqslant v_1 \\ \dfrac{k_1 bu_{\max}(v + |v|)}{a|v| - bu_{\max}}, & |v| > v_1 \end{cases}$$

注意到系统模型参数 $a < 0$ 和 $b > 0$，且根据 k_1 和 k_2 的计算表达式可知：$k_1 > 0$，$k_2 < 0$。从而可知：$\dot{\bar{u}} \leqslant 0$。此时，误差动态方程的解为

$$\begin{cases} v(t) = \dfrac{av(0) + bu_{\max}}{a}\mathrm{e}^{at} - \dfrac{bu_{\max}}{a} \\ e(t) = e(0) + \dfrac{bu_{\max}}{a}t - \dfrac{av(0) + bu_{\max}}{a^2}\mathrm{e}^{at} + \dfrac{av(0) + bu_{\max}}{a^2} \end{cases}$$

式中，$e(0)$ 和 $v(0)$ 是系统的初始状态(有限值)。考虑到 $a < 0$，显然，当 $t \to \infty$ 时，有

$$v(t) \to -\frac{bu_{\max}}{a}, \quad e(t) \to -\infty$$

因而有

$$\lim_{t\to\infty} \bar{u}(t) = \lim_{t\to\infty} k_1[e(t) + f_{\text{ep}}(v(t))] = -\infty$$

这个结论连同前面的 $\dot{\bar{u}} \leqslant 0$ 表明：源自区域 $\boldsymbol{U}$ 之外且 $\bar{u} \geqslant u_{\max}$ 的轨迹最终都将进入 $\boldsymbol{U}$ 之内。类似地，对 $\bar{u} \leqslant -u_{\max}$ 的情形，也可证明系统的轨迹最终都将进入 $\boldsymbol{U}$ 之内。

第 2 步　假定系统的轨迹在区域 $\boldsymbol{U}$ 内部，即 $|k_1[e + f_{\text{ep}}(v)]| < u_{\max}$，这时可忽略模型方程中的饱和限幅函数。定义一个 Lyapunov 函数：

$$V(t) = \frac{bk_1}{2}e^2(t) + \frac{1}{2}v^2(t) \tag{2.44}$$

沿着闭环系统的轨迹计算其时间导数如下：

$$\begin{aligned}\dot{V} &= -bk_1ev + v[av + b\cdot k_1(e + f_{\rm ep}(v))]\\ &= av^2 + bk_1 f_{\rm ep}(v)v\end{aligned}$$

根据 $f_{\rm ep}(v)$ 的定义式和 $\dot{f}_{\rm ep}(v)$ 的计算式，可知：$f_{\rm ep}(0)=0$，$\dot{f}_{\rm ep}(v)<0$。所以，$f_{\rm ep}(v)v\leqslant 0$ 且等号仅在 $v=0$ 处成立。因而，有

$$\dot{V}\leqslant av^2\leqslant 0$$

由 LaSalle 不变性原理可得：$v\to 0$。进而，由 $\dot{v}=av+b\cdot k_1[e+f_{\rm ep}(v)]$ 可知 $\dot{v}$ 是一致连续的，利用 Barbalat 引理可得 $\dot{v}\to 0$，考虑到 $v\to 0$ 和 $f_{\rm ep}(v)\to 0$，从而得到 $e\to 0$，即 $y\to r$。这表明：受控系统的状态轨迹渐近收敛到原点，系统输出量 y 渐近跟踪定点参考信号 r。

定理 2.3 证毕。

在实际伺服系统中，往往存在未知的扰动，这时其数学模型可表示为

$$\begin{cases}\dot{y}=v\\ \dot{v}=a\cdot v+b\cdot(\mathrm{sat}(u)+d)\end{cases}\tag{2.45}$$

式中，d 是未知的分段恒定或慢变化的扰动；其他参数和变量与式(2.43)相同。

要在系统(2.45)中应用扩展 PTOS 控制律，需考虑扰动补偿，并对未量测的速度信号进行在线估计。基于分段恒定或慢变化扰动的假设，可先对模型进行增广，进而设计如下降阶扩展状态观测器来对速度和扰动进行估计：

$$\begin{cases}\dot{\boldsymbol{\eta}}=\begin{bmatrix}-2\zeta_0\omega_0 & b\\ -\dfrac{\omega_0^2}{b} & 0\end{bmatrix}\boldsymbol{\eta}+\begin{bmatrix}b & (1-4\zeta_0^2)\omega_0^2-2a\zeta_0\omega_0\\ 0 & -\dfrac{(a+2\zeta_0\omega_0)\omega_0^2}{b}\end{bmatrix}\cdot\begin{bmatrix}\mathrm{sat}(u)\\ y\end{bmatrix}\\ \begin{bmatrix}\hat{v}\\ \hat{d}\end{bmatrix}=\boldsymbol{\eta}+\begin{bmatrix}a+2\zeta_0\omega_0\\ \dfrac{\omega_0^2}{b}\end{bmatrix}y\end{cases}\tag{2.46}$$

式中，$\boldsymbol{\eta}$ 是观测器的内部状态量；$\hat{v}$ 和 $\hat{d}$ 分别是速度与扰动的估计值；ζ_0 和 ω_0 分别是观测器的一对共轭极点的阻尼系数与自然频率。

基于观测器的鲁棒扩展 PTOS 控制律如下：

$$u=\mathrm{sat}(k_1[e+f_{\rm ep}(\hat{v})]-k_{\rm c}\cdot\hat{d})\tag{2.47}$$

式中，$k_{\rm c}\in[0,1]$ 是扰动前馈补偿系数，其取值可在控制精度和鲁棒性之间进行折中。

2.5.3　仿真实例

将提出的鲁棒扩展 PTOS 控制方法应用于一个典型的伺服定位系统，其数学模型带有一个惯性环节，其中模型参数 $a=-8$ ，$b=100$ ；控制输入信号(电流)满足 $|u|\leqslant u_{\max}=5\text{A}$ ，系统输出量 y(位置：rad)可量测，假设扰动 d 初始值为 –1A，然后在第 1.2s 时跳变为+1A。

选取控制器参数为：$\zeta=0.8$ ，$\omega=30\text{rad/s}$ ，$k_{\text{c}}=1$；其他相关参数值计算如下：$k_1=9$ ，$k_2=-0.4$ ，$v_1=34.483\text{rad/s}$ ，$y_{\text{s}}=0.6548\text{rad}$。速度和扰动的观测器极点的阻尼系数与自然频率取值为：$\zeta_0=0.707$ ，$\omega_0=60\text{rad/s}$。

在 MATLAB/Simulink 下进行仿真验证。首先对三个目标位置 $r=1\text{rad}$ 、10rad 和 30rad 进行跟踪控制，结果如图 2.13 所示。从图中可以看出，系统对各种目标位置都能实现快速且准确的跟踪，而且在扰动发生跳变的情况下也能快速回到目标位置。由于惯性环节的阻尼作用，系统的速度曲线明显地偏向右侧，即加速段较长，而减速段偏短。为考察控制律的鲁棒性，分别在系统模型参数发生摄动的情况下(控制律仍采用系统的标称参数值)进行仿真研究。如图 2.14 和图 2.15 所示，在给定目标位置 $r=10\text{rad}$ 的情况下，虽然系统输出响应的瞬态性能有所变化，但都能准确地跟踪目标位置，且扰动估计也能收敛到到其准确值。以上结果表明，这种扩展 PTOS 控制方案具有较好的鲁棒性。

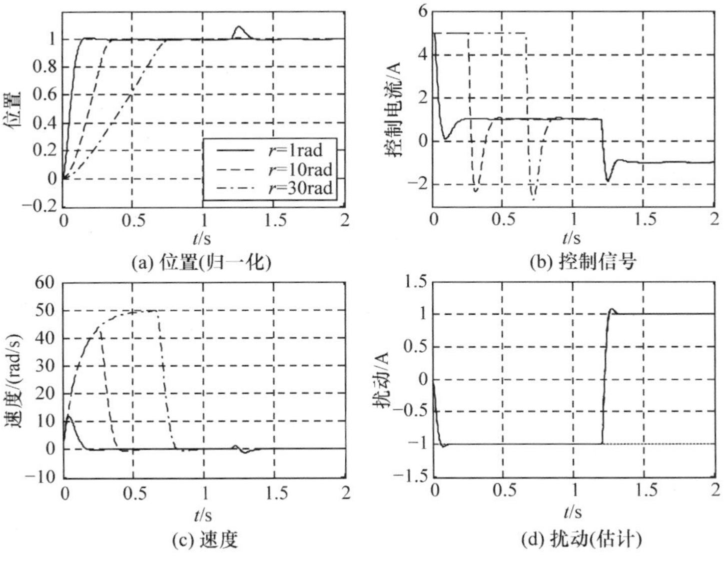

图 2.13　三种目标位置的扩展 PTOS 控制效果

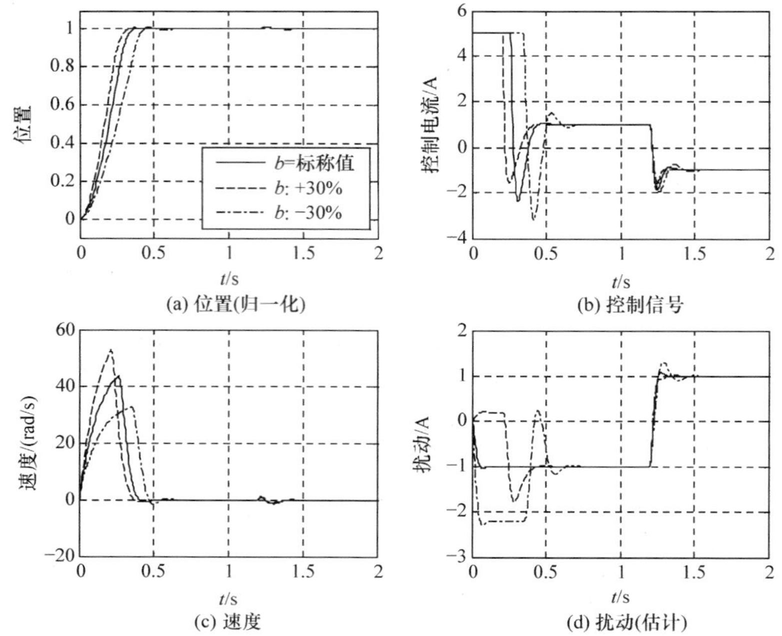

图 2.14　目标位置 $r=10\mathrm{rad}$ ，模型参数 b 发生摄动的扩展 PTOS 控制性能

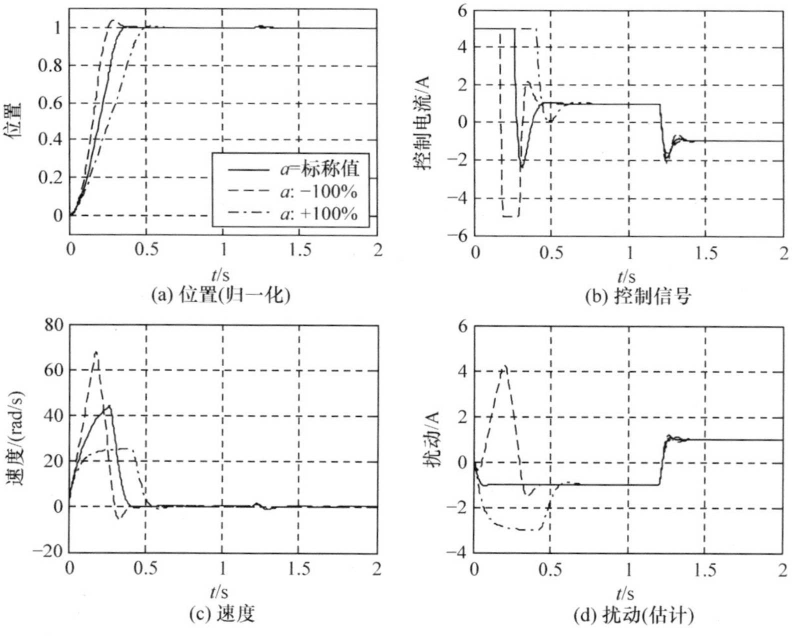

图 2.15　目标位置 $r=10\mathrm{rad}$ ，模型参数 a 发生摄动的扩展 PTOS 控制性能

2.6 小　　结

本章介绍了一种基于线性扩展状态观测器的鲁棒 PTOS 控制方案：当初始误差较大时采用时间最优控制律对系统进行最大的加速和减速，而在小误差段内则平滑切换为线性控制律，利用一个降阶的扩展状态观测器来同时估计系统状态量和未知扰动，并用于反馈和补偿。分别在连续时域和离散时域中给出了鲁棒 PTOS 控制律的具体设计，从理论上分析了闭环系统的稳定性；也分别给出了带有速度限制和阻尼环节这两种特殊情况下的 PTOS 控制方案设计。通过 MATLAB 仿真实例，表明所提出的控制方案可以实现快速与准确的定位控制，且对扰动和给定目标的不同幅值也有较好的鲁棒性。这种控制方案适用于如数控机床进给系统的快速位置伺服控制。

本章介绍的鲁棒 PTOS 控制方法主要针对的是双积分模型的伺服系统，这种系统在实际应用中最为典型。对高阶或更一般的系统，可以考虑通过解耦或采用多环串级控制的方式，把系统分解成一些低阶或双积分系统，并采用相应的控制设计方法。本章也扩展介绍了带有惯性环节的二阶伺服系统的 PTOS 控制设计方法，这个问题在文献[22]中也进行了研究，但它是在文献[1]的单可调参数 PTOS 控制设计方法的基础上，对加速度折扣系数的取值进行放松(允许其值大于 1，从而可称为“加速度增强系数”)，并在线性区引入非线性阻尼项来抑制超调量，再通过一组线性矩阵不等式(linear matrix inequality, LMI)来保证系统的局部稳定性。显然，这种设计需要进行一系列离线优化计算，而且其控制律只能在有限区域内工作。而本章给出的设计则是直接的参数化设计方法，可实现全局稳定。文献[23]～[26]研究了三阶系统的时间最优控制问题，文献[27]给出了三阶系统的一种 PTOS 控制方案，其控制律的形式非常复杂，理论分析和扩展都很困难。文献[28]研究了带约束的一般线性系统的鲁棒时间最优控制问题，采用的方法是数学规划法，但其所需的在线计算量较大，在伺服系统这类快速动态系统上不容易实现。

参 考 文 献

[1] Workman M L. Adaptive proximate time optimal servomechanisms (PhD Dissertation). Palo Alto: Stanford University, 1987.

[2] Dhanda A, Franklin G F. An improved 2-DOF proximate time optimal servomechanism. IEEE Transactions on Magnetics, 2009, 45(5): 2151-2164.

[3] Cheng G Y, Peng K M. Robust composite nonlinear feedback control with application to a servo positioning system. IEEE Transactions on Industrial Electronics, 2007, 54(2): 1132-1140.

[4] Kobayashi N, Nakamizo T. An observer design for linear systems with unknown inputs.

International Journal of Control, 1982, 35(4): 605-619.
[5] Park Y, Stein J L. Closed-loop state and input observer for systems with unknown inputs. International Journal of Control, 1988, 48(3): 1121-1136.
[6] Beale S, Shafai B. Robust control design with a proportional integral observer. International Journal of Control, 1989, 50(1): 97-111.
[7] Soffker D, Yu T J, Muller P C. State estimation of dynamical systems with nonlinearities by using proportional-integral observer. International Journal of System Science, 1995, 26(9): 1571-1582.
[8] Busawon K K, Kabore P. Disturbance attenuation using proportional integral observers. International Journal of Control, 2001, 74(6): 618-627.
[9] Floquet T, Barbot J P. State and unknown input estimation for linear discrete-time systems. Automatica, 2006, 42(11): 1883-1889.
[10] Chang J L. Applying discrete-time proportional integral observers for state and disturbance estimations. IEEE Transactions on Automatic Control, 2006, 51(5): 814-818.
[11] Godbole A A, Kolhe J P, Talole S E. Performance analysis of generalized extended state observer in tackling sinusoidal disturbances. IEEE Transactions on Control Systems Technology, 2013, 21(6): 2212-2223.
[12] 韩京清. 自抗扰控制器及其应用. 控制与决策, 1998, 13(1): 19-23.
[13] Han J Q. From PID to active disturbance rejection control. IEEE Transactions on Industrial Electronics, 2009, 56(3): 900-906.
[14] 李杰, 齐晓慧, 万慧, 等. 自抗扰控制: 研究成果总结与展望. 控制理论与应用, 2017, 34(3): 281-295.
[15] Zheng Q, Dong L, Lee D H, et al. Active disturbance rejection control for MEMS gyroscopes. IEEE Transactions on Control Systems Technology, 2009, 17(6): 1432-1438.
[16] 陈增强, 孙明玮, 杨瑞光. 线性自抗扰控制器的稳定性研究. 自动化学报, 2013, 39(5): 574-580.
[17] Tan W, Fu C. Linear active disturbance rejection control: Analysis and tuning via IMC. IEEE Transactions on Industrial Electronics, 2016, 63(4): 2350-2359.
[18] 陈增强, 程赟, 孙明玮, 等. 线性自抗扰控制理论及工程应用的若干进展. 信息与控制, 2017, 46(3): 257-266.
[19] 李传江. 最优控制. 北京: 科学出版社, 2011.
[20] Khalil H K. Nonlinear Systems. 3rd ed. Upper Saddle River: Prentice Hall, 2002.
[21] Lu T, Cheng G Y. Expanded proximate time-optimal servo control of permanent magnet synchronous motor. Optimal Control Applications and Methods, 2016, 37(4): 782-797.
[22] Flores J V, Salton A T, Jmgds J, et al. A discrete-time framework for proximate time-optimal performance of damped servomechanisms. Mechatronics, 2016, 36: 27-35.
[23] Kassam S A, Thomas J B, McCrumm J D. Implementation of sub-optimal control for a third-order system. Computers & Electrical Engineering, 1975, 2(4): 307-314.
[24] Chernousko F L, Shmatkov A M. Time-optimal control in a third-order system. Journal of Applied Mathematics & Mechanics, 1997, 61(5): 699-707.
[25] Akulenko L D, Kostin G V. Analytical synthesis of time-optimal control in a third-order system.

Journal of Applied Mathematics & Mechanics, 2000, 64(4): 509-519.

[26] Bartolini G, Pillosu S, Pisano A, et al. Time-optimal stabilization for a third-order integrator: A robust state-feedback implementation. Lecture Notes in Control & Information Sciences, 2002, 273: 131-144.

[27] Pao L Y, Franklin G F. Proximate time-optimal control of third-order servomechanisms. IEEE Transactions on Automatic Control, 1993, 38(4): 560-580.

[28] Mayne D Q, Schroeder W R. Robust time-optimal control of constrained linear systems. Automatica, 1997, 33(12): 2103-2118.

第 3 章 鲁棒复合非线性定点伺服控制

3.1 引 言

工业自动化和智能制造场合中都需要高效能的伺服控制系统，因此科研人员致力于探索先进的控制技术来实现更快和更精确的位置或转速伺服系统。目前，线性控制技术在大部分应用中获得了普及。然而，众所周知，对于给定的带宽，线性控制系统若要获得较小的超调量就不能同时获得快速响应的性能，这两种性能必须折中考虑。第 2 章介绍的鲁棒 PTOS 控制技术，实际上融合了线性控制技术和非线性控制技术，这是其性能优越的根源。但第 2 章介绍的设计方案，针对的是双积分模型为基础的系统，若要应用到更一般的系统上则比较困难。本章将介绍的另一种控制技术，就可用于更一般的系统，实现优越的定点伺服跟踪性能。这种控制技术发源于文献[1]。在这篇具有开创性意义的论文中，Lin 等考虑具有输入饱和限幅特性的二阶线性系统，在线性状态反馈控制律的基础上额外加入一个非线性反馈作用，从而加快了定点跟踪的瞬态过渡过程。文献[2]扩展了这个方案，提出了 CNF 控制技术，适用于更普遍的线性系统，即具有可量测的输出量、控制输入饱和限幅，但是没有外加扰动的线性系统。CNF 控制由线性控制和非线性反馈两部分构成。其中线性控制部分的设计目标是使闭环系统具有快速响应性能。通常，采用一对具有较小阻尼系数的闭环主导极点。非线性反馈的作用是动态调整闭环系统的阻尼系数，在被控系统的输出量逼近参考目标时逐渐减小由线性控制律引起的超调量。因此，CNF 控制律融合了轻阻尼系统与重阻尼系统各自的优点，在定点跟踪任务中具有快速和平稳的瞬态响应性能(图 3.1)。目前，CNF 控制技术已成功应用于硬盘磁头定位伺服系统[3-6]、无人飞行器[7-9]、交流电机伺服系统[10]、并网电压源逆变器[11]。

在早期的 CNF 控制设计方案中，假定被控对象不存在扰动。但当系统中确实存在扰动时，CNF 控制下的系统输出一般不能渐近跟踪参考目标。在典型的伺服系统中，通常会有扰动，如摩擦力和负载转矩。在此情况下，仅依靠常规的 CNF 控制技术并不能获得精确的伺服跟踪性能。为消除由未知定常扰动引起的稳态误差，文献[3]和[5]引入积分作用增强了 CNF 控制技术的抗干扰性能。积分控制的潜在问题是它易导致积分饱和现象。此外，研究发现：积分控制下的系统对扰动和/或参考目标的幅值变化鲁棒性变差，即为获得满意的性能，扰动或参考目标幅值的微小变化都可能需要重新调整控制器的参数。这在实际应用中非常麻烦。为获得对扰动和参考目标更好的鲁棒性，文献[12]在 CNF 控制结构中加入扩展状态观测器来估计未知常值扰动和未测量的状态量。由于引入了扰动补偿，系统状态的稳态目标值不再仅仅依赖于系统给定，而是与扰动量有关。这种增加的自由度提高了系统对扰动的鲁棒性，因而这种控制方案称为鲁棒复合非线性定点伺服(RCNS)控制。文献[13]在此基础上，分析了存在时变扰动的情况下系统的定点跟踪性能，并把它用于一个双惯性伺服传动系统的控制器设计。本章将分别在连续时域和离散时域对 RCNS 控制方案加以具体介绍。

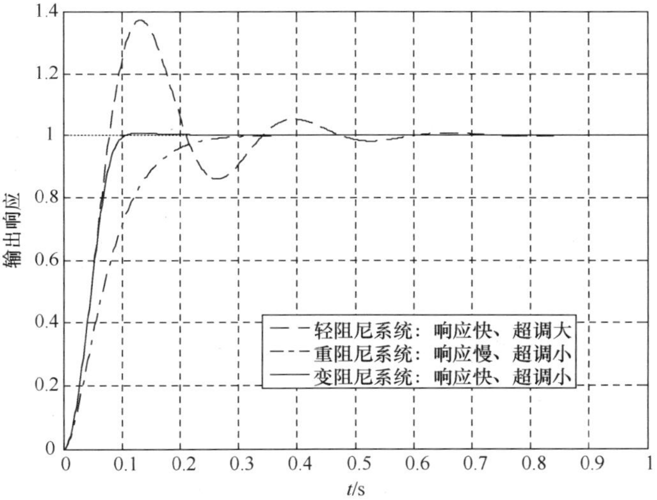

图 3.1　CNF 控制的核心思想

3.2　连续时域 RCNS 控制

本节介绍文献[12]和[13]所提出的 RCNS 控制技术。文献[12]利用扩展状态观测器估计未知扰动和不可测量的状态量，随后设计扰动补偿机制提升伺服系统的跟踪精度。这种方案保持了 CNF 控制律原有的快速响应特性，同时在不使用显式积分控制的条件下消除了系统的稳态误差，提高了系统鲁棒性。但文献[12]仅考虑未知扰动是常值或分段常值的情形。然而，对一些实际系统而言，常值扰动的假设是一种过于简单化的处理方法。例如，机电伺服系统中常见的摩擦和迟滞扰动就具有时变的动态特性。因此，文献[13]进一步把 RCNS 设计方法扩展应用到带有输入饱和限幅和未知时变扰动的更普遍的系统，并从理论上证明，采用这种控制方案，对一个变化率受限的有界扰动，系统的跟踪误差最终能保证有界性，而对于常值扰动则系统不会出现稳态误差。

3.2.1 RCNS 控制律的设计

本节考虑带有幅值和变化率均有界的未知扰动、控制输入量饱和受限的单输入单输出(single input single output, SISO)线性系统：

$$\begin{cases} \dot{\boldsymbol{x}} = \boldsymbol{A}\boldsymbol{x} + \boldsymbol{B}\cdot \mathrm{sat}(u) + \boldsymbol{E}d, \quad \boldsymbol{x}(0) = \boldsymbol{x}_0 \\ \boldsymbol{y} = \boldsymbol{C}_1\boldsymbol{x} \\ h = \boldsymbol{C}_2\boldsymbol{x} \end{cases} \tag{3.1}$$

式中，$\boldsymbol{x}\in\mathbb{R}^n$、$u\in\mathbb{R}$、$\boldsymbol{y}\in\mathbb{R}^p$、$h\in\mathbb{R}$ 和 $d\in\mathbb{R}$ 分别为系统状态向量、控制输入量、可测量的输出信号、受控输出信号和扰动输入信号；$\boldsymbol{A}$、$\boldsymbol{B}$、$\boldsymbol{C}_1$、$\boldsymbol{C}_2$ 和 $\boldsymbol{E}$ 为适当维数的常值矩阵。饱和限幅函数定义为

$$\mathrm{sat}(u) = \mathrm{sign}(u)\cdot \min\{u_{\max}, |u|\} \tag{3.2}$$

式中，$u_{\max}$ 是控制量的饱和限幅值。对被控系统做如下假设：

(1) $(\boldsymbol{A},\boldsymbol{B})$ 是可镇定的(stabilizable)；

(2) $(\boldsymbol{A},\boldsymbol{C}_1)$ 是可检测的(detectable)；

(3) $(\boldsymbol{A},\boldsymbol{B},\boldsymbol{C}_2)$ 和 $(\boldsymbol{A},\boldsymbol{E},\boldsymbol{C}_1)$ 在 $s=0$ 处没有不变零点；

(4) d 是变化率受限的未知有界扰动；

(5) h 是 $\boldsymbol{y}$ 的子集，即 h 也是可测量的。

上述假设在一般的跟踪控制问题中是很典型的要求。本节旨在针对给定系统设计不带显式积分作用的鲁棒控制律，使受控输出信号能够尽可能快速、平稳、精确地跟踪定点参考输入 r。下面具体介绍此控制方案的设计过程，共包含四个步骤。

第 1 步　设计线性控制律。

首先设计一个带扰动补偿的线性伺服控制律：

$$u_{\mathrm{L}} = \boldsymbol{F}\cdot\boldsymbol{x} + f_{\mathrm{r}}\cdot r + f_{\mathrm{d}}\cdot d \tag{3.3}$$

式中，$\boldsymbol{F}$ 是状态反馈增益矩阵；f_{r} 和 f_{d} 分别是参考输入与扰动的前馈增益系数(标量)。矩阵 $\boldsymbol{F}$ 的选择遵循以下条件：

(1) $\boldsymbol{A}+\boldsymbol{B}\boldsymbol{F}$ 是渐近稳定的矩阵；

(2) 传递函数 $\boldsymbol{C}_2(s\boldsymbol{I}-\boldsymbol{A}-\boldsymbol{B}\boldsymbol{F})^{-1}\boldsymbol{B}$ 具有期望的特性，如具有一对小阻尼系数的主导极点，这将使得闭环系统具有快速的输出响应。

在控制律(3.3)的作用下，闭环系统从参考输入 r 和未知扰动 d 到输出信号 h

的传递函数(忽略饱和限幅函数)分别为

$$H_{\mathrm{r}}(s)=\boldsymbol{C}_2(s\boldsymbol{I}-\boldsymbol{A}-\boldsymbol{BF})^{-1}\boldsymbol{B}f_{\mathrm{r}}$$

$$H_{\mathrm{d}}(s)=\boldsymbol{C}_2(s\boldsymbol{I}-\boldsymbol{A}-\boldsymbol{BF})^{-1}(\boldsymbol{E}+\boldsymbol{B}f_{\mathrm{d}})$$

参考输入的前馈增益 f_{r} 的取值应使得传递函数 $H_{\mathrm{r}}(s)$ 的静态增益为 1，则可得

$$f_{\mathrm{r}}=-[\boldsymbol{C}_2(\boldsymbol{A}+\boldsymbol{BF})^{-1}\boldsymbol{B}]^{-1} \tag{3.4}$$

扰动的前馈增益 f_{d} 的取值应使得传递函数 $H_{\mathrm{d}}(s)$ 的静态增益为 0，则可得

$$f_{\mathrm{d}}=f_{\mathrm{r}}[\boldsymbol{C}_2(\boldsymbol{A}+\boldsymbol{BF})^{-1}\boldsymbol{E}] \tag{3.5}$$

闭环系统的状态向量的稳态值为

$$\boldsymbol{x}_{\mathrm{s}}=\boldsymbol{G}_{\mathrm{r}}\cdot r+\boldsymbol{G}_{\mathrm{d}}\cdot d \tag{3.6}$$

式中

$$\begin{cases}\boldsymbol{G}_{\mathrm{r}}=-(\boldsymbol{A}+\boldsymbol{BF})^{-1}\boldsymbol{B}f_{\mathrm{r}}\\ \boldsymbol{G}_{\mathrm{d}}=-(\boldsymbol{A}+\boldsymbol{BF})^{-1}(\boldsymbol{B}f_{\mathrm{d}}+\boldsymbol{E})\end{cases} \tag{3.7}$$

容易验证 $\boldsymbol{C}_2\boldsymbol{x}_{\mathrm{s}}=r$ 。

第 2 步　设计非线性反馈律。

选择一个正定对称矩阵 $\boldsymbol{W}\in\mathbb{R}^{n\times n}$ ，并求解如下 Lyapunov 方程：

$$(\boldsymbol{A}+\boldsymbol{BF})^{\mathrm{T}}\boldsymbol{P}+\boldsymbol{P}(\boldsymbol{A}+\boldsymbol{BF})=-\boldsymbol{W} \tag{3.8}$$

由于 $\boldsymbol{A}+\boldsymbol{BF}$ 渐近稳定，方程总是有解，且 $\boldsymbol{P}>0$ 。

非线性反馈控制律 u_{N} 为

$$u_{\mathrm{N}}=\rho(e)\boldsymbol{F}_{\mathrm{n}}(\boldsymbol{x}-\boldsymbol{x}_{\mathrm{s}}) \tag{3.9}$$

式中， $\boldsymbol{F}_{\mathrm{n}}=\boldsymbol{B}^{\mathrm{T}}\boldsymbol{P}$ ； $\rho(e)$ 是关于跟踪误差 $e=h-r$ 的平滑、非正函数，用于改变闭环系统的阻尼系数，以得到更好的跟踪性能。$\rho(e)$ 和 $\boldsymbol{W}$ 的选取将在后面加以讨论。

第 3 步　设计观测器估计状态变量和未知扰动。

这里假设测量输出矩阵 $\boldsymbol{C}_1\in\mathbb{R}^{p\times n}$ 行满秩，即测量结果没有冗余信号。选择矩阵 $\boldsymbol{C}_0\in\mathbb{R}^{(n-p)\times n}$ 使矩阵 $\boldsymbol{T}=\begin{bmatrix}\boldsymbol{C}_1\\ \boldsymbol{C}_0\end{bmatrix}$ 可逆。定义扩展状态向量 $\bar{\boldsymbol{x}}=\begin{bmatrix}\boldsymbol{Tx}\\ d\end{bmatrix}$ ，得到如下增广模型：

$$\begin{cases}\dot{\bar{\boldsymbol{x}}}=\bar{\boldsymbol{A}}\cdot\bar{\boldsymbol{x}}+\bar{\boldsymbol{B}}\cdot\mathrm{sat}(u)+\boldsymbol{N}\cdot\dot{d}\\ \boldsymbol{y}=\bar{\boldsymbol{C}}\cdot\bar{\boldsymbol{x}}\end{cases} \tag{3.10}$$

式中， $\bar{\boldsymbol{A}}=\begin{bmatrix}\boldsymbol{TAT}^{-1} & \boldsymbol{TE}\\ \boldsymbol{0} & \boldsymbol{0}\end{bmatrix}$ ； $\bar{\boldsymbol{B}}=\begin{bmatrix}\boldsymbol{TB}\\ 0\end{bmatrix}$ ； $\boldsymbol{N}=\begin{bmatrix}\boldsymbol{0}\\ 1\end{bmatrix}$ ； $\bar{\boldsymbol{C}}=\begin{bmatrix}\boldsymbol{I}_p & \boldsymbol{0}\end{bmatrix}$ 。

若要基于增广模型(3.10)来设计观测器，则要求 $(\bar{A},\bar{C})$ 是可检测的。实际上，这只需考虑如下矩阵的秩属性：

$$\operatorname{rank}\begin{bmatrix} sI-\bar{A} \\ \bar{C} \end{bmatrix} = \operatorname{rank}\begin{bmatrix} sI-TAT^{-1} & -TE \\ \mathbf{0} & s \\ C_1T^{-1} & \mathbf{0} \end{bmatrix}$$

当 $s\neq 0$ 时，有

$$\begin{aligned}\operatorname{rank}\begin{bmatrix} sI-\bar{A} \\ \bar{C} \end{bmatrix} &= 1+\operatorname{rank}\begin{bmatrix} sI-TAT^{-1} \\ C_1T^{-1} \end{bmatrix} \\ &= 1+\operatorname{rank}\left(\begin{bmatrix} T & \mathbf{0} \\ \mathbf{0} & I_p \end{bmatrix}\begin{bmatrix} sI-A \\ C_1 \end{bmatrix}T^{-1}\right) = 1+\operatorname{rank}\begin{bmatrix} sI-A \\ C_1 \end{bmatrix}\end{aligned}$$

当 $s=0$ 时，有

$$\begin{aligned}\operatorname{rank}\begin{bmatrix} sI-\bar{A} \\ \bar{C} \end{bmatrix} &= \operatorname{rank}\begin{bmatrix} sI-TAT^{-1} & -TE \\ C_1T^{-1} & \mathbf{0} \end{bmatrix} = \operatorname{rank}\begin{bmatrix} TAT^{-1} & TE \\ C_1T^{-1} & \mathbf{0} \end{bmatrix} \\ &= \operatorname{rank}\left(\begin{bmatrix} T & \mathbf{0} \\ \mathbf{0} & I_p \end{bmatrix}\begin{bmatrix} A & E \\ C_1 & \mathbf{0} \end{bmatrix}\begin{bmatrix} T^{-1} & \mathbf{0} \\ \mathbf{0} & 1 \end{bmatrix}\right) \\ &= \operatorname{rank}\begin{bmatrix} A & E \\ C_1 & \mathbf{0} \end{bmatrix} = n+1\end{aligned}$$

上式中最后一个等式成立的原因是 (A,E,C_1) 在 $s=0$ 时没有不变零点(系统模型的假设条件)。由上面可知，若存在 $(\bar{A},\bar{C})$ 的不可观测模态，则必定与 (A,C_1) 的完全相同。根据系统的假设条件，可知 $(\bar{A},\bar{C})$ 是可检测的。因此，可以设计一个全维或降维观测器来估计扩展状态变量 $\bar{x}$。在实时控制中，低阶的控制器更容易实现，通常应尽量采用降阶观测器。显然，由测量输出 y 易得到扩展状态向量 $\bar{x}$ 的前 p 个元素，记为 $\bar{x}_1$。因而，只需估计 $\bar{x}$ 剩余的 $n-p+1$ 个元素，标记为 $\bar{x}_2$。将增广模型(3.10)的矩阵按 $\bar{x}_1$ 和 $\bar{x}_2$ 的维数分块，如下所示：

$$\bar{A}=\begin{bmatrix} A_{11} & A_{12} \\ A_{21} & A_{22} \end{bmatrix},\ \bar{B}=\begin{bmatrix} B_1 \\ B_2 \end{bmatrix},\ N=\begin{bmatrix} \mathbf{0} \\ N_1 \end{bmatrix}$$

按照文献[2]介绍的降阶状态观测器的设计方法，选取观测器增益矩阵 $L\in\mathbb{R}^{(n-p+1)\times p}$ 使 $A_{22}+LA_{12}$ 的极点置于左半开环平面的适当位置，从而可推导出如下的降阶状态观测器的方程：

$$\begin{cases} \dot{\eta} = A_{\mathrm{o}}\cdot\eta + B_{\mathrm{u}}\cdot\operatorname{sat}(u) + B_{\mathrm{y}}\cdot y \\ \hat{\bar{x}}_2 = \eta - L\cdot y \end{cases} \tag{3.11}$$

式中，$\boldsymbol{\eta}$ 是观测器的内部状态向量；$\hat{\bar{\boldsymbol{x}}}_2$ 是 $\bar{\boldsymbol{x}}_2$ 的估计值。观测器各系数矩阵分别为

$$\begin{cases} \boldsymbol{A}_{\mathrm{o}} = \boldsymbol{A}_{22} + \boldsymbol{L}\boldsymbol{A}_{12} \\ \boldsymbol{B}_{\mathrm{u}} = \boldsymbol{B}_2 + \boldsymbol{L}\boldsymbol{B}_1 \\ \boldsymbol{B}_{\mathrm{y}} = \boldsymbol{A}_{21} + \boldsymbol{L}\boldsymbol{A}_{11} - \boldsymbol{A}_{\mathrm{o}}\boldsymbol{L} \end{cases}$$

扩展状态向量 $\bar{\boldsymbol{x}}$ 的估计值由下式给出：

$$\hat{\bar{\boldsymbol{x}}} = \begin{bmatrix} \boldsymbol{y} \\ \boldsymbol{\eta} - \boldsymbol{L}\boldsymbol{y} \end{bmatrix}$$

原系统的状态向量 $\boldsymbol{x}$ 和未知扰动 d 的估计值为

$$\begin{cases} \hat{\boldsymbol{x}} = \begin{bmatrix} \boldsymbol{T}^{-1} & \boldsymbol{0}_{n\times 1} \end{bmatrix} \hat{\bar{\boldsymbol{x}}} \\ \hat{d} = \begin{bmatrix} \boldsymbol{0}_{1\times n} & 1 \end{bmatrix} \hat{\bar{\boldsymbol{x}}} \end{cases} \tag{3.12}$$

第 4 步　将前面设计的线性控制律、非线性反馈律和扩展状态观测器组合构成最终的控制律：

$$u = \boldsymbol{F}\hat{\boldsymbol{x}} + \begin{bmatrix} f_{\mathrm{r}} & f_{\mathrm{d}} \end{bmatrix} \begin{bmatrix} r \\ \hat{d} \end{bmatrix} + \rho(e)\boldsymbol{F}_{\mathrm{n}}(\hat{\boldsymbol{x}} - \boldsymbol{G}_{\mathrm{r}}r - \boldsymbol{G}_{\mathrm{d}}\hat{d}) \tag{3.13}$$

其中估计量 $\hat{\boldsymbol{x}}$ 和 $\hat{d}$ 由式(3.12)给出。

备注 1　图 3.2 是控制系统的示意图。其中线性伺服控制律是控制器的基础，包括了状态反馈和对参考、扰动的前馈补偿；非线性反馈律通过调节闭环主导阻尼系数来抑制超调量；扩展状态观测器用于估计状态量和扰动值。这一结构可以统一处理匹配和非匹配的扰动。用状态观测器估计状态和扰动的做法由来已久，目前在控制领域仍然受到关注(参见文献[14]～[18])。常规的扩展状态观测器设计把扰动作为一个常数或者缓慢变化的量，即扰动的变化速率非常小。如果扰动的变化速率不可忽略但是有界，观测器的误差随着观测器的带宽增加而单调减小[19]。对于时变扰动，可采用广义扩展状态观测器或者更高阶的扩展状态观测器来改进性能[20,21]。

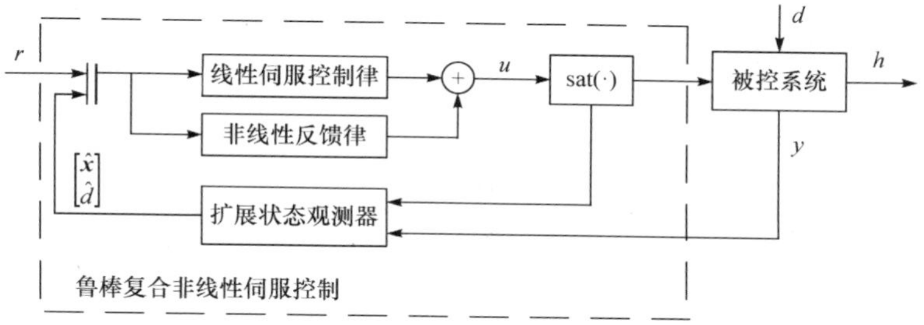

图 3.2　鲁棒复合非线性控制系统的示意图

备注 2　控制方案的矩阵 $\boldsymbol{W}$ 和非线性函数 $\rho(e)$ 的选取方法基本与文献[2]和[3]介绍的方法相同。根据根轨迹原理，控制系统的闭环极点随着 $|\rho|$ 的增大而趋向于传递函数 $G_{\text{aux}}(s) := \boldsymbol{F}_{\text{n}}[s\boldsymbol{I}-(\boldsymbol{A}+\boldsymbol{BF})]^{-1}\boldsymbol{B}$ 的零点。$G_{\text{aux}}(s)$ 的零点位置依赖于矩阵 $\boldsymbol{W}$ 的选取。通常，应选取合适的 $\boldsymbol{W}>0$ 确保 $G_{\text{aux}}(s)$ 的零点具有较大的阻尼系数，以使闭环系统的超调量较小。为简单起见，可选取 $\boldsymbol{W}$ 为正定对角矩阵。

备注 3　选取非线性函数 $\rho(e)$ 的一般原则是选择 $|e|$ 的平滑、非正、非减函数。文献[3]和[6]给出了非线性函数 $\rho(e)$ 的几种形式。其中，文献[6]提出的非线性函数对跟踪目标的幅值变化有较好的鲁棒性：

$$\rho(e) = -\beta \cdot \mathrm{e}^{-\alpha\alpha_0|e|} \tag{3.14}$$

式中

$$\alpha_0 = \begin{cases} \dfrac{1}{|e(0)|}, & e(0) \neq 0 \\ 1, & e(0) = 0 \end{cases} \tag{3.15}$$

通过整定非负标量参数 α 和 β 的值，可提高控制系统的跟踪性能。文献[6]采用了 Hooke-Jeeves 方法自整定参数 α 和 β。应该指出：$\rho(e)$ 的选取不是唯一的。

3.2.2　稳定性分析

为分析闭环系统的稳定性，首先分割矩阵 $\boldsymbol{T}^{-1} = \begin{bmatrix}\boldsymbol{T}_1 & \boldsymbol{T}_2\end{bmatrix}$，其中 $\boldsymbol{T}_1$ 有 p 列。

定义

$$\begin{aligned} &l_{\text{r}} = f_{\text{r}} + \boldsymbol{FG}_{\text{r}}, \quad l_{\text{d}} = f_{\text{d}} + \boldsymbol{FG}_{\text{d}} \\ &\boldsymbol{F}_{\text{v}} = \begin{bmatrix}\boldsymbol{FT}_2 & f_{\text{d}}\end{bmatrix}, \quad \boldsymbol{F}_{\text{nv}} = \begin{bmatrix}\boldsymbol{F}_{\text{n}}\boldsymbol{T}_2 & -\boldsymbol{F}_{\text{n}}\boldsymbol{G}_{\text{d}}\end{bmatrix} \\ &\tilde{\boldsymbol{x}} = \boldsymbol{x} - \boldsymbol{x}_{\text{s}}, \quad \boldsymbol{z} = \hat{\bar{\boldsymbol{x}}}_2 - \bar{\boldsymbol{x}}_2 \end{aligned}$$

则有

$$\begin{aligned} \hat{\boldsymbol{x}} - \boldsymbol{x} &= \begin{bmatrix}\boldsymbol{T}^{-1} & \boldsymbol{0}_{n\times1}\end{bmatrix}\hat{\bar{\boldsymbol{x}}} - \boldsymbol{x} = \begin{bmatrix}\boldsymbol{T}^{-1} & \boldsymbol{0}_{n\times1}\end{bmatrix} \times \left(\hat{\bar{\boldsymbol{x}}} - \begin{bmatrix}\boldsymbol{Tx} \\ d\end{bmatrix}\right) \\ &= \begin{bmatrix}\boldsymbol{T}^{-1} & \boldsymbol{0}_{n\times1}\end{bmatrix} \times \left(\begin{bmatrix}\boldsymbol{y} \\ \hat{\bar{\boldsymbol{x}}}_2\end{bmatrix} - \begin{bmatrix}\boldsymbol{y} \\ \bar{\boldsymbol{x}}_2\end{bmatrix}\right) \\ &= \begin{bmatrix}\boldsymbol{T}_1 & \boldsymbol{T}_2 & \boldsymbol{0}_{n\times1}\end{bmatrix} \times \begin{bmatrix}\boldsymbol{0}_{p\times1} \\ \boldsymbol{z}\end{bmatrix} = \begin{bmatrix}\boldsymbol{T}_2 & \boldsymbol{0}_{n\times1}\end{bmatrix}\boldsymbol{z} \end{aligned}$$

显然，可得

$$\begin{bmatrix} \hat{\boldsymbol{x}} - \boldsymbol{x} \\ \hat{d} - d \end{bmatrix} = \begin{bmatrix} \boldsymbol{T}_2 & \boldsymbol{0} \\ \boldsymbol{0} & 1 \end{bmatrix} \boldsymbol{z} \tag{3.16}$$

控制律(3.13)可改写为

$$u = \begin{bmatrix} \boldsymbol{F} & \boldsymbol{F}_{\mathrm{v}} \end{bmatrix} \begin{bmatrix} \tilde{\boldsymbol{x}} \\ \boldsymbol{z} \end{bmatrix} + \begin{bmatrix} l_{\mathrm{r}} & l_{\mathrm{d}} \end{bmatrix} \begin{bmatrix} r \\ d \end{bmatrix} + \rho(e) \begin{bmatrix} \boldsymbol{F}_{\mathrm{n}} & \boldsymbol{F}_{\mathrm{nv}} \end{bmatrix} \begin{bmatrix} \tilde{\boldsymbol{x}} \\ \boldsymbol{z} \end{bmatrix} \tag{3.17}$$

选取一个正定矩阵 $\boldsymbol{M} \in \mathbb{R}^{(n-p+1)\times(n-p+1)}$ 满足

$$\boldsymbol{M} > \boldsymbol{F}_{\mathrm{v}}^{\mathrm{T}} \boldsymbol{B}^{\mathrm{T}} \boldsymbol{P} \boldsymbol{W}^{-1} \boldsymbol{P} \boldsymbol{B} \boldsymbol{F}_{\mathrm{v}} \tag{3.18}$$

然后求解关于正定矩阵 $\boldsymbol{Q}$ 的 Lyapunov 方程：

$$\boldsymbol{A}_{\mathrm{o}}^{\mathrm{T}} \boldsymbol{Q} + \boldsymbol{Q} \boldsymbol{A}_{\mathrm{o}} = -\boldsymbol{M} \tag{3.19}$$

由于 $\boldsymbol{A}_{\mathrm{o}} = \boldsymbol{A}_{22} + \boldsymbol{L}\boldsymbol{A}_{12}$ 渐近稳定，$\boldsymbol{Q}$ 值总是存在的。

定理 3.1　对于含有未知扰动 d 的给定系统(3.1)，在以下三个条件都满足的情况下，存在一个标量值 $\rho^* > 0$，使得对于满足 $|\rho(e)| \leqslant \rho^*$ 的平滑、非正函数 $\rho(e)$，由式(3.13)给出的基于观测器的复合非线性控制律能保证闭环系统的稳定性，且如果扰动 d 是常值，被控系统输出 h 将渐近跟踪定点参考输入 r；而如果 d 的变化率有界，即 $|\dot{d}| \leqslant \tau_{\mathrm{d}}$ (其中 τ_{d} 为非负数)，则被控系统输出 h 对定点参考输入 r 的跟踪误差有界。

(1) 存在两个正数 $\delta \in (0,1)$ 和 $c_\delta > 0$ 使

$$\forall \boldsymbol{\xi} \in \Omega(\delta, c_\delta) := \left\{ \boldsymbol{\xi} \in \mathbb{R}^{2n-p+1} : \boldsymbol{\xi}^{\mathrm{T}} \begin{bmatrix} \boldsymbol{P} & \boldsymbol{0} \\ \boldsymbol{0} & \boldsymbol{Q} \end{bmatrix} \boldsymbol{\xi} \leqslant c_\delta \right\}$$
$$\Rightarrow \left| \begin{bmatrix} \boldsymbol{F} & \boldsymbol{F}_{\mathrm{v}} \end{bmatrix} \boldsymbol{\xi} \right| \leqslant (1-\delta) u_{\max} \tag{3.20}$$

(2) 初始条件，$\boldsymbol{x}_0 = \boldsymbol{x}(0)$、$d(0)$ 和 $\boldsymbol{\eta}(0)$ 满足

$$\begin{bmatrix} \tilde{\boldsymbol{x}}(0) \\ \boldsymbol{z}(0) \end{bmatrix} \in \Omega(\delta, c_\delta) \tag{3.21}$$

(3) 参考目标 r 和扰动 d 满足

$$|l_{\mathrm{r}} r + l_{\mathrm{d}} d| \leqslant \delta \cdot u_{\max} \tag{3.22}$$

证明　首先，容易推导出观测器误差的动态方程如下：

$$\dot{\boldsymbol{z}} = \boldsymbol{A}_{\mathrm{o}} \boldsymbol{z} - \boldsymbol{N}_1 \dot{d} \tag{3.23}$$

其次，可验证

$$(\boldsymbol{A} + \boldsymbol{B}\boldsymbol{F}) \boldsymbol{x}_{\mathrm{s}} + \boldsymbol{B} f_{\mathrm{r}} r + (\boldsymbol{B} f_{\mathrm{d}} + \boldsymbol{E}) d = 0 \tag{3.24}$$

应用式(3.24)和误差变量的定义，被控对象(3.1)的误差动态方程可表示为

$$
\begin{aligned}
\dot{\tilde{\boldsymbol{x}}} &= \dot{\boldsymbol{x}} - \dot{\boldsymbol{x}}_{\mathrm{s}} \\
&= \boldsymbol{A}\boldsymbol{x} + \boldsymbol{B}\cdot \mathrm{sat}(u) + \boldsymbol{E}d - \boldsymbol{G}_{\mathrm{d}}\dot{d} \\
&= \boldsymbol{A}\tilde{\boldsymbol{x}} + \boldsymbol{A}\boldsymbol{x}_{\mathrm{s}} + \boldsymbol{E}d + \boldsymbol{B}\cdot \mathrm{sat}(u) - \boldsymbol{G}_{\mathrm{d}}\dot{d} \\
&= \boldsymbol{A}\tilde{\boldsymbol{x}} - \boldsymbol{B}\boldsymbol{F}\boldsymbol{x}_{\mathrm{s}} - \boldsymbol{B}f_{\mathrm{r}}r - \boldsymbol{B}f_{\mathrm{d}}d + \boldsymbol{B}\cdot \mathrm{sat}(u) - \boldsymbol{G}_{\mathrm{d}}\dot{d} \\
&= \boldsymbol{A}\tilde{\boldsymbol{x}} - \boldsymbol{B}(f_{\mathrm{r}} + \boldsymbol{F}\boldsymbol{G}_{\mathrm{r}})r - \boldsymbol{B}(f_{\mathrm{d}} + \boldsymbol{F}\boldsymbol{G}_{\mathrm{d}})d + \boldsymbol{B}\cdot \mathrm{sat}(u) - \boldsymbol{G}_{\mathrm{d}}\dot{d} \\
&= (\boldsymbol{A} + \boldsymbol{B}\boldsymbol{F})\tilde{\boldsymbol{x}} + \boldsymbol{B}\boldsymbol{F}_{\mathrm{v}}z + \boldsymbol{B}\sigma - \boldsymbol{G}_{\mathrm{d}}\dot{d}
\end{aligned} \tag{3.25}
$$

式中

$$
\sigma := \mathrm{sat}(u) - \begin{bmatrix} \boldsymbol{F} & \boldsymbol{F}_{\mathrm{v}} \end{bmatrix}\begin{bmatrix} \tilde{\boldsymbol{x}} \\ z \end{bmatrix} - \begin{bmatrix} l_{\mathrm{r}} & l_{\mathrm{d}} \end{bmatrix}\begin{bmatrix} r \\ d \end{bmatrix} \tag{3.26}
$$

为了简化数学表达式，在下面的证明过程中函数 $\rho(e)$ 的变量 e 将被省略。

对于 $\begin{bmatrix} \tilde{\boldsymbol{x}} \\ z \end{bmatrix} \in \Omega(\delta, c_{\delta})$ 和 $|l_{\mathrm{r}}r + l_{\mathrm{d}}d| \leqslant \delta u_{\max}$，有

$$
\left|\begin{bmatrix} \boldsymbol{F} & \boldsymbol{F}_{\mathrm{v}} \end{bmatrix}\begin{bmatrix} \tilde{\boldsymbol{x}} \\ z \end{bmatrix} + \begin{bmatrix} l_{\mathrm{r}} & l_{\mathrm{d}} \end{bmatrix}\begin{bmatrix} r \\ d \end{bmatrix}\right| \leqslant \left|\begin{bmatrix} \boldsymbol{F} & \boldsymbol{F}_{\mathrm{v}} \end{bmatrix}\begin{bmatrix} \tilde{\boldsymbol{x}} \\ z \end{bmatrix}\right| + \left|\begin{bmatrix} l_{\mathrm{r}} & l_{\mathrm{d}} \end{bmatrix}\begin{bmatrix} r \\ d \end{bmatrix}\right| \leqslant u_{\max} \tag{3.27}
$$

采用与文献[2]相似的推理，根据控制信号 u 的取值范围，可区分以下三种情况。

(1) $|u| \leqslant u_{\max}$

$$
\sigma = u - \begin{bmatrix} \boldsymbol{F} & \boldsymbol{F}_{\mathrm{v}} \end{bmatrix}\begin{bmatrix} \tilde{\boldsymbol{x}} \\ z \end{bmatrix} - \begin{bmatrix} l_{\mathrm{r}} & l_{\mathrm{d}} \end{bmatrix}\begin{bmatrix} r \\ d \end{bmatrix} = \rho\begin{bmatrix} \boldsymbol{F}_{\mathrm{n}} & \boldsymbol{F}_{\mathrm{nv}} \end{bmatrix}\begin{bmatrix} \tilde{\boldsymbol{x}} \\ z \end{bmatrix}
$$

(2) $u < -u_{\max}$

$$
\sigma = -u_{\max} - \begin{bmatrix} \boldsymbol{F} & \boldsymbol{F}_{\mathrm{v}} \end{bmatrix}\begin{bmatrix} \tilde{\boldsymbol{x}} \\ z \end{bmatrix} - \begin{bmatrix} l_{\mathrm{r}} & l_{\mathrm{d}} \end{bmatrix}\begin{bmatrix} r \\ d \end{bmatrix} \leqslant 0
$$

$$
\sigma > u - \begin{bmatrix} \boldsymbol{F} & \boldsymbol{F}_{\mathrm{v}} \end{bmatrix}\begin{bmatrix} \tilde{\boldsymbol{x}} \\ z \end{bmatrix} - \begin{bmatrix} l_{\mathrm{r}} & l_{\mathrm{d}} \end{bmatrix}\begin{bmatrix} r \\ d \end{bmatrix} = \rho\begin{bmatrix} \boldsymbol{F}_{\mathrm{n}} & \boldsymbol{F}_{\mathrm{nv}} \end{bmatrix}\begin{bmatrix} \tilde{\boldsymbol{x}} \\ z \end{bmatrix}
$$

即

$$
\rho\begin{bmatrix} \boldsymbol{F}_{\mathrm{n}} & \boldsymbol{F}_{\mathrm{nv}} \end{bmatrix}\begin{bmatrix} \tilde{\boldsymbol{x}} \\ z \end{bmatrix} < \sigma \leqslant 0
$$

(3) $u > u_{\max}$

$$
\sigma = u_{\max} - \begin{bmatrix} \boldsymbol{F} & \boldsymbol{F}_{\mathrm{v}} \end{bmatrix}\begin{bmatrix} \tilde{\boldsymbol{x}} \\ z \end{bmatrix} - \begin{bmatrix} l_{\mathrm{r}} & l_{\mathrm{d}} \end{bmatrix}\begin{bmatrix} r \\ d \end{bmatrix} \geqslant 0
$$

$$\sigma < u - [\boldsymbol{F} \quad \boldsymbol{F}_{\mathrm{v}}]\begin{bmatrix}\tilde{\boldsymbol{x}} \\ \boldsymbol{z}\end{bmatrix} - [l_{\mathrm{r}} \quad l_{\mathrm{d}}]\begin{bmatrix} r \\ d \end{bmatrix} = \rho[\boldsymbol{F}_{\mathrm{n}} \quad \boldsymbol{F}_{\mathrm{nv}}]\begin{bmatrix}\tilde{\boldsymbol{x}} \\ \boldsymbol{z}\end{bmatrix}$$

即

$$0 \leqslant \sigma < \rho[\boldsymbol{F}_{\mathrm{n}} \quad \boldsymbol{F}_{\mathrm{nv}}]\begin{bmatrix}\tilde{\boldsymbol{x}} \\ \boldsymbol{z}\end{bmatrix}$$

综合以上三种情况，都可以把σ写成

$$\sigma = \kappa\rho[\boldsymbol{F}_{\mathrm{n}} \quad \boldsymbol{F}_{\mathrm{nv}}]\begin{bmatrix}\tilde{\boldsymbol{x}} \\ \boldsymbol{z}\end{bmatrix} \tag{3.28}$$

式中，标量参数$\kappa \in [0,1]$。因此，当$\begin{bmatrix}\tilde{\boldsymbol{x}} \\ \boldsymbol{z}\end{bmatrix} \in \varOmega(\delta, c_\delta)$和$|l_{\mathrm{r}}r + l_{\mathrm{d}}d| \leqslant \delta u_{\max}$时，包含给定对象(3.1)和基于观测器的控制律(3.13)的闭环系统可以表示如下：

$$\begin{bmatrix}\dot{\tilde{\boldsymbol{x}}} \\ \dot{\boldsymbol{z}}\end{bmatrix} = \begin{bmatrix}\boldsymbol{A} + \boldsymbol{BF} + \kappa\rho\boldsymbol{BF}_{\mathrm{n}} & \boldsymbol{B}(\boldsymbol{F}_{\mathrm{v}} + \kappa\rho\boldsymbol{F}_{\mathrm{nv}}) \\ \boldsymbol{0} & \boldsymbol{A}_{\mathrm{o}}\end{bmatrix}\begin{bmatrix}\tilde{\boldsymbol{x}} \\ \boldsymbol{z}\end{bmatrix} - \begin{bmatrix}\boldsymbol{G}_{\mathrm{d}} \\ \boldsymbol{N}_1\end{bmatrix}\dot{d} \tag{3.29}$$

下面将证明：如果初始化条件$\boldsymbol{x}(0)$和$\boldsymbol{\eta}(0)$，参考输入r和扰动d满足定理 3.1 规定的条件，则闭环系统是稳定的。定义 Lyapunov 函数：

$$V = \begin{bmatrix}\tilde{\boldsymbol{x}} \\ \boldsymbol{z}\end{bmatrix}^{\mathrm{T}}\begin{bmatrix}\boldsymbol{P} & \boldsymbol{0} \\ \boldsymbol{0} & \boldsymbol{Q}\end{bmatrix}\begin{bmatrix}\tilde{\boldsymbol{x}} \\ \boldsymbol{z}\end{bmatrix} \tag{3.30}$$

沿着式(3.29)的轨迹计算V的时间导数如下：

$$\begin{aligned}
\dot{V} &= \tilde{\boldsymbol{x}}^{\mathrm{T}}[(\boldsymbol{A}+\boldsymbol{BF})^{\mathrm{T}}\boldsymbol{P} + \boldsymbol{P}(\boldsymbol{A}+\boldsymbol{BF})]\tilde{\boldsymbol{x}} + 2\kappa\rho\tilde{\boldsymbol{x}}^{\mathrm{T}}\boldsymbol{PBF}_{\mathrm{n}}\tilde{\boldsymbol{x}} \\
&\quad + 2\tilde{\boldsymbol{x}}^{\mathrm{T}}\boldsymbol{PB}(\boldsymbol{F}_{\mathrm{v}} + \kappa\rho\boldsymbol{F}_{\mathrm{nv}})\boldsymbol{z} - 2\tilde{\boldsymbol{x}}^{\mathrm{T}}\boldsymbol{PG}_{\mathrm{d}}\dot{d} \\
&\quad + \boldsymbol{z}^{\mathrm{T}}(\boldsymbol{A}_{\mathrm{o}}^{\mathrm{T}}\boldsymbol{Q} + \boldsymbol{QA}_{\mathrm{o}})\boldsymbol{z} - 2\boldsymbol{z}^{\mathrm{T}}\boldsymbol{QN}_1\dot{d} \\
&\leqslant -\tilde{\boldsymbol{x}}^{\mathrm{T}}\boldsymbol{W}\tilde{\boldsymbol{x}} + 2\tilde{\boldsymbol{x}}^{\mathrm{T}}\boldsymbol{PB}(\boldsymbol{F}_{\mathrm{v}} + \kappa\rho\boldsymbol{F}_{\mathrm{nv}})\boldsymbol{z} - \boldsymbol{z}^{\mathrm{T}}\boldsymbol{Mz} \\
&\quad - 2\tilde{\boldsymbol{x}}^{\mathrm{T}}\boldsymbol{PG}_{\mathrm{d}}\dot{d} - 2\boldsymbol{z}^{\mathrm{T}}\boldsymbol{QN}_1\dot{d} \\
&= -\begin{bmatrix}\tilde{\boldsymbol{x}} \\ \boldsymbol{z}\end{bmatrix}^{\mathrm{T}}\boldsymbol{W}_\rho\begin{bmatrix}\tilde{\boldsymbol{x}} \\ \boldsymbol{z}\end{bmatrix} - 2\begin{bmatrix}\tilde{\boldsymbol{x}} \\ \boldsymbol{z}\end{bmatrix}^{\mathrm{T}}\begin{bmatrix}\boldsymbol{P} & \boldsymbol{0} \\ \boldsymbol{0} & \boldsymbol{Q}\end{bmatrix}\begin{bmatrix}\boldsymbol{G}_{\mathrm{d}} \\ \boldsymbol{N}_1\end{bmatrix}\dot{d}
\end{aligned} \tag{3.31}$$

式中

$$\boldsymbol{W}_\rho = \begin{bmatrix}\boldsymbol{W} & -\boldsymbol{PB}(\boldsymbol{F}_{\mathrm{v}} + \kappa\rho\boldsymbol{F}_{\mathrm{nv}}) \\ -(\boldsymbol{F}_{\mathrm{v}} + \kappa\rho\boldsymbol{F}_{\mathrm{nv}})^{\mathrm{T}}\boldsymbol{B}^{\mathrm{T}}\boldsymbol{P} & \boldsymbol{M}\end{bmatrix} \tag{3.32}$$

根据式(3.18)关于$\boldsymbol{M}$的定义，存在一个标量值$\rho^* > 0$，使得对于满足

$|\rho(e)| \leqslant \rho^*$ 的平滑、非正函数 $\rho(e)$，$\boldsymbol{W}_\rho > 0$ 成立。

为方便推导，定义

$$\boldsymbol{x}_z := \begin{bmatrix} \tilde{\boldsymbol{x}} \\ \boldsymbol{z} \end{bmatrix}, \quad \boldsymbol{P}_Q := \begin{bmatrix} \boldsymbol{P} & \boldsymbol{0} \\ \boldsymbol{0} & \boldsymbol{Q} \end{bmatrix}, \quad \boldsymbol{N}_\mathrm{d} := \begin{bmatrix} \boldsymbol{G}_\mathrm{d} \\ \boldsymbol{N}_1 \end{bmatrix}$$

$$\lambda_\mathrm{m} := \max\left\{\lambda_{\max}(\boldsymbol{P}_Q \boldsymbol{W}_\rho^{-1}) : |\rho| \leqslant \rho^*\right\}$$

$$\gamma := 2\tau_\mathrm{d}\lambda_\mathrm{m}(\boldsymbol{G}_\mathrm{d}^\mathrm{T}\boldsymbol{P}\boldsymbol{G}_\mathrm{d} + \boldsymbol{N}_1^\mathrm{T}\boldsymbol{Q}\boldsymbol{N}_1)^{1/2}$$

引入方阵 $\boldsymbol{S}$ 使得 $\boldsymbol{P}_Q = \boldsymbol{S}^\mathrm{T}\boldsymbol{S}$，可以推导如下结果：

$$\begin{aligned}
\dot{V} &\leqslant -\boldsymbol{x}_z^\mathrm{T}\boldsymbol{S}^\mathrm{T}\boldsymbol{S}\boldsymbol{P}_Q^{-1}\boldsymbol{W}_\rho\boldsymbol{P}_Q^{-1}\boldsymbol{S}^\mathrm{T}\boldsymbol{S}\boldsymbol{x}_z - 2\boldsymbol{x}_z^\mathrm{T}\boldsymbol{S}^\mathrm{T}\boldsymbol{S}\boldsymbol{N}_\mathrm{d}\dot{d} \\
&\leqslant -\lambda_{\min}(\boldsymbol{S}\boldsymbol{P}_Q^{-1}\boldsymbol{W}_\rho\boldsymbol{P}_Q^{-1}\boldsymbol{S}^\mathrm{T})\boldsymbol{x}_z^\mathrm{T}\boldsymbol{S}^\mathrm{T}\boldsymbol{S}\boldsymbol{x}_z + 2\|\boldsymbol{S}\boldsymbol{x}_z\| \cdot \|\boldsymbol{S}\boldsymbol{N}_\mathrm{d}\|\tau_\mathrm{d} \\
&= -\lambda_{\min}(\boldsymbol{P}_Q^{-1}\boldsymbol{W}_\rho)\boldsymbol{x}_z^\mathrm{T}\boldsymbol{P}_Q\boldsymbol{x}_z + 2\tau_\mathrm{d}(\boldsymbol{x}_z^\mathrm{T}\boldsymbol{P}_Q\boldsymbol{x}_z)^{1/2}(\boldsymbol{N}_\mathrm{d}^\mathrm{T}\boldsymbol{P}_Q\boldsymbol{N}_\mathrm{d})^{1/2} \\
&= -\lambda_{\min}(\boldsymbol{P}_Q^{-1}\boldsymbol{W}_\rho)(\boldsymbol{x}_z^\mathrm{T}\boldsymbol{P}_Q\boldsymbol{x}_z)^{1/2} \times \left[(\boldsymbol{x}_z^\mathrm{T}\boldsymbol{P}_Q\boldsymbol{x}_z)^{1/2} - 2\tau_\mathrm{d}\lambda_{\max}(\boldsymbol{P}_Q\boldsymbol{W}_\rho^{-1})(\boldsymbol{N}_\mathrm{d}^\mathrm{T}\boldsymbol{P}_Q\boldsymbol{N}_\mathrm{d})^{1/2}\right] \\
&\leqslant -\lambda_{\min}(\boldsymbol{P}_Q^{-1}\boldsymbol{W}_\rho)(\boldsymbol{x}_z^\mathrm{T}\boldsymbol{P}_Q\boldsymbol{x}_z)^{1/2} \times \left[(\boldsymbol{x}_z^\mathrm{T}\boldsymbol{P}_Q\boldsymbol{x}_z)^{1/2} - \gamma\right]
\end{aligned}$$

上述推导中用到了矩阵的一些重要性质：

(1) 对任意向量 $\boldsymbol{\xi}$ 和对称矩阵 $\boldsymbol{X}$ (维数兼容)，有 $\boldsymbol{\xi}^\mathrm{T}\boldsymbol{X}\boldsymbol{\xi} \geqslant \lambda_{\min}(\boldsymbol{X})\boldsymbol{\xi}^\mathrm{T}\boldsymbol{\xi}$；

(2) 若 $\boldsymbol{X}$ 和 $\boldsymbol{Y}$ 是方阵，则 $\lambda(\boldsymbol{XY}) = \lambda(\boldsymbol{YX})$；

(3) 若 $\boldsymbol{X}$ 和 $\boldsymbol{Y}$ 是正定阵，则 $\lambda(\boldsymbol{XY}) > 0$。

显然，对于包含常值扰动(即 $\tau_\mathrm{d} = 0$)的闭环系统，有 $\dot{V} < 0$，系统是渐近稳定的。当 $\tilde{\boldsymbol{x}} \to 0, h = \boldsymbol{C}_2\boldsymbol{x} \to \boldsymbol{C}_2\boldsymbol{x}_\mathrm{s} = r$ 时，表示系统输出 h 无静差地趋于定点目标 r。

若系统存在时变扰动 ($\tau_\mathrm{d} > 0$) 且 $\begin{bmatrix} \tilde{\boldsymbol{x}}(0) \\ \boldsymbol{z}(0) \end{bmatrix} \in \Omega(\delta, c_\delta)$，其中 $c_\delta > \gamma^2$，式(3.29)的相应轨迹仍将留在 $\Omega(\delta, c_\delta)$ 里，且最终会落入

$$\left\{\begin{bmatrix} \tilde{\boldsymbol{x}} \\ \boldsymbol{z} \end{bmatrix} \in \mathbb{R}^{2n-p+1} : \begin{bmatrix} \tilde{\boldsymbol{x}} \\ \boldsymbol{z} \end{bmatrix}^\mathrm{T} \begin{bmatrix} \boldsymbol{P} & \boldsymbol{0} \\ \boldsymbol{0} & \boldsymbol{Q} \end{bmatrix} \begin{bmatrix} \tilde{\boldsymbol{x}} \\ \boldsymbol{z} \end{bmatrix} \leqslant \bar{\gamma}^2, \bar{\gamma} \leqslant \gamma\right\}$$

所表示的球状空间里。因此：

$$\bar{\gamma}^2 \geqslant \tilde{\boldsymbol{x}}^\mathrm{T}\boldsymbol{P}\tilde{\boldsymbol{x}} \geqslant \lambda_{\min}(\boldsymbol{P})\|\tilde{\boldsymbol{x}}\|^2$$

即

$$\|\tilde{\boldsymbol{x}}\| \leqslant \frac{\bar{\gamma}}{\sqrt{\lambda_{\min}(\boldsymbol{P})}}$$

注意到跟踪误差 $e = h - r = \boldsymbol{C}_2\tilde{\boldsymbol{x}}$，因此：

$$|e|=|C_2\tilde{x}|\leqslant\|C_2\|\|\tilde{x}\|\leqslant\frac{\bar{\gamma}\|C_2\|}{\sqrt{\lambda_{\min}(P)}} \tag{3.33}$$

显然，跟踪误差 $e(t)$ 有界。

定理 3.1 证毕。

备注 4　由方程(3.17)可知，控制信号 u 由三部分构成：与状态误差相关的成分、与观测器误差相关的成分，以及与外部输入 r 和扰动 d 相关的成分。当状态误差和观测器误差趋近于可忽略的小值时，方程(3.22)中的 $l_r r+l_d d$ 实际代表稳态时的控制信号。显然，它的幅值应该比 $u_{\max}$ 小。否则，即使是最大控制信号也不足以抵消扰动和参考目标的影响，从而导致伺服跟踪无法实现。定理 3.1 假设 $l_r r+l_d d$ 有界且阈值为 $\delta\cdot u_{\max}$，因此在最坏情况下仍有最大幅值为 $(1-\delta)\cdot u_{\max}$ 的控制量来克服观测器误差和执行伺服跟踪任务。

3.2.3　仿真实例

本节将前面介绍的 RCNS 控制方案应用于一个带弹性联轴器耦合的双惯性伺服传动系统。这类系统在工业应用中广泛存在。目前，很多研究工作致力于双惯性伺服传动系统的控制设计，其中以 PID 型的控制方法居多[22-24]。处理这种系统的难点在于电磁转矩与负载转矩不匹配。下面将展示鲁棒复合非线性伺服控制是一个较好的解决方案。

图 3.3 是双惯性伺服传动系统的示意图。J_m 和 J_d 分别代表通过传动轴耦合的电机和负载的惯量。传动轴的刚度为 k_c，其承受的扭转力矩为 τ_s，电机的电磁转矩为 τ_e，负载带来的扰动转矩为 τ_L。该系统可由下列动态方程加以描述：

$$\begin{cases}\dfrac{\mathrm{d}\omega_m}{\mathrm{d}t}=\dfrac{1}{J_m}(\tau_e-\tau_s)\\[2mm]\dfrac{\mathrm{d}\omega_d}{\mathrm{d}t}=\dfrac{1}{J_d}(\tau_s-\tau_L)\\[2mm]\dfrac{\mathrm{d}\tau_s}{\mathrm{d}t}=k_c(\omega_m-\omega_d)\end{cases} \tag{3.34}$$

式中，ω_m 代表电机转速；ω_d 代表负载转速；τ_e 代表电机的电磁转矩；τ_s 代表轴扭矩；τ_L 代表扰动力矩；$J_m=0.0058\mathrm{kg\cdot m^2}$ 和 $J_d=0.00145\mathrm{kg\cdot m^2}$ 分别代表电机和负载的总惯量；$k_c=110(\mathrm{N\cdot m})/\mathrm{rad}$ 代表弹性联轴器的刚度。电磁转矩 τ_e 用作系统的控制输入，负载角速度 ω_d 作为被控系统输出，假设 ω_m 和 ω_d 可测量。上述模型可以转化成式(3.1)的标准形式，其对应的变量和矩阵如下：

$$\boldsymbol{x}=\begin{bmatrix}\omega_{\mathrm{m}}\\ \omega_{\mathrm{d}}\\ \tau_{\mathrm{s}}\end{bmatrix},\quad \boldsymbol{y}=\begin{bmatrix}\omega_{\mathrm{m}}\\ \omega_{\mathrm{d}}\end{bmatrix},\quad h=\omega_{\mathrm{d}},\quad u=\tau_{\mathrm{e}},\quad d=\tau_{\mathrm{L}}$$

$$\boldsymbol{A}=\begin{bmatrix}0 & 0 & -\dfrac{1}{J_{\mathrm{m}}}\\ 0 & 0 & \dfrac{1}{J_{\mathrm{d}}}\\ k_{\mathrm{c}} & -k_{\mathrm{c}} & 0\end{bmatrix},\quad \boldsymbol{B}=\begin{bmatrix}\dfrac{1}{J_{\mathrm{m}}}\\ 0\\ 0\end{bmatrix},\quad \boldsymbol{E}=\begin{bmatrix}0\\ -\dfrac{1}{J_{\mathrm{d}}}\\ 0\end{bmatrix}$$

$$\boldsymbol{C}_1=\begin{bmatrix}1 & 0 & 0\\ 0 & 1 & 0\end{bmatrix},\quad \boldsymbol{C}_2=\begin{bmatrix}0 & 1 & 0\end{bmatrix}$$

式中，u 的饱和限幅值假设为 $u_{\max}=20\mathrm{N\cdot m}$。控制系统设计的目标是使负载的角速度 ω_{d} 快速、平稳、精确地跟踪定点目标速度 r。

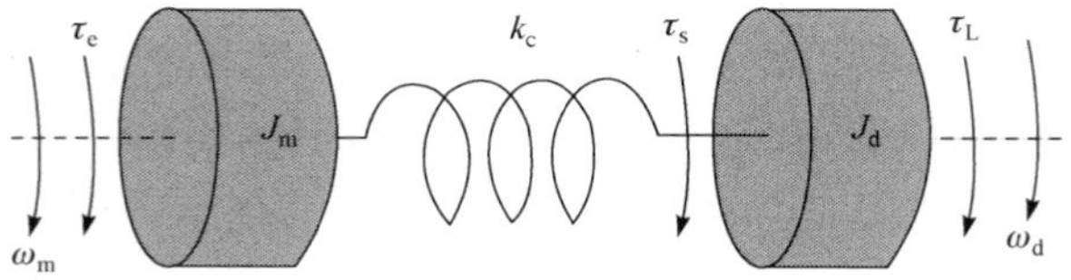

图 3.3　双惯性伺服传动系统的机械结构图

按照前文的设计方法，首先设计线性控制律：

$$\begin{aligned}u_{\mathrm{L}}&=\boldsymbol{F}\boldsymbol{x}+\begin{bmatrix}f_{\mathrm{r}} & f_{\mathrm{d}}\end{bmatrix}\begin{bmatrix}r\\ d\end{bmatrix}\\ &=\begin{bmatrix}-4.176 & 2.341 & -0.9055\end{bmatrix}x+\begin{bmatrix}1.835 & 1.906\end{bmatrix}\begin{bmatrix}r\\ d\end{bmatrix}\end{aligned}\tag{3.35}$$

使闭环极点位于 $-\zeta\omega_{\mathrm{n}}\pm \mathrm{j}\omega_{\mathrm{n}}\sqrt{1-\zeta^2}$ 和 $-3\omega_{\mathrm{n}}$，其中 $\xi=0.3$，$\omega_{\mathrm{n}}=200\mathrm{rad/s}$。

选取矩阵 $\boldsymbol{W}$ 为三阶单位阵，求解关于矩阵 $\boldsymbol{P}$ 的 Lyapunov 方程得

$$\boldsymbol{P}=\begin{bmatrix}2.804 & 0.3566 & 13.81\\ 0.3566 & 7.484 & 5.854\\ 13.81 & 5.854 & 96.54\end{bmatrix}\times10^{-3}$$

则 RCNS 的非线性反馈律如下：

$$u_{\mathrm{N}}=\rho(e)\boldsymbol{F}_{\mathrm{n}}(\boldsymbol{x}-\boldsymbol{G}_{\mathrm{r}}r-\boldsymbol{G}_{\mathrm{d}}d)\tag{3.36}$$

式中

$$\boldsymbol{F}_{\mathrm{n}}=\boldsymbol{B}^{\mathrm{T}}\boldsymbol{P}=\begin{bmatrix}0.4835 & 0.0615 & 2.381\end{bmatrix},\quad \boldsymbol{G}_{\mathrm{r}}=\begin{bmatrix}1\\1\\0\end{bmatrix},\quad \boldsymbol{G}_{\mathrm{d}}=\begin{bmatrix}0\\0\\1\end{bmatrix}$$

其中 $\rho(e)$ 由式(3.14)给出，$e=\omega_{\mathrm{d}}-r$，$\alpha=1$，$\beta=20$。

其次，估计未量测的轴扭矩 τ_{s} 和未知扰动 d (即负载 τ_{L})。设计一个降阶扩展状态观测器，把它的一对极点按 Butterworth 模式配置，且使其带宽为 $\omega_0=800\mathrm{rad/s}$。综上所述，得到最终的 RCNS 伺服控制律：

$$\begin{cases}\dot{\boldsymbol{\eta}}=\begin{bmatrix}-565.7 & 565.7\\-565.7 & -565.7\end{bmatrix}\boldsymbol{\eta}+\begin{bmatrix}0\\1131.4\end{bmatrix}\mathrm{sat}(u)+\begin{bmatrix}-3602 & -1038\\3712 & 0\end{bmatrix}\begin{bmatrix}\omega_{\mathrm{m}}\\\omega_{\mathrm{d}}\end{bmatrix}\\\begin{bmatrix}\hat{\tau}_{\mathrm{s}}\\\hat{d}\end{bmatrix}=\boldsymbol{\eta}+\begin{bmatrix}0 & -0.8202\\6.562 & 0.8202\end{bmatrix}\begin{bmatrix}\omega_{\mathrm{m}}\\\omega_{\mathrm{d}}\end{bmatrix}\end{cases}\tag{3.37}$$

$$\begin{aligned}u=&\begin{bmatrix}-4.176 & 2.341 & -0.9055\end{bmatrix}\begin{bmatrix}\omega_{\mathrm{m}}\\\omega_{\mathrm{d}}\\\hat{\tau}_{\mathrm{s}}\end{bmatrix}+\begin{bmatrix}1.835 & 1.906\end{bmatrix}\begin{bmatrix}r\\\hat{d}\end{bmatrix}\\&+\rho(e)\begin{bmatrix}0.4835 & 0.0615 & 2.381\end{bmatrix}\begin{bmatrix}\omega_{\mathrm{m}}-r\\\omega_{\mathrm{d}}-r\\\hat{\tau}_{\mathrm{s}}-\hat{d}\end{bmatrix}\end{aligned}\tag{3.38}$$

为进行对比，采用文献[3]提出的方法设计了一个积分增强型 CNF 控制律：

$$\begin{cases}\dot{x}_{\mathrm{i}}=\omega_{\mathrm{d}}-r\\\dot{x}_{\mathrm{c}}=-800\cdot x_{\mathrm{c}}+47.06\mathrm{sat}(u)+\begin{bmatrix}328.4 & -983.4\end{bmatrix}\begin{bmatrix}\omega_{\mathrm{m}}\\\omega_{\mathrm{d}}\end{bmatrix}\\\hat{\tau}_{\mathrm{s}}=x_{\mathrm{c}}-\begin{bmatrix}0.2729 & -1.092\end{bmatrix}\begin{bmatrix}\omega_{\mathrm{m}}\\\omega_{\mathrm{d}}\end{bmatrix}\end{cases}\tag{3.39}$$

$$\begin{aligned}u=&\begin{bmatrix}-3.67 & 4.188 & 2.336 & -0.9814\end{bmatrix}\begin{bmatrix}x_{\mathrm{i}}\\\omega_{\mathrm{m}}\\\omega_{\mathrm{d}}\\\hat{\tau}_{\mathrm{s}}\end{bmatrix}+1.852r\\&+\rho(e)\begin{bmatrix}0.1363 & 0.4805 & 0.0669 & 2.37\end{bmatrix}\begin{bmatrix}x_{\mathrm{i}}\\\omega_{\mathrm{m}}-r\\\omega_{\mathrm{d}}-r\\\hat{\tau}_{\mathrm{s}}\end{bmatrix}\end{aligned}\tag{3.40}$$

式中，增益函数 $\rho(e)$ 与 RCNS 控制律所用的函数相同，另外，其闭环极点配置在与 RCNS 控制器相同的位置，附加的积分极点为 $-0.01\omega_{\rm n}$ 。

在 MATLAB/Simulink 中进行数值仿真，以评价所设计的控制器的性能。首先跟踪两个不同的目标速度 $r=10\text{rad/s}$ 和 $r=30\text{rad/s}$ ，负载转矩 $\tau_{\rm L}$ 初始值设为 0，在 0.05s 时提高到 $3.5\text{N}\cdot\text{m}$ 。RCNS 控制器的仿真结果如图 3.4 和图 3.5 所示，输出响应快速、平稳，且没有稳态误差。加入 $\tau_{\rm L}$ 后， $\omega_{\rm d}$ 在 20ms 内稳定到目标值。图 3.6 和图 3.7 展示了积分增强型 CNF 控制器的仿真结果：当没有负载转矩时，其速度响应与 RCNS 控制器一样快速和准确；然而加入负载转矩后，其速度响应产生了明显的误差，此误差在期望时间内不能消除。若要提高抗负载扰动的性能，或许可以考虑重新设计此控制器，例如，如果用积分项 $\dot{x}_{\rm i}=7.2(\omega_{\rm d}-r)$ 来代替，同时修改对应的反馈增益矩阵(按与前面相同的设计步骤)，图 3.8 给出的仿真结果表明：加入负载转矩 $3.5\text{N}\cdot\text{m}$ 时系统可以得到较好的速度响应，但在未加入负载时则产生了超调量。显然，在不同的负载值下要为积分增强型 CNF 控制器选取一套参数以获得满意的性能是有困难的。

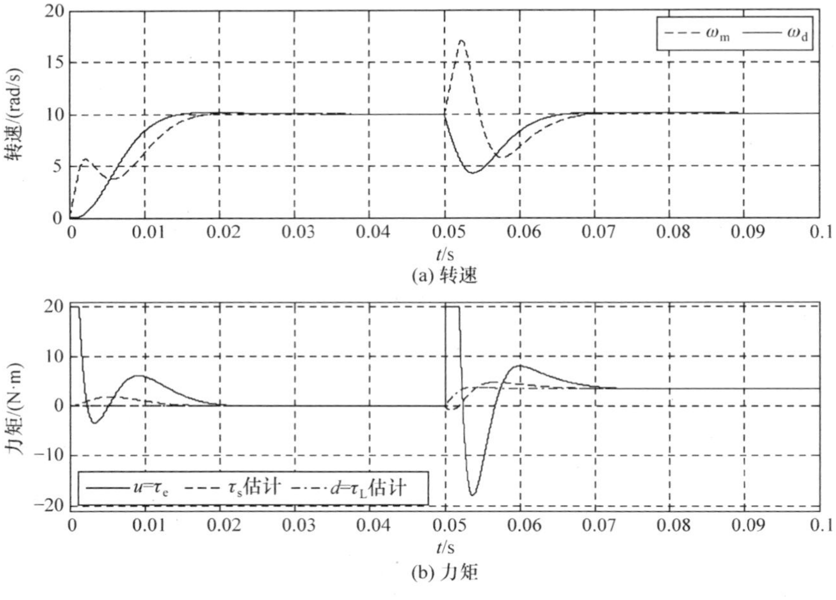

(a) 转速

(b) 力矩

图 3.4　RCNS 控制器跟踪转速 r=10rad/s 的仿真结果(初始负载为 0)

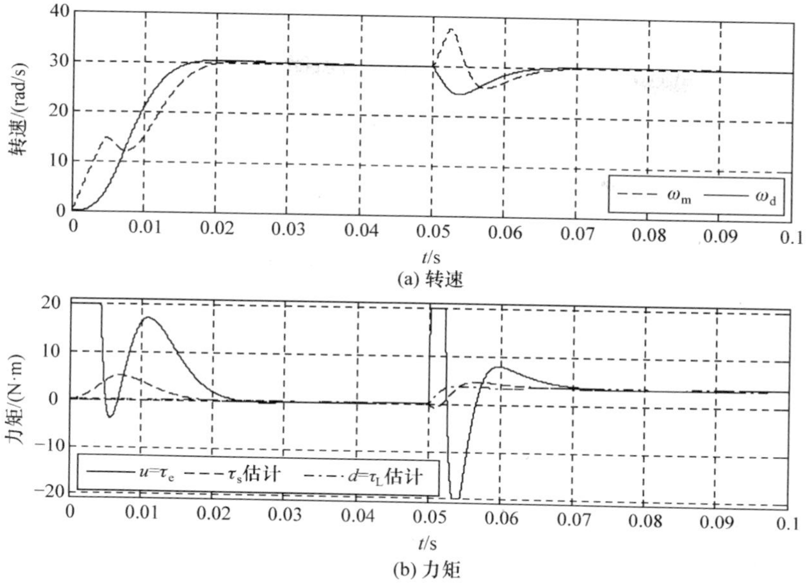

图 3.5　RCNS 控制器跟踪转速 r=30rad/s 的仿真结果(初始负载为 0)

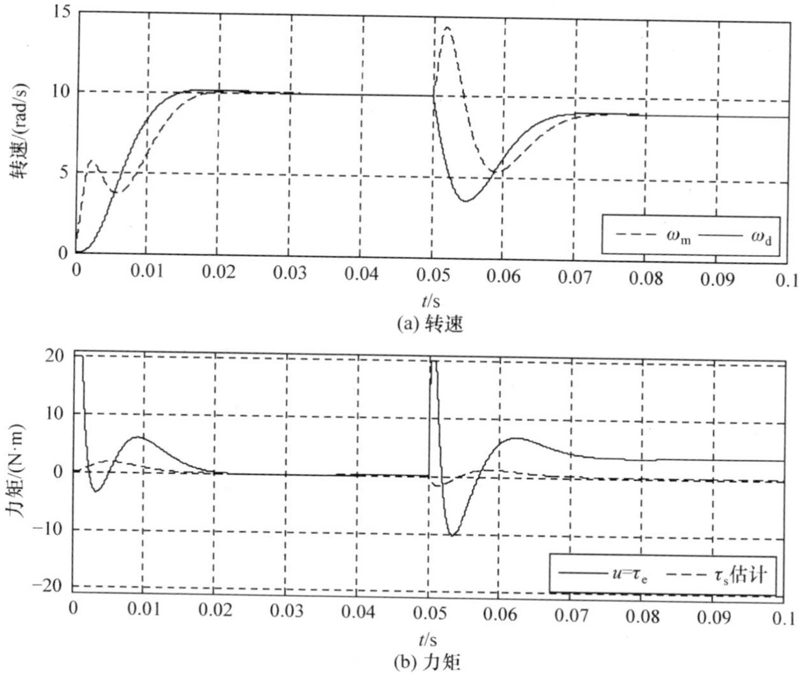

图 3.6　积分增强 CNF 控制器跟踪转速 r=10rad/s 的仿真结果(初始负载为 0)

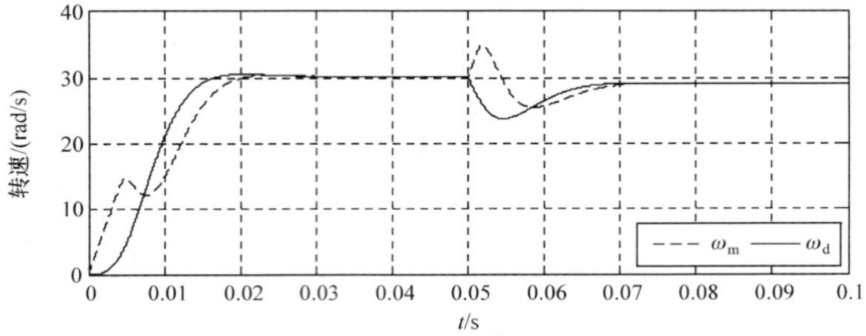

(a) 转速

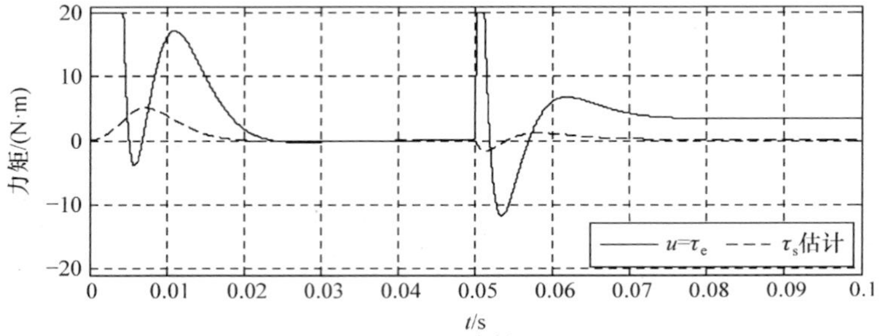

(b) 力矩

图 3.7　积分增强 CNF 控制器跟踪转速 r=30rad/s 的仿真结果(初始负载为 0)

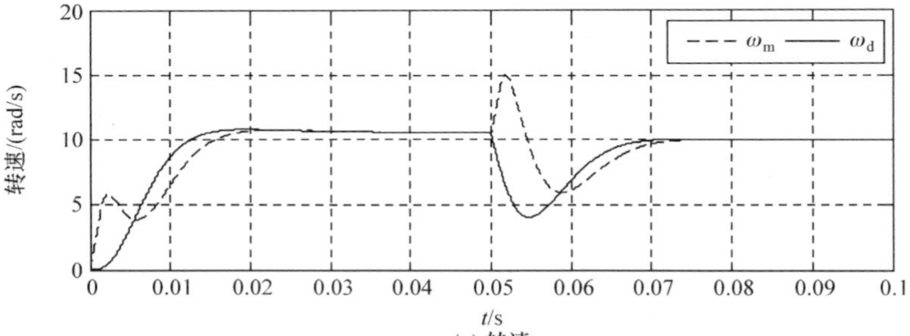

(a) 转速

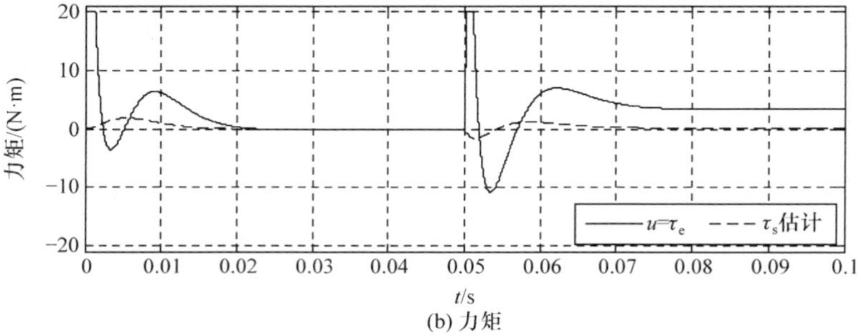

(b) 力矩

图 3.8　积分增强 CNF 控制器(重设计)跟踪转速 r=10rad/s 的仿真结果(初始负载为 0)

下一步，在以下条件下仿真：参考输入 $r=10\mathrm{rad/s}$，负载转矩初始值 $3.5\mathrm{N\cdot m}$，在 0.05s 时撤掉负载。如图 3.9 所示，RCNS 控制律同样取得了快速精确的跟踪性能。最后，当负载转矩初始值设为 $\tau_{\mathrm{L}}=1+0.2\sin(20\pi t+\pi/4)$，在 0.05s 时额外加入 $3.5\mathrm{N\cdot m}$，对 RCNS 控制律、常规 CNF 控制律(采用与 RCNS 相同的参数，但没有扰动补偿机制，即 $f_{\mathrm{d}}=0$ 且 $\boldsymbol{G}_{\mathrm{d}}=\boldsymbol{0}$)和线性伺服控制律(主导阻尼系数 $\zeta=0.8$)进行仿真比较，结果如图 3.10 所示。显然，RCNS 控制律在时变扰动条件下也能取得快速和较为准确的跟踪性能，而常规 CNF 控制律产生了明显的稳态误差，线性伺服控制律的闭环响应则较为缓慢。

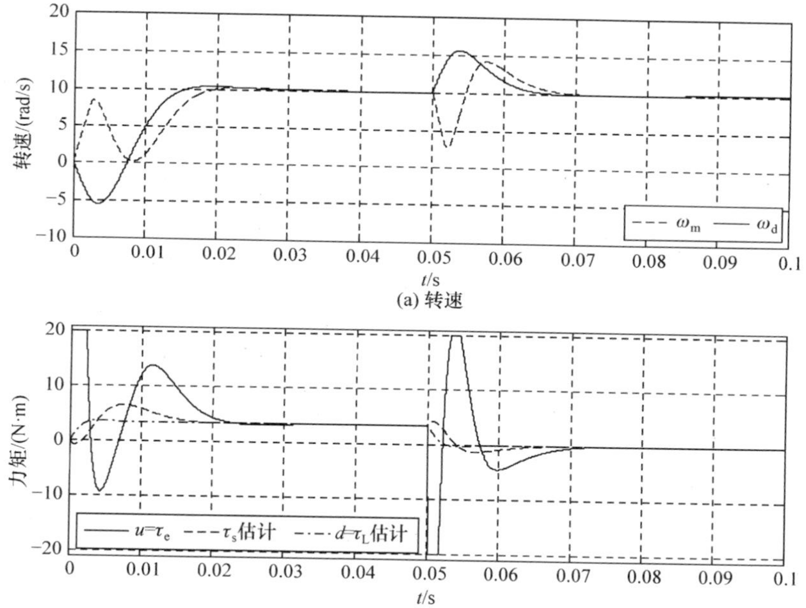

(a) 转速

(b) 力矩

图 3.9　RCNS 控制器跟踪转速 r=10rad/s 的仿真结果(初始负载为 3.5N·m)

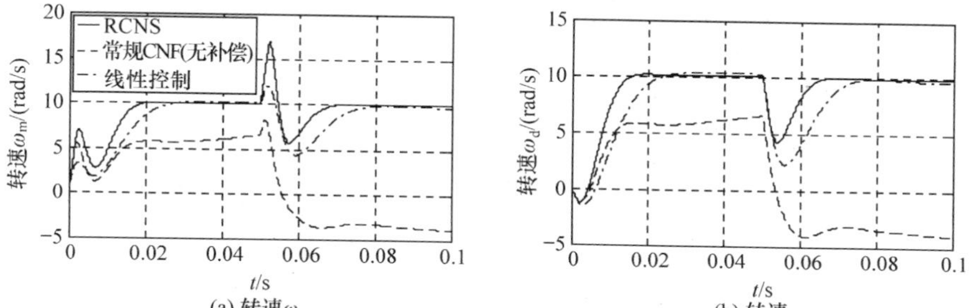

(a) 转速ω_{m}　　(b) 转速ω_{d}

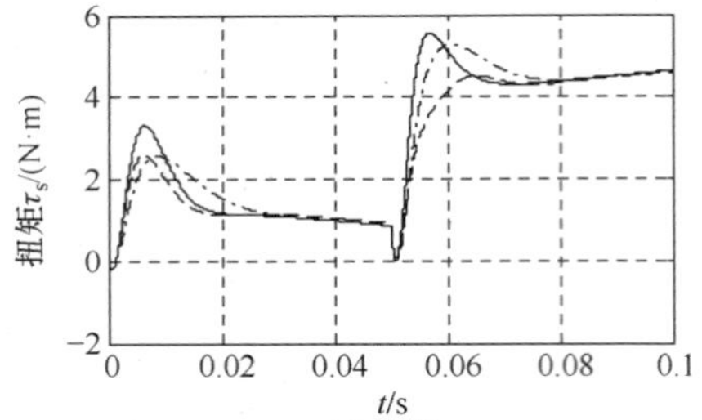

(c) 扭矩τ_s

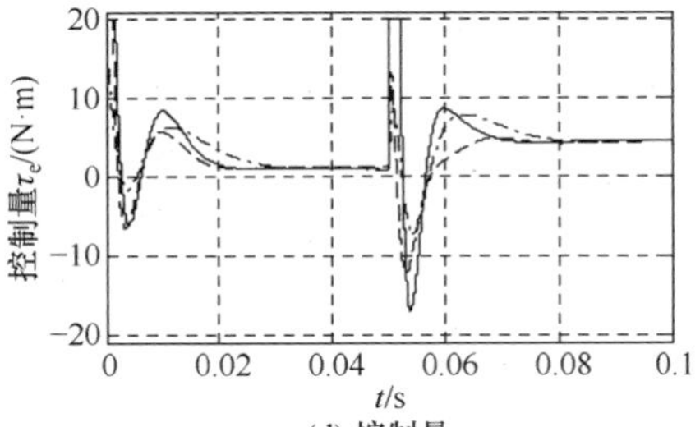

(d) 控制量τ_e

图 3.10 目标转速 r=10rad/s 和时变负载下三种控制律的仿真结果比较 ($\zeta = 0.8$)

3.3 离散时域 RCNS 控制

3.2 节介绍了基于扩展状态观测器的鲁棒复合非线性控制技术，并通过仿真实例验证了这种控制方案可以实现高性能的定点伺服跟踪。但这个设计方法是在连续时域上描述的，其设计出来的控制器最终必须经过离散化后才能在实际系统上实现(即模拟化设计, design by emulation)，这种离散化通常要求一个很高的采样频率(30 倍于闭环带宽)，否则实际控制性能将出现较大的偏差，甚至可能需要重新设计。由于数字控制是大势所趋，在离散时域上直接设计出数字控制器是一个更合理的选择。文献[5]给出了在离散时域上带有积分控制的 CNF 控制设计方法。但实际应用中发现：当给定目标和扰动值有所变化时，积分控制造成系统瞬态性能恶化，这时往往需要重新整定参数才能恢复系统原来的瞬态性能。这在实际应用中非常麻烦。

本节在离散时域 CNF 控制设计的基础上，舍弃积分控制，而采用 3.2 节介绍的扩展状态观测器来实现对系统未量测状态和未知扰动的准确估计，并设计出离散化或数字式的鲁棒复合非线性控制律，以实现理想的定点伺服跟踪性能，且其性能对设定点和扰动的变化不敏感，从而有利于实际应用和推广。

3.3.1 离散 RCNS 控制律的设计

本节介绍离散时域 RCNS 控制律的具体设计，其中包含一个扰动观测和补偿机制，可消除由定常扰动引起的静态偏差。这种控制方法保持了 CNF 的快速和平稳的控制性能，同时还具有很好的性能鲁棒性。

这里考虑的伺服系统是一个控制输入饱和受限的 SISO 系统，其在离散时域的数学模型如下：

$$\begin{cases} \boldsymbol{x}(k+1)=\boldsymbol{A}\boldsymbol{x}(k)+\boldsymbol{B}\cdot \mathrm{sat}(u(k))+\boldsymbol{E}d, & \boldsymbol{x}(0)=\boldsymbol{x}_0 \\ \boldsymbol{y}(k)=\boldsymbol{C}_1\boldsymbol{x}(k) \\ h(k)=\boldsymbol{C}_2\boldsymbol{x}(k) \end{cases} \tag{3.41}$$

式中，$\boldsymbol{x}\in\mathbb{R}^n$、$u\in\mathbb{R}$、$\boldsymbol{y}\in\mathbb{R}^p$、$h\in\mathbb{R}$ 和 $d\in\mathbb{R}$ 分别表示状态、控制输入、测量输出、受控输出和扰动。$\boldsymbol{A}$、$\boldsymbol{B}$、$\boldsymbol{C}_1$、$\boldsymbol{C}_2$ 和 $\boldsymbol{E}$ 是适当维数的常值矩阵。饱和限幅函数定义为

$$\mathrm{sat}(u(k))=\mathrm{sign}(u(k))\cdot\min\{u_{\max},|u(k)|\} \tag{3.42}$$

式中，$u_{\max}$ 是控制量的饱和限幅值。假设系统满足以下条件：

(1) $(\boldsymbol{A},\boldsymbol{B})$ 是可镇定的；

(2) $(\boldsymbol{A},\boldsymbol{C}_1)$ 是可检测的；

(3) $(\boldsymbol{A},\boldsymbol{B},\boldsymbol{C}_2)$ 和 $(\boldsymbol{A},\boldsymbol{E},\boldsymbol{C}_1)$ 在 $z=1$ 处没有不变零点；

(4) d 是分段阶跃或慢变化的有界未知扰动；

(5) h 也是可量测的，即它是测量输出 $\boldsymbol{y}$ 的一部分。

上述条件是跟踪控制问题的标准假设条件。控制设计的任务是使带扰动的系统受控输出 h 能尽快平稳且无静差地跟踪定点目标信号 r。

与连续时域 RCNS 的设计类似，离散时域 RCNS 控制律的设计也分四步：①设计线性控制律；②设计非线性反馈律；③设计观测器来估计系统状态向量和未知扰动；④将线性控制、非线性反馈和观测器综合起来形成完整的控制律。

第 1 步　假设状态向量和扰动都是可量测的。针对系统(3.41)设计一个带有扰动补偿的线性控制律：

$$u_{\mathrm{L}}(k)=\boldsymbol{F}\cdot\boldsymbol{x}(k)+f_{\mathrm{r}}\cdot r+f_{\mathrm{d}}\cdot d \tag{3.43}$$

式中，状态反馈矩阵 $\boldsymbol{F}$ 的选取应满足以下条件：

(1) $\boldsymbol{A}+\boldsymbol{B}\boldsymbol{F}$ 的特征值落在渐近稳定的区域；

(2) 闭环传递函数 $\boldsymbol{C}_2(z\boldsymbol{I}-\boldsymbol{A}-\boldsymbol{B}\boldsymbol{F})^{-1}\boldsymbol{B}$ 具有某种期望特性，典型的情况是具有一对阻尼系数较小的主导极点，从而使闭环系统产生快速的响应。

参考输入的前馈增益系数 f_{r} 和扰动的前馈增益系数 f_{d} 应保证闭环系统对参考输入与扰动到受控输出的传递函数(忽略饱和限幅函数)的稳态增益分别是 1 和 0，由此可求得

$$\begin{cases} f_{\mathrm{r}}=\left[\boldsymbol{C}_2(\boldsymbol{I}-\boldsymbol{A}-\boldsymbol{B}\boldsymbol{F})^{-1}\boldsymbol{B}\right]^{-1} \\ f_{\mathrm{d}}=-f_{\mathrm{r}}\left[\boldsymbol{C}_2(\boldsymbol{I}-\boldsymbol{A}-\boldsymbol{B}\boldsymbol{F})^{-1}\boldsymbol{E}\right] \end{cases} \tag{3.44}$$

式中，矩阵求逆的可行性是有保证的，因为已假设 $(\boldsymbol{A},\boldsymbol{B},\boldsymbol{C}_2)$ 在 $z=1$ 处无不变零点。

第 2 步　选择一个正定矩阵 $\boldsymbol{W}\in\mathbb{R}^{n\times n}$，求解下面的离散域 Lyapunov 方程：

$$P = (A + BF)^{\mathrm{T}} P(A + BF) + W \tag{3.45}$$

得到一个矩阵 $P > 0$，此解总是存在的，因为 $A + BF$ 渐近稳定。

定义系统状态向量 $x(k)$ 的稳态目标值：

$$x_{\mathrm{s}} = G_{\mathrm{r}} r + G_{\mathrm{d}} d \tag{3.46}$$

式中

$$\begin{cases} G_{\mathrm{r}} := (I - A - BF)^{-1} Bf_{\mathrm{r}} \\ G_{\mathrm{d}} := (I - A - BF)^{-1}(Bf_{\mathrm{d}} + E) \end{cases} \tag{3.47}$$

可以验证：$C_2 x_{\mathrm{s}} = r$。

离散时域 RCNS 的非线性反馈律如下：

$$u_{\mathrm{n}}(k) = \rho(e(k)) F_{\mathrm{n}}(x(k) - x_{\mathrm{s}}) \tag{3.48}$$

式中，$F_{\mathrm{n}} = B^{\mathrm{T}} P(A + BF)$；$\rho(e(k)) \leqslant 0$ 是关于误差 $e(k) = h(k) - r$ 的非线性增益函数，用来逐渐改变闭环系统阻尼，以得到一个较好的跟踪性能。$\rho(e(k))$ 和 W 参数的选取将稍后讨论。

第 3 步　设计观测器来对系统的未量测状态和未知扰动进行估计。假设系统的测量输出矩阵 $C_1 \in \mathbb{R}^{p \times n}$ 满行秩，即测量信号不存在冗余，这里选取另一个矩阵 $C_0 \in \mathbb{R}^{(n-p) \times n}$，使得矩阵 $T := \begin{bmatrix} C_1 \\ C_0 \end{bmatrix} \in \mathbb{R}^{n \times n}$ 可逆。如果矩阵 $C_1 = \begin{bmatrix} I_p & 0_{p \times (n-p)} \end{bmatrix}$，则显然可以直接把 T 取作 n 阶单位阵。定义扩展状态向量 $\bar{x} := \begin{bmatrix} Tx \\ d \end{bmatrix} \in \mathbb{R}^{n+1}$。注意到扰动是分段恒定的，即满足 $d(k+1) = d(k)$。把上式加入系统模型中，可以得到增广系统的离散时间状态空间模型如下：

$$\begin{cases} \bar{x}(k+1) = \bar{A} \cdot \bar{x}(k) + \bar{B} \cdot \mathrm{sat}(u(k)) \\ y(k) = \bar{C} \cdot \bar{x}(k) \end{cases} \tag{3.49}$$

式中，$\bar{A} = \begin{bmatrix} TAT^{-1} & TE \\ 0_{1 \times n} & 1 \end{bmatrix}$；$\bar{B} = \begin{bmatrix} TB \\ 0 \end{bmatrix}$；$\bar{C} = \begin{bmatrix} I_p & 0 \end{bmatrix}$。

根据对被控系统的假设，$(\bar{A}, \bar{C})$ 是可检测的。为验证这一点，只需判断如下矩阵的秩属性：

$$\mathrm{rank}\begin{bmatrix} zI - \bar{A} \\ \bar{C} \end{bmatrix} = \mathrm{rank}\begin{bmatrix} zI - TAT^{-1} & -TE \\ 0 & z-1 \\ C_1 T^{-1} & 0 \end{bmatrix}$$

当 $z \neq 1$ 时，有

$$
\begin{aligned}
\operatorname{rank}\begin{bmatrix} z\boldsymbol{I}-\bar{\boldsymbol{A}} \\ \bar{\boldsymbol{C}} \end{bmatrix} &= 1+\operatorname{rank}\begin{bmatrix} z\boldsymbol{I}-\boldsymbol{TAT}^{-1} \\ \boldsymbol{C}_1\boldsymbol{T}^{-1} \end{bmatrix} \\
&= 1+\operatorname{rank}\left(\begin{bmatrix} \boldsymbol{T} & \boldsymbol{0} \\ \boldsymbol{0} & \boldsymbol{I}_p \end{bmatrix}\begin{bmatrix} z\boldsymbol{I}-\boldsymbol{A} \\ \boldsymbol{C}_1 \end{bmatrix}\boldsymbol{T}^{-1}\right) \\
&= 1+\operatorname{rank}\begin{bmatrix} z\boldsymbol{I}-\boldsymbol{A} \\ \boldsymbol{C}_1 \end{bmatrix}
\end{aligned}
$$

当 $z=1$ 时，有

$$
\begin{aligned}
\operatorname{rank}\begin{bmatrix} z\boldsymbol{I}-\bar{\boldsymbol{A}} \\ \bar{\boldsymbol{C}} \end{bmatrix} &= \operatorname{rank}\begin{bmatrix} \boldsymbol{I}-\boldsymbol{TAT}^{-1} & -\boldsymbol{TE} \\ \boldsymbol{C}_1\boldsymbol{T}^{-1} & \boldsymbol{0} \end{bmatrix} \\
&= \operatorname{rank}\begin{bmatrix} \boldsymbol{TAT}^{-1}-\boldsymbol{I} & \boldsymbol{TE} \\ \boldsymbol{C}_1\boldsymbol{T}^{-1} & \boldsymbol{0} \end{bmatrix} \\
&= \operatorname{rank}\left(\begin{bmatrix} \boldsymbol{T} & \boldsymbol{0} \\ \boldsymbol{0} & \boldsymbol{I}_p \end{bmatrix}\begin{bmatrix} \boldsymbol{A}-\boldsymbol{I} & \boldsymbol{E} \\ \boldsymbol{C}_1 & \boldsymbol{0} \end{bmatrix}\begin{bmatrix} \boldsymbol{T}^{-1} & \boldsymbol{0} \\ \boldsymbol{0} & 1 \end{bmatrix}\right) \\
&= \operatorname{rank}\begin{bmatrix} \boldsymbol{A}-\boldsymbol{I} & \boldsymbol{E} \\ \boldsymbol{C}_1 & \boldsymbol{0} \end{bmatrix} = n+1
\end{aligned}
$$

上式中最后一个等式成立的原因是系统模型假设 $(\boldsymbol{A},\boldsymbol{E},\boldsymbol{C}_1)$ 在 $z=1$ 处没有不变零点。于是，若存在 $(\bar{\boldsymbol{A}},\bar{\boldsymbol{C}})$ 的不可观测模态，则必定与 $(\boldsymbol{A},\boldsymbol{C}_1)$ 的完全相同。根据系统的假设条件，可知 $(\bar{\boldsymbol{A}},\bar{\boldsymbol{C}})$ 是可检测的。基于增广系统的模型，可以设计一个全阶或降阶观测器来估计增广状态向量 $\bar{\boldsymbol{x}}$。由于降阶观测器在系统实现时更方便，这里仅考虑降阶观测器的设计。从增广模型可以看出，增广状态向量 $\bar{\boldsymbol{x}}$ 的开头 p 个分量(表示为 $\bar{\boldsymbol{x}}_1$)，就是系统的测量输出量 y。所以，只需对 $\bar{\boldsymbol{x}}$ 的余下 $n-p+1$ 个分量(表示为 $\bar{\boldsymbol{x}}_2$)加以估计。为此，按照 $\bar{\boldsymbol{x}}_1$ 和 $\bar{\boldsymbol{x}}_2$ 的维数对模型矩阵进行分块如下：

$$
\bar{\boldsymbol{A}} = \begin{bmatrix} \boldsymbol{A}_{11} & \boldsymbol{A}_{12} \\ \boldsymbol{A}_{21} & \boldsymbol{A}_{22} \end{bmatrix}, \quad \bar{\boldsymbol{B}} = \begin{bmatrix} \boldsymbol{B}_1 \\ \boldsymbol{B}_2 \end{bmatrix}
$$

参照文献[5]的设计方法，选择观测器增益矩阵 $\boldsymbol{L}\in\mathbb{R}^{n-p+1}$，把 $\boldsymbol{A}_{22}+\boldsymbol{L}\boldsymbol{A}_{12}$ 的特征值配置在 z 平面以原点为中心的单位圆内。相应的观测器方程如下：

$$
\begin{cases} \boldsymbol{\eta}(k+1) = \boldsymbol{A}_{\mathrm{o}}\cdot\boldsymbol{\eta}(k)+\boldsymbol{B}_{\mathrm{u}}\cdot\operatorname{sat}(u(k))+\boldsymbol{B}_{\mathrm{y}}\cdot\boldsymbol{y}(k) \\ \hat{\bar{\boldsymbol{x}}}_2(k) = \boldsymbol{\eta}(k)-\boldsymbol{L}\cdot\boldsymbol{y}(k) \end{cases} \tag{3.50}
$$

式中

$$\begin{cases} \boldsymbol{A}_{\mathrm{o}} = \boldsymbol{A}_{22} + \boldsymbol{L}\boldsymbol{A}_{12} \\ \boldsymbol{B}_{\mathrm{y}} = \boldsymbol{A}_{21} + \boldsymbol{L}\boldsymbol{A}_{11} - \boldsymbol{A}_{\mathrm{o}}\boldsymbol{L} \\ \boldsymbol{B}_{\mathrm{u}} = \boldsymbol{B}_2 + \boldsymbol{L}\boldsymbol{B}_1 \end{cases}$$

$\hat{\boldsymbol{x}}_2$ 是 $\bar{\boldsymbol{x}}_2$ 的估计值。增广状态向量的估计值可表示为

$$\hat{\bar{\boldsymbol{x}}}(k) = \begin{bmatrix} \boldsymbol{y}(k) \\ \hat{\bar{\boldsymbol{x}}}_2(k) \end{bmatrix} = \begin{bmatrix} \boldsymbol{y}(k) \\ \boldsymbol{\eta}(k) - \boldsymbol{L}\cdot\boldsymbol{y}(k) \end{bmatrix}$$

而原系统的状态量 $\boldsymbol{x}$ 和未知扰动 d 的估计值可表示为

$$\begin{cases} \hat{\boldsymbol{x}}(k) = \begin{bmatrix} \boldsymbol{T}^{-1} & \boldsymbol{0}_{n\times 1} \end{bmatrix} \hat{\bar{\boldsymbol{x}}}(k) \\ \hat{d}(k) = \begin{bmatrix} \boldsymbol{0}_{1\times n} & 1 \end{bmatrix} \hat{\bar{\boldsymbol{x}}}(k) \end{cases}$$

第 4 步　把前几步设计的线性控制律、非线性反馈律和观测器合并成最终的控制器，其中，状态变量和未知扰动被它们各自的估计值所代替。

基于观测器(3.50)的离散 RCNS 控制律如下：

$$\begin{cases} u(k) = \boldsymbol{F}\cdot\hat{\boldsymbol{x}}(k) + f_{\mathrm{r}}\cdot r + f_{\mathrm{d}}\cdot\hat{d}(k) + \rho(e(k))\boldsymbol{F}_{\mathrm{n}}\left[\hat{\boldsymbol{x}}(k) - \hat{\boldsymbol{x}}_{\mathrm{s}}(k)\right] \\ \hat{\boldsymbol{x}}_{\mathrm{s}}(k) = \boldsymbol{G}_{\mathrm{r}}\cdot r + \boldsymbol{G}_{\mathrm{d}}\cdot\hat{d}(k) \end{cases} \tag{3.51}$$

3.3.2　稳定性分析

下面将证明控制律(3.51)能解决系统(3.41)的定点跟踪问题。为便于推导，进行矩阵分块：$\boldsymbol{T}^{-1} = \begin{bmatrix} \boldsymbol{T}_1 & \boldsymbol{T}_2 \end{bmatrix}$，其中 $\boldsymbol{T}_1 \in \mathbb{R}^{n\times p}$。同时定义

$$\boldsymbol{F}_{\mathrm{v}} = \begin{bmatrix} \boldsymbol{F}\boldsymbol{T}_2 & f_{\mathrm{d}} \end{bmatrix},\quad \boldsymbol{F}_{\mathrm{nv}} = \begin{bmatrix} \boldsymbol{F}_{\mathrm{n}}\boldsymbol{T}_2 & -\boldsymbol{F}_{\mathrm{n}}\boldsymbol{G}_{\mathrm{d}} \end{bmatrix},\quad l_{\mathrm{r}} = f_{\mathrm{r}} + \boldsymbol{F}\boldsymbol{G}_{\mathrm{r}},\quad l_{\mathrm{d}} = f_{\mathrm{d}} + \boldsymbol{F}\boldsymbol{G}_{\mathrm{d}}$$

选取一个正定矩阵 $\boldsymbol{M} \in \mathbb{R}^{(n-p+1)\times(n-p+1)}$，满足

$$\boldsymbol{M} > \boldsymbol{F}_{\mathrm{v}}^{\mathrm{T}}(\boldsymbol{B}^{\mathrm{T}}\boldsymbol{P}\boldsymbol{B} + \boldsymbol{F}_{\mathrm{n}}\boldsymbol{W}^{-1}\boldsymbol{F}_{\mathrm{n}}^{\mathrm{T}})\boldsymbol{F}_{\mathrm{v}} \tag{3.52}$$

求解关于正定矩阵 $\boldsymbol{Q}$ 的 Lyapunov 方程：

$$\boldsymbol{Q} = \boldsymbol{A}_{\mathrm{o}}^{\mathrm{T}}\boldsymbol{Q}\boldsymbol{A}_{\mathrm{o}} + \boldsymbol{M} \tag{3.53}$$

由于 $\boldsymbol{A}_{\mathrm{o}}$ 是渐近稳定的，$\boldsymbol{Q}$ 的解必定存在。

定理 3.2　考虑系统(3.41)，其中未知常值扰动 d 的幅值以某个非负常数 τ_{d} 为界，即 $|d| \leqslant \tau_{\mathrm{d}}$。在下列条件全部满足的情况下，存在一个常数 $\hat{\rho} > 0$，使得对于满足 $|\rho(e(k))| \leqslant \hat{\rho}$ 的任一平滑、非正函数 $\rho(e(k))$，由式(3.50)和式(3.51)构成的离散 RCNS 控制律能使系统的受控输出 $h(k)$ 渐近无静差地跟踪定点参考目标 r。

(1) 存在正常数 $\delta \in (0,1)$ 和 $c_{\delta} > 0$ 满足

$$\forall \tilde{\boldsymbol{x}}_+ \in \Omega(\delta, c_\delta) := \left\{ \tilde{\boldsymbol{x}}_+ \in \mathbb{R}^{2n-p+1} : \tilde{\boldsymbol{x}}_+^{\mathrm{T}} \begin{bmatrix} \boldsymbol{P} & \boldsymbol{0} \\ \boldsymbol{0} & \boldsymbol{Q} \end{bmatrix} \tilde{\boldsymbol{x}}_+ \leqslant c_\delta \right\}$$

$$\Rightarrow \left| \begin{bmatrix} \boldsymbol{F} & \boldsymbol{F}_{\mathrm{v}} \end{bmatrix} \tilde{\boldsymbol{x}}_+ \right| \leqslant (1-\delta) u_{\max} \tag{3.54}$$

(2) 初始状态，$\boldsymbol{x}_0 = \boldsymbol{x}(0)$ 和 $\boldsymbol{\eta}_0 = \boldsymbol{\eta}(0)$，以及扰动 d 满足

$$\begin{bmatrix} \boldsymbol{x}_0 - \boldsymbol{x}_{\mathrm{s}} \\ \boldsymbol{\eta}_0 - \boldsymbol{L}\boldsymbol{x}_{10} - \begin{bmatrix} \boldsymbol{x}_{20} \\ d \end{bmatrix} \end{bmatrix} \in \Omega(\delta, c_\delta) \tag{3.55}$$

式中，$\boldsymbol{x}_{10}$ 是 $\boldsymbol{T}\boldsymbol{x}_0$ 的前 p 个分量，而 $\boldsymbol{x}_{20}$ 是余下的 $n-p$ 个分量。

(3) 参考目标 r 的幅值满足

$$|l_{\mathrm{r}} \cdot r| \leqslant \delta u_{\max} - |l_{\mathrm{d}}| \tau_{\mathrm{d}} \tag{3.56}$$

证明　首先定义

$$\boldsymbol{\xi}(k) = \hat{\bar{\boldsymbol{x}}}_2(k) - \bar{\boldsymbol{x}}_2(k) = \boldsymbol{\eta}(k) - \boldsymbol{L}\boldsymbol{y}(k) - \bar{\boldsymbol{x}}_2(k)$$

容易验证：$\boldsymbol{\xi}(k+1) = \boldsymbol{A}_{\mathrm{o}} \cdot \boldsymbol{\xi}(k)$，且有

$$\begin{bmatrix} \hat{\boldsymbol{x}}(k) - \boldsymbol{x}(k) \\ \hat{d}(k) - d \end{bmatrix} = \begin{bmatrix} \boldsymbol{T}_2 & \boldsymbol{0} \\ \boldsymbol{0} & 1 \end{bmatrix} \boldsymbol{\xi}(k) \tag{3.57}$$

定义 $\tilde{\boldsymbol{x}}(k) = \boldsymbol{x}(k) - \boldsymbol{x}_{\mathrm{s}}$。控制律(3.51)可改写为

$$u(k) = \begin{bmatrix} \boldsymbol{F} & \boldsymbol{F}_{\mathrm{v}} \end{bmatrix} \begin{bmatrix} \tilde{\boldsymbol{x}}(k) \\ \boldsymbol{\xi}(k) \end{bmatrix} + \begin{bmatrix} l_{\mathrm{r}} & l_{\mathrm{d}} \end{bmatrix} \begin{bmatrix} r \\ d \end{bmatrix} + \rho(e(k)) \begin{bmatrix} \boldsymbol{F}_{\mathrm{n}} & \boldsymbol{F}_{\mathrm{nv}} \end{bmatrix} \begin{bmatrix} \tilde{\boldsymbol{x}}(k) \\ \boldsymbol{\xi}(k) \end{bmatrix} \tag{3.58}$$

为了表达简单，在后面的证明过程中将省略非线性函数 $\rho(e(k))$ 的参数 $e(k)$，并且在不引起混淆的情况下将省略时间索引 (k)。

注意到

$$\begin{aligned} &(\boldsymbol{A} - \boldsymbol{I})\boldsymbol{x}_{\mathrm{s}} + \boldsymbol{E}d + \boldsymbol{B}(l_{\mathrm{r}} r + l_{\mathrm{d}} d) \\ &= (\boldsymbol{A} - \boldsymbol{I})\boldsymbol{x}_{\mathrm{s}} + \boldsymbol{E}d + \boldsymbol{B}(f_{\mathrm{r}} + \boldsymbol{F}\boldsymbol{G}_{\mathrm{r}})r + \boldsymbol{B}(f_{\mathrm{d}} + \boldsymbol{F}\boldsymbol{G}_{\mathrm{d}})d \\ &= (\boldsymbol{A} - \boldsymbol{I})\boldsymbol{x}_{\mathrm{s}} + \boldsymbol{B}\boldsymbol{F}(\boldsymbol{G}_{\mathrm{r}} r + \boldsymbol{G}_{\mathrm{d}} d) + \boldsymbol{B} f_{\mathrm{r}} r + (\boldsymbol{E} + \boldsymbol{B} f_{\mathrm{d}})d \\ &= (\boldsymbol{A} + \boldsymbol{B}\boldsymbol{F} - \boldsymbol{I})\boldsymbol{x}_{\mathrm{s}} + \boldsymbol{B} f_{\mathrm{r}} r + (\boldsymbol{E} + \boldsymbol{B} f_{\mathrm{d}})d \\ &= \boldsymbol{0} \end{aligned}$$

所以，有

$$(\boldsymbol{A} - \boldsymbol{I})\boldsymbol{x}_{\mathrm{s}} + \boldsymbol{E}d = -\boldsymbol{B}(l_{\mathrm{r}} r + l_{\mathrm{d}} d) \tag{3.59}$$

于是，系统的误差动态方程可表示为

$$
\begin{aligned}
\tilde{\boldsymbol{x}}(k+1) &= \boldsymbol{x}(k+1)-\boldsymbol{x}_{\mathrm{s}} \\
&= \boldsymbol{A}\boldsymbol{x}(k)+\boldsymbol{B}\cdot \mathrm{sat}(u(k))+\boldsymbol{E}d-\boldsymbol{x}_{\mathrm{s}} \\
&= \boldsymbol{A}\tilde{\boldsymbol{x}}(k)+(\boldsymbol{A}-\boldsymbol{I})\boldsymbol{x}_{\mathrm{s}}+\boldsymbol{E}d+\boldsymbol{B}\cdot \mathrm{sat}(u(k)) \\
&= \left(\boldsymbol{A}+\boldsymbol{B}\boldsymbol{F}\right)\tilde{\boldsymbol{x}}(k)+\boldsymbol{B}\cdot\left[\mathrm{sat}(u(k))-\boldsymbol{F}\tilde{\boldsymbol{x}}(k)-l_{\mathrm{r}}r-l_{\mathrm{d}}d\right] \\
&= \left(\boldsymbol{A}+\boldsymbol{B}\boldsymbol{F}\right)\tilde{\boldsymbol{x}}(k)+\boldsymbol{B}\boldsymbol{F}_{\mathrm{v}}\boldsymbol{\xi}(k)+\boldsymbol{B}\sigma(k)
\end{aligned} \tag{3.60}
$$

式中

$$
\sigma(k)=\mathrm{sat}(u(k))-\begin{bmatrix}\boldsymbol{F} & \boldsymbol{F}_{\mathrm{v}}\end{bmatrix}\begin{bmatrix}\tilde{\boldsymbol{x}}(k)\\ \boldsymbol{\xi}(k)\end{bmatrix}-\begin{bmatrix}l_{\mathrm{r}} & l_{\mathrm{d}}\end{bmatrix}\begin{bmatrix}r\\ d\end{bmatrix} \tag{3.61}
$$

现在，对于$\begin{bmatrix}\tilde{\boldsymbol{x}}\\ \xi\end{bmatrix}\in\Omega(\delta,c_{\delta})$和$\left|l_{\mathrm{r}}\cdot r\right|\leqslant\delta u_{\max}-\left|l_{\mathrm{d}}\right|\tau_{\mathrm{d}}$，可得

$$
\left|\begin{bmatrix}\boldsymbol{F} & \boldsymbol{F}_{\mathrm{v}}\end{bmatrix}\begin{bmatrix}\tilde{\boldsymbol{x}}\\ \xi\end{bmatrix}+\begin{bmatrix}l_{\mathrm{r}} & l_{\mathrm{d}}\end{bmatrix}\begin{bmatrix}r\\ d\end{bmatrix}\right|\leqslant\left|\begin{bmatrix}\boldsymbol{F} & \boldsymbol{F}_{\mathrm{v}}\end{bmatrix}\begin{bmatrix}\tilde{\boldsymbol{x}}\\ \xi\end{bmatrix}\right|+\left|l_{\mathrm{r}}r\right|+\left|l_{\mathrm{d}}\right|\tau_{\mathrm{d}}\leqslant u_{\max}
$$

根据控制信号 u 的取值范围，由式(3.58)和式(3.61)，σ可写成以下三种情况：

$$
\begin{cases}
\rho\begin{bmatrix}\boldsymbol{F}_{\mathrm{n}} & \boldsymbol{F}_{\mathrm{nv}}\end{bmatrix}\begin{bmatrix}\tilde{\boldsymbol{x}}\\ \xi\end{bmatrix}<\sigma\leqslant 0, & u<-u_{\max}\\
\sigma=\rho\begin{bmatrix}\boldsymbol{F}_{\mathrm{n}} & \boldsymbol{F}_{\mathrm{nv}}\end{bmatrix}\begin{bmatrix}\tilde{\boldsymbol{x}}\\ \xi\end{bmatrix}, & |u|\leqslant u_{\max}\\
0\leqslant\sigma<\rho\begin{bmatrix}\boldsymbol{F}_{\mathrm{n}} & \boldsymbol{F}_{\mathrm{nv}}\end{bmatrix}\begin{bmatrix}\tilde{\boldsymbol{x}}\\ \xi\end{bmatrix}, & u>u_{\max}
\end{cases} \tag{3.62}
$$

显然，对所有可能的情况都可以将σ写成

$$
\sigma=\kappa\rho\left(\boldsymbol{F}_{\mathrm{n}}\tilde{\boldsymbol{x}}+\boldsymbol{F}_{\mathrm{nv}}\boldsymbol{\xi}\right) \tag{3.63}
$$

式中，参数$\kappa\in[0,1]$。因此，当$\begin{bmatrix}\tilde{\boldsymbol{x}}\\ \xi\end{bmatrix}\in\Omega(\delta,c_{\delta})$且$\left|l_{\mathrm{r}}\cdot r\right|\leqslant\delta u_{\max}-\left|l_{\mathrm{d}}\right|\tau_{\mathrm{d}}$时，由给定对象(3.41)、观测器(3.50)和控制律(3.51)构成的闭环系统可以表示如下：

$$
\begin{bmatrix}\tilde{\boldsymbol{x}}(k+1)\\ \boldsymbol{\xi}(k+1)\end{bmatrix}=\begin{bmatrix}\boldsymbol{A}+\boldsymbol{B}\boldsymbol{F}+\kappa\rho\boldsymbol{B}\boldsymbol{F}_{\mathrm{n}} & \boldsymbol{B}\boldsymbol{F}_{\rho}\\ \boldsymbol{0} & \boldsymbol{A}_{\mathrm{o}}\end{bmatrix}\begin{bmatrix}\tilde{\boldsymbol{x}}(k)\\ \boldsymbol{\xi}(k)\end{bmatrix} \tag{3.64}
$$

式中，$\boldsymbol{F}_{\rho}=\boldsymbol{F}_{\mathrm{v}}+\kappa\rho\boldsymbol{F}_{\mathrm{nv}}$。

接下来证明：当初始条件$\boldsymbol{x}_0$、$\boldsymbol{\eta}_0$、参考目标 r 和扰动d满足定理中的限制条件时，误差动态方程 (3.64)是渐近稳定的。

定义一个 Lyapunov 函数：

$$
V(k)=\tilde{\boldsymbol{x}}^{\mathrm{T}}(k)\boldsymbol{P}\tilde{\boldsymbol{x}}(k)+\boldsymbol{\xi}^{\mathrm{T}}(k)\boldsymbol{Q}\boldsymbol{\xi}(k) \tag{3.65}
$$

并沿着系统(3.64)的轨迹来计算 $V(k)$ 的增量：

$$\begin{aligned}\Delta V(k)&=V(k+1)-V(k)\\&=-\tilde{\boldsymbol{x}}^{\mathrm{T}}(k)\boldsymbol{W}\tilde{\boldsymbol{x}}(k)\\&\quad+\tilde{\boldsymbol{x}}^{\mathrm{T}}(k)\boldsymbol{F}_{\mathrm{n}}^{\mathrm{T}}(2\kappa\rho+\kappa^2\rho^2\boldsymbol{B}^{\mathrm{T}}\boldsymbol{PB})\boldsymbol{F}_{\mathrm{n}}\tilde{\boldsymbol{x}}(k)\\&\quad+2\tilde{\boldsymbol{x}}^{\mathrm{T}}(k)\boldsymbol{F}_{\mathrm{n}}^{\mathrm{T}}(1+\kappa\rho\boldsymbol{B}^{\mathrm{T}}\boldsymbol{PB})\boldsymbol{F}_{\rho}\boldsymbol{\xi}(k)\\&\quad+\boldsymbol{\xi}^{\mathrm{T}}(k)\boldsymbol{F}_{\rho}^{\mathrm{T}}\boldsymbol{B}^{\mathrm{T}}\boldsymbol{PBF}_{\rho}\boldsymbol{\xi}(k)-\boldsymbol{\xi}^{\mathrm{T}}(k)\boldsymbol{M}\boldsymbol{\xi}(k)\end{aligned}\tag{3.66}$$

如果限制 $\rho\in\left[-2(\boldsymbol{B}^{\mathrm{T}}\boldsymbol{PB})^{-1},0\right]$，则有

$$2\kappa\rho+\kappa^2\rho^2\boldsymbol{B}^{\mathrm{T}}\boldsymbol{PB}\leqslant 0,\quad |1+\kappa\rho\boldsymbol{B}^{\mathrm{T}}\boldsymbol{PB}|\leqslant 1$$

因此得

$$\begin{aligned}\Delta V(k)&\leqslant-\tilde{\boldsymbol{x}}^{\mathrm{T}}(k)\boldsymbol{W}\tilde{\boldsymbol{x}}(k)+2(1+\kappa\rho\boldsymbol{B}^{\mathrm{T}}\boldsymbol{PB})\tilde{\boldsymbol{x}}^{\mathrm{T}}(k)\boldsymbol{F}_{\mathrm{n}}^{\mathrm{T}}\boldsymbol{F}_{\rho}\xi(k)\\&\quad+\boldsymbol{\xi}^{\mathrm{T}}(k)\boldsymbol{F}_{\rho}^{\mathrm{T}}\boldsymbol{B}^{\mathrm{T}}\boldsymbol{PBF}_{\rho}\xi(k)-\boldsymbol{\xi}^{\mathrm{T}}(k)\boldsymbol{M}\boldsymbol{\xi}(k)\\&=-\begin{bmatrix}\tilde{\boldsymbol{x}}(k)\\\boldsymbol{\xi}(k)\end{bmatrix}^{\mathrm{T}}\begin{bmatrix}\boldsymbol{W}&-(1+\kappa\rho\boldsymbol{B}^{\mathrm{T}}\boldsymbol{PB})\boldsymbol{F}_{\mathrm{n}}^{\mathrm{T}}\boldsymbol{F}_{\rho}\\ *&\boldsymbol{M}-\boldsymbol{F}_{\rho}^{\mathrm{T}}\boldsymbol{B}^{\mathrm{T}}\boldsymbol{PBF}_{\rho}\end{bmatrix}\begin{bmatrix}\tilde{\boldsymbol{x}}(k)\\\boldsymbol{\xi}(k)\end{bmatrix}\end{aligned}\tag{3.67}$$

式(3.67)中矩阵元素*可根据对称性推断。注意到 $\boldsymbol{W}>0$，显然，要使式(3.67)负定，只需以下条件成立：

$$\boldsymbol{M}_{\rho}:=\boldsymbol{M}-\boldsymbol{F}_{\rho}^{\mathrm{T}}\boldsymbol{B}^{\mathrm{T}}\boldsymbol{PBF}_{\rho}-(1+\kappa\rho\boldsymbol{B}^{\mathrm{T}}\boldsymbol{PB})^2\boldsymbol{F}_{\rho}^{\mathrm{T}}\boldsymbol{F}_{\mathrm{n}}\boldsymbol{W}^{-1}\boldsymbol{F}_{\mathrm{n}}^{\mathrm{T}}\boldsymbol{F}_{\rho}>0\tag{3.68}$$

根据式(3.52)中对矩阵 $\boldsymbol{M}$ 的定义，存在一个常数 $\hat{\rho}>0$，使得对于满足 $|\rho(e(k))|\leqslant\hat{\rho}$ 的任一平滑、非正函数 $\rho(e(k))$ 有 $\boldsymbol{M}_{\rho}>0$。显然，满足假设条件的闭环系统有 $\Delta V(k)\leqslant 0$ 且等号仅当 $\begin{bmatrix}\tilde{\boldsymbol{x}}(k)\\\boldsymbol{\xi}(k)\end{bmatrix}=\boldsymbol{0}$ 时成立。由此可知，系统渐近稳定且收敛于由 $\begin{bmatrix}\tilde{\boldsymbol{x}}(k)\\\boldsymbol{\xi}(k)\end{bmatrix}=\boldsymbol{0}$ 所确定的点集，即 $k\to\infty$ 时，$\begin{bmatrix}\tilde{\boldsymbol{x}}(k)\\\boldsymbol{\xi}(k)\end{bmatrix}\to\boldsymbol{0}$。从而有 $\boldsymbol{x}(k)\to\boldsymbol{x}_{\mathrm{s}}$，$h(k)=\boldsymbol{C}_2\boldsymbol{x}(k)\to\boldsymbol{C}_2\boldsymbol{x}_{\mathrm{s}}=r$，也就是系统输出 $h(k)$ 渐近无静差地跟踪参考目标 r。

定理 3.2 证毕。

备注 1　由式(3.64)的误差动力学方程可以看出，闭环系统的特征根可随 $\rho(e(k))$ 和矩阵 $\boldsymbol{P}$ 而改变，而 $\boldsymbol{P}$ 又依赖于 $\boldsymbol{W}$ 阵。通过合理选择 $\boldsymbol{W}$ 和 $\rho(e(k))$ 的参数，可以调整控制律来改进闭环系统的响应。总的来说，应选择一个合适的正定 $\boldsymbol{W}$ 阵和 $\rho(e(k))$，以使得在稳态($e(k)\to 0$)时闭环系统具有一对较大阻尼比的主导极点。这将有助于抑制系统输出响应的超调量。$\boldsymbol{W}$ 的选择不是唯一的，也需要一点技巧。一种简易可行的方法是把 $\boldsymbol{W}$ 阵限定为对角正定阵，并通过仿真

来调整对角元素的值。这种方法一般都能得到满意的结果。

备注 2　选取 $\rho(e(k))$ 的一般准则是，它是关于 $e(k)$ 的平滑、非正函数，且 $\rho(e(k))\in\left[-2(\boldsymbol{B}^{\mathrm{T}}\boldsymbol{P}\boldsymbol{B})^{-1},0\right]$。一种可行的(但不是唯一的)选择如下：

$$\rho(e(k))=-\beta(\boldsymbol{B}^{\mathrm{T}}\boldsymbol{P}\boldsymbol{B})^{-1}\cdot\frac{2}{\pi}\cdot\arctan\left(\alpha\left\|\alpha_0\cdot e(k)\right|-1\right|\right) \tag{3.69}$$

式中，$\arctan(\cdot)$ 是反正切函数；$0\leqslant\alpha,0\leqslant\beta\leqslant 2$；$\alpha_0$ 与初始误差 $e(0)$ 相关，用于对误差 $e(k)$ 进行归一化：

$$\alpha_0=\begin{cases}\dfrac{1}{|e(0)|}, & e(0)\neq 0\\ 1, & e(0)=0\end{cases} \tag{3.70}$$

当 h 趋近于 r 时，$\rho(e(k))$ 将从 0 逐渐减小到 $-\beta(\boldsymbol{B}^{\mathrm{T}}\boldsymbol{P}\boldsymbol{B})^{-1}\cdot\dfrac{2}{\pi}\cdot\arctan\alpha$。参数 α 和 β 可调节 $\rho(e(k))$ 的幅值和变化率。

3.3.3　仿真实例

将 3.3.1 节提出的控制方法应用于一个典型的电机位置伺服系统，其数学模型如下：

$$\begin{cases}\dot{\boldsymbol{x}}=\begin{bmatrix}0 & 1\\ 0 & a\end{bmatrix}\cdot\boldsymbol{x}+\begin{bmatrix}0\\ b\end{bmatrix}\cdot(\mathrm{sat}(u)+d)\\ y=\begin{bmatrix}1 & 0\end{bmatrix}\cdot\boldsymbol{x}\end{cases} \tag{3.71}$$

式中，状态向量 $\boldsymbol{x}=\begin{bmatrix}x_1\\ x_2\end{bmatrix}$ 包含位置和速度信号；u 是控制信号(电流：A)；y 是可量测的被控输出量(位置：rad)；d 是由负载扰动和其他不确定因素构成的分段阶跃或慢变化的未知扰动；$a<0$ 和 $b>0$ 是系统参数；$\mathrm{sat}(\cdot)$是最大幅值为 $u_{\max}$ 的饱和限幅函数。

将上述连续时间模型按采样周期 T_{s} 进行基于零阶保持器的离散化，得到如下离散时间状态空间模型：

$$\begin{cases}\boldsymbol{x}(k+1)=\boldsymbol{A}\cdot\boldsymbol{x}(k)+\boldsymbol{B}\cdot[\mathrm{sat}(u(k))+d(k)]\\ y(k)=\boldsymbol{C}\cdot\boldsymbol{x}(k)\end{cases} \tag{3.72}$$

式中

$$\boldsymbol{A}=\begin{bmatrix}1 & \lambda\\ 0 & \mathrm{e}^{aT_{\mathrm{s}}}\end{bmatrix}:=\begin{bmatrix}1 & a_1\\ 0 & a_2\end{bmatrix},\quad \boldsymbol{B}=\begin{bmatrix}b(\lambda-T_{\mathrm{s}})/a\\ b\lambda\end{bmatrix}:=\begin{bmatrix}b_1\\ b_2\end{bmatrix},\quad \boldsymbol{C}=\begin{bmatrix}1 & 0\end{bmatrix}$$

其中，$\lambda=(\mathrm{e}^{aT_{\mathrm{s}}}-1)/a$。

控制系统的目标是输出 y 能快速且精确地跟踪给定位置 r。首先设计如下带扰动补偿的线性伺服控制律：

$$u_{\mathrm{L}}(k)=\boldsymbol{F}\cdot\boldsymbol{x}(k)+f_{\mathrm{r}}\cdot r-d(k) \tag{3.73}$$

式中，$\boldsymbol{F}$ 为状态反馈增益矩阵；f_{r} 为待定的前馈增益参数。

如果选择闭环系统主导极点的阻尼系数为ζ、自然频率为ω，则期望的特征多项式(离散域)为

$$D^{*}(z)=z^{2}+p_{1}z+p_{0} \tag{3.74}$$

式中，$p_{1}=-2\mathrm{e}^{-\zeta\omega T_{\mathrm{s}}}\cos\left(\omega T_{\mathrm{s}}\sqrt{1-\zeta^{2}}\right)$，$p_{0}=\mathrm{e}^{-2\zeta\omega T_{\mathrm{s}}}$。根据极点配置法可得

$$\begin{cases}\boldsymbol{F}=[f_{1}\quad f_{2}]\\ f_{1}=\dfrac{1+p_{1}+p_{0}}{a_{2}b_{1}-a_{1}b_{2}-b_{1}}\\ f_{2}=-\dfrac{1+a_{2}+p_{1}+b_{1}f_{1}}{b_{2}}=\dfrac{b_{1}(p_{0}-a_{2})+(1+a_{2}+p_{1})(a_{2}b_{1}-a_{1}b_{2})}{b_{2}(b_{1}+a_{1}b_{2}-a_{2}b_{1})}\end{cases} \tag{3.75}$$

前馈增益 f_{r} 应保证系统的稳态输出量能准确地跟踪目标值r，于是可求得

$$f_{\mathrm{r}}=1\Big/\left[\boldsymbol{C}(\boldsymbol{I}-\boldsymbol{A}-\boldsymbol{B}\boldsymbol{F})^{-1}\boldsymbol{B}\right]=-f_{1} \tag{3.76}$$

接着设计非线性反馈控制律，其作用是随着系统输出量逼近给定目标而逐步增大闭环阻尼系数从而抑制即将发生的超调。为此，选取一个平滑的非线性函数$\rho(\cdot)$，使其幅值随着系统误差$e(k)=y(k)-r$的减小而增大，参照式(3.69)选取$\rho(e(k))$如下：

$$\rho(e(k))=-\beta\cdot\arctan(\alpha\left\|\alpha_{0}\cdot e(k)\right|-1|) \tag{3.77}$$

式中，α、β是非负的可调参数；α_{0}用于对误差$e(k)$进行归一化，如式(3.70)所示。选取一个正定矩阵$\boldsymbol{W}$为二阶单位阵，求解式(3.45)所示的 Lyapunov 方程，得到一个正定矩阵$\boldsymbol{P}$，令$\boldsymbol{F}_{\mathrm{n}}=\boldsymbol{B}^{\mathrm{T}}\boldsymbol{P}(\boldsymbol{A}+\boldsymbol{B}\boldsymbol{F})$。则非线性反馈控制律如下：

$$u_{\mathrm{N}}(k)=\rho(e(k))\cdot\boldsymbol{F}_{\mathrm{n}}\cdot\left(\boldsymbol{x}(k)-\begin{bmatrix}r(k)\\0\end{bmatrix}\right) \tag{3.78}$$

考虑到系统中存在未知输入扰动，且速度信号未量测，可采用扩展状态观测器来加以估计。由于d是分段阶跃或慢变化的未知扰动，则有$d(k+1)=d(k)$，将其结合到对象模型(3.72)中，得到增广模型如下：

$$\begin{cases}\bar{\boldsymbol{x}}(k+1)=\bar{\boldsymbol{A}}\cdot\bar{\boldsymbol{x}}(k)+\bar{\boldsymbol{B}}\cdot\mathrm{sat}(u(k))\\ y(k)=\bar{\boldsymbol{C}}\cdot\bar{\boldsymbol{x}}(k)\end{cases} \tag{3.79}$$

式中，$\bar{\boldsymbol{x}}=\begin{bmatrix}\boldsymbol{x}\\d\end{bmatrix}$；$\bar{\boldsymbol{A}}=\begin{bmatrix}\boldsymbol{A}&\boldsymbol{B}\\\boldsymbol{0}&1\end{bmatrix}$；$\bar{\boldsymbol{B}}=\begin{bmatrix}\boldsymbol{B}\\0\end{bmatrix}$；$\bar{\boldsymbol{C}}=[\boldsymbol{C}\quad 0]$。

由于状态变量 x_1 (输出 y)是可量测的，只需估计状态 x_2 (即速度)和扰动 d 的值，因此采用降阶(二阶)扩展状态观测器。基于增广模型，将二阶观测器的一对极点配置成具有阻尼系数 ζ_0 和自然频率 ω_0 ，则其对应的特征多项式(离散域)为

$$D_o^*(z) = z^2 + q_1 z + q_0 \tag{3.80}$$

式中， $q_1 = -2\mathrm{e}^{-\zeta_0\omega_0 T_s}\cos\left(\omega_0 T_s\sqrt{1-\zeta_0^{\ 2}}\right)$， $q_0 = \mathrm{e}^{-2\zeta_0\omega_0 T_s}$ 。相应的扩展状态观测器的方程如下：

$$\begin{cases}\boldsymbol{\eta}(k+1) = \boldsymbol{A}_o \cdot \boldsymbol{\eta}(k) + \boldsymbol{B}_u \cdot \mathrm{sat}(u(k)) + \boldsymbol{B}_y \cdot y(k) \\ \begin{bmatrix}\hat{x}_2(k) \\ \hat{d}(k)\end{bmatrix} = \boldsymbol{\eta}(k) - \boldsymbol{L} \cdot y(k)\end{cases} \tag{3.81}$$

式中， $\boldsymbol{\eta}$ 为观测器内部状态量； $\hat{x}_2$ 和 $\hat{d}$ 分别为转速 ω_r 、扰动 d 的估计值。观测器的系数矩阵如下：

$$\boldsymbol{L} := \begin{bmatrix} l_1 \\ l_2 \end{bmatrix} = \begin{bmatrix} -\dfrac{1+a_2+q_1+b_1 l_2}{a_1} \\ \dfrac{1+q_0+q_1}{a_2 b_1 - a_1 b_2 - b_1} \end{bmatrix} = \begin{bmatrix} -\dfrac{(1+a_2+q_1)(a_2 b_1 - a_1 b_2) + b_1(q_0 - a_2)}{a_1(a_2 b_1 - a_1 b_2 - b_1)} \\ \dfrac{1+q_0+q_1}{a_2 b_1 - a_1 b_2 - b_1} \end{bmatrix}$$

$$\boldsymbol{A}_o = \begin{bmatrix} a_2 + l_1 a_1 & b_2 + l_1 b_1 \\ l_2 a_1 & 1 + l_2 b_1 \end{bmatrix}, \quad \boldsymbol{B}_u = \begin{bmatrix} b_2 + l_1 b_1 \\ l_2 b_1 \end{bmatrix}$$

$$\boldsymbol{B}_y = \begin{bmatrix} l_1 - l_1(a_2 + l_1 a_1) - l_2(b_2 + l_1 b_1) \\ -l_2(l_1 a_1 + l_2 b_1) \end{bmatrix}$$

基于观测器，把线性伺服控制律与非线性反馈律结合起来，得到最终的复合非线性伺服控制律为

$$u(k) = [\boldsymbol{F} + \rho(e(k)) \cdot \boldsymbol{F}_n] \cdot \begin{bmatrix} e(k) \\ \hat{x}_2(k) \end{bmatrix} - \hat{d}(k) \tag{3.82}$$

为进行数值仿真研究，假定系统模型参数为： $a=-10$ ， $b=100$ ， $u_{\max}=5\mathrm{A}$ 。选取采样周期 T_s=0.01s。控制律的参数取值如下：

$$\zeta = 0.3, \quad \omega = 20\mathrm{rad/s}, \quad \alpha = 0.3, \quad \beta = 0.2, \quad \zeta_0 = 0.707, \quad \omega_0 = 60\mathrm{rad/s}$$

在 MATLAB/Simulink 下进行仿真。首先，对三种不同的位置给定值($r=1$rad, 5rad, 10rad)进行跟踪控制，扰动的初始值设为–0.5A，在 0.7s 时扰动被清除。仿真结果如图 3.11 所示，控制系统能在扰动存在的情况下对目标位置实现快速、平稳和准确的跟踪，而且在扰动发生阶跃跳变的情况下系统能很快地回归到目标位置。接着，在目标位置 r=5rad 和三种不同扰动值($d=-1\mathrm{A}, -2\mathrm{A}, +1\mathrm{A}$, 0.7s 时扰动被清除)的情况下进行仿真比较，结果如图 3.12 所示。从图中可以看出，扰动的不同虽然影响了系统位置输出响应的瞬态性能，但控制系统在各种情

况下都能保持平稳和准确的跟踪性能。

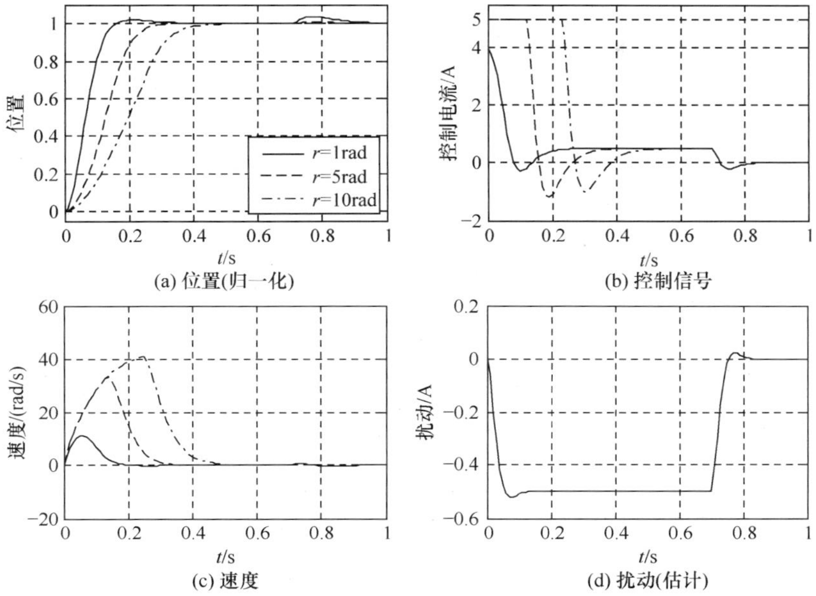

图 3.11　RCNS 控制器对三种目标位置的跟踪效果(r=1rad, 5rad, 10rad)

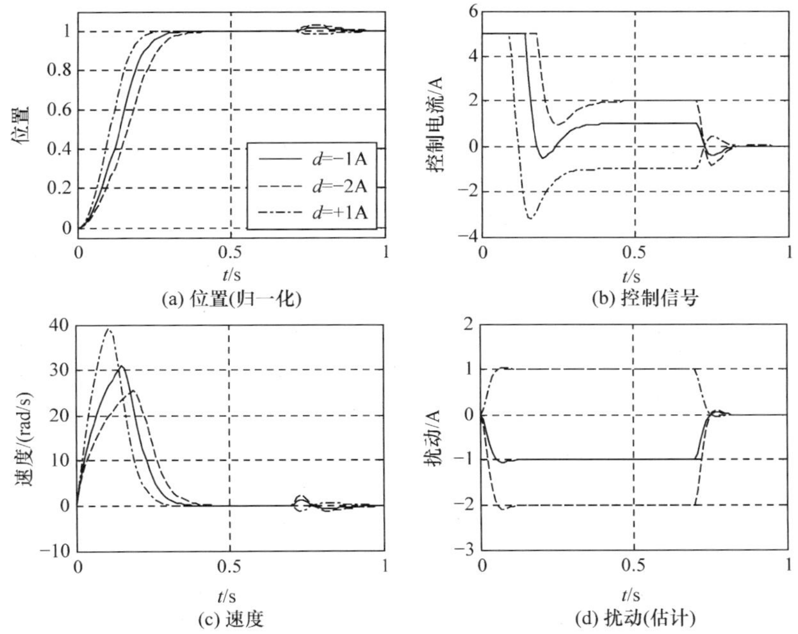

图 3.12　RCNS 控制器在三种扰动输入下的跟踪结果(r=5rad, d= −1A, −2A, +1A)

为进行比较，按照文献[5]提出的基于误差积分的增强复合非线性反馈控制方案，设计了如下控制器(积分增强 CNF)：

$$\begin{bmatrix} x_\mathrm{i}(k+1) \\ x_\mathrm{v}(k+1) \end{bmatrix} = \begin{bmatrix} 1 & 0 \\ 0 & 0.9231 \end{bmatrix} \begin{bmatrix} x_\mathrm{i}(k) \\ x_\mathrm{v}(k) \end{bmatrix} + \begin{bmatrix} 0 & 0.2 \\ 9.616\times10^{-3} & -0.5911 \end{bmatrix} \begin{bmatrix} \mathrm{sat}(u(k)) \\ y(k) \end{bmatrix} - \begin{bmatrix} 0.2r \\ 0 \end{bmatrix}$$

$$\begin{aligned} u(k) = & -\begin{bmatrix} 0.5922 & 4.3625 & 0.0677 \end{bmatrix} \bar{\boldsymbol{x}}_\mathrm{i}(k) \\ & + \rho(e(k))\begin{bmatrix} -0.4542 & 3.2627 & 3.9814 \end{bmatrix} \bar{\boldsymbol{x}}_\mathrm{i}(k) \end{aligned}$$

式中，$\bar{\boldsymbol{x}}_\mathrm{i}(k) = \begin{bmatrix} x_\mathrm{i}(k) \\ y(k)-r \\ x_\mathrm{v}(k)+37.412y(k) \end{bmatrix}$。

以上控制器的闭环主导极点选择与 RCNS 控制器的相同，另有一个与积分项对应的离散域极点选为 0.97，观测器极点选为 e^{-60T_s}。$\rho\big(e(k)\big)$ 的选择与 RCNS 控制器形式相同，但参数为 $\alpha = 0.1$，$\beta = 0.6$。这些参数值是为了保证此控制器在 $r = 1\mathrm{rad}$ 和 $d = -0.5\mathrm{A}$ 的标称情况下具有较理想的性能(与 RCNS 控制器的性能相当)。

首先，对三种不同的位置给定值(r=1rad, 5rad, 10rad)进行跟踪控制，扰动的初始值设为–0.5A，1s 之后扰动被清除。所得仿真结果如图 3.13 所示，控制系统虽然能在扰动存在的情况下对目标位置实现准确的跟踪，但标称情况下具有良好性能的积分增强 CNF 控制器在参考目标和扰动发生变化时，其瞬态性能出现了明显的恶化，特别是超调量增大、调节时间变长，这时可发现其积分项积累了一个较大的数值，可能导致积分器饱和；接着，在目标位置 $r = 1\mathrm{rad}$ 和三种不同扰动值($d = -1\mathrm{A}, -2\mathrm{A}, +1\mathrm{A}$，1s 后扰动被清除)的情况下进行仿真比较，结果如图 3.14 所示，可见随着扰动输入的变化，控制系统的瞬态性能与标称情况产生了很大的偏差。这些结果说明，基于误差积分的 CNF 控制方案，对目标给定和扰动的幅值缺乏鲁棒性，因而难以实际应用到伺服系统中。

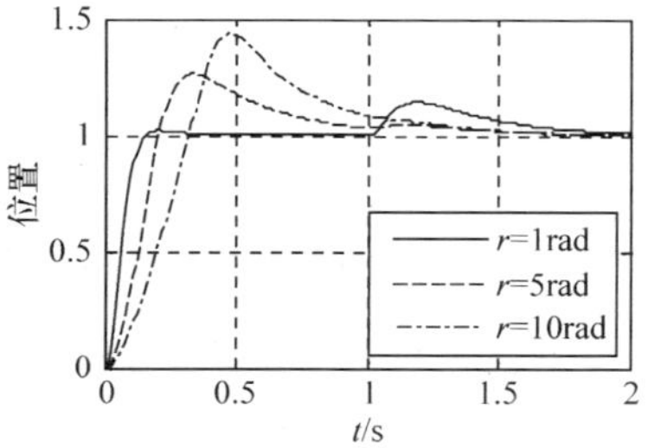

(a) 位置(归一化)

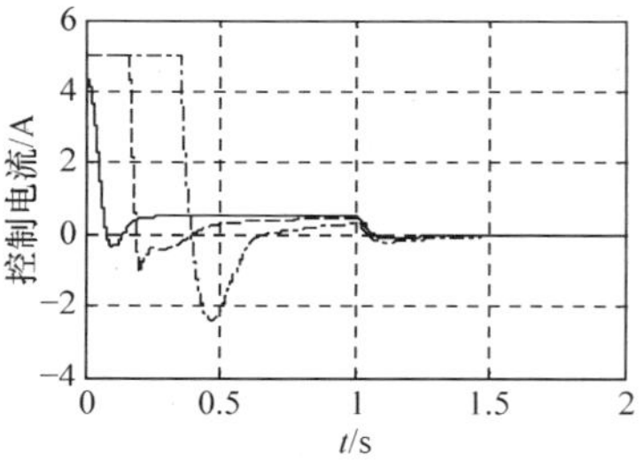

(b) 控制信号

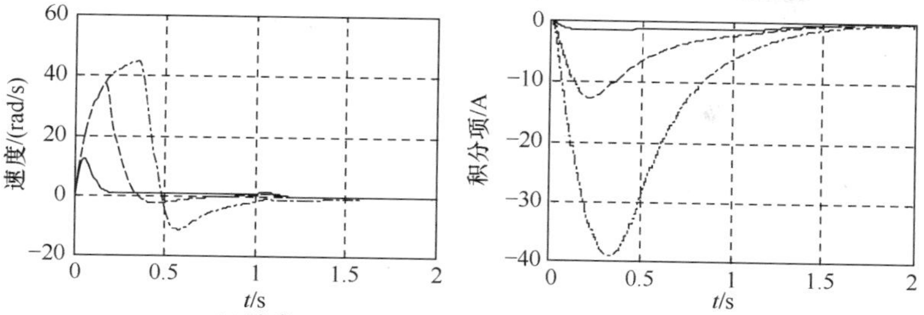

(c) 速度　　(d) 积分项

图 3.13　积分增强 CNF 控制器对三种目标位置的跟踪效果(r=1rad, 5rad, 10rad)

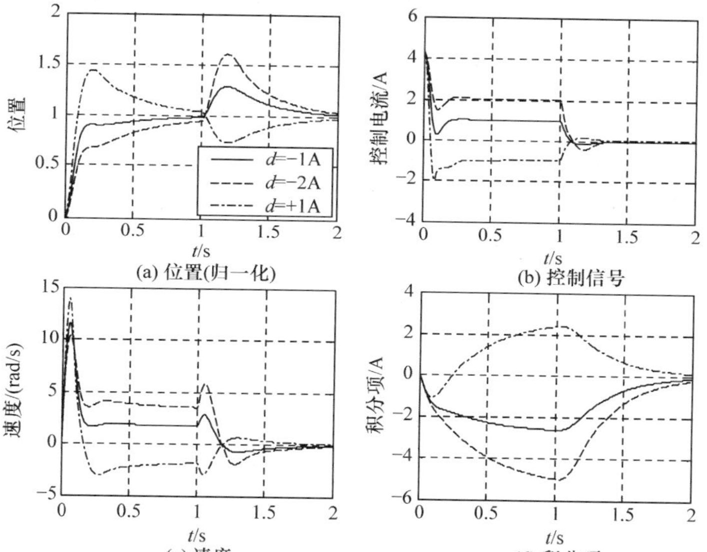

(a) 位置(归一化)　　(b) 控制信号

(c) 速度　　(d) 积分项

图 3.14　积分增强 CNF 控制器在三种扰动输入下的跟踪效果(r=1rad, d= −1A, −2A, +1A)

综合以上仿真结果和分析可知：本节介绍的离散域鲁棒复合非线性控制方案，可以在各种扰动和目标值条件下保持原有的优越性能，系统不出现明显超调，且稳态无误差。这说明其性能具有较好的鲁棒性，这一特点在实际应用中非常重要。

3.4　小　　结

本章分别在连续时域和离散时域上介绍了 RCNS 控制的设计方案，这种方案能在控制输入(执行器)饱和受限和未知扰动存在的情况下获得优越的瞬态和稳态定点跟踪性能。该方法不使用显式的积分作用，而是将状态和扰动估计的扩展状态观测器融合到复合非线性反馈控制的框架中。该控制结构对于匹配和非匹配扰动都能统一处理。利用 Lyapunov 理论严格证明了闭环系统的稳定性。该控制方案先后被用于一个双惯性伺服传动系统和一个电机位置伺服系统的控制器设计，并与带误差积分的 CNF 控制方案进行了仿真分析和比较。仿真结果表明，RCNS 控制系统能够快速平稳地跟踪较大范围内的参考目标，且对负载扰动的变化也有很好的鲁棒性。这种控制方案具有模块化的结构，其中的线性控制律是其核心(必要)的组成部分，而非线性反馈可依照瞬态性能的要求(超调量、平稳性)进行取舍，扩展观测器和扰动补偿机制则可根据被控系统的模型特点进行设计或省略。这种可组态的控制系统为工业伺服应用场景提供了一种有效的解决方案。

本章的 RCNS 控制方案是针对 SISO 系统而给出的。文献[25]和[26]分别在连续时域和离散时域把 CNF 控制技术推广到多输入多输出(multi-inputs multi-outputs, MIMO)系统，但未考虑扰动因素。本章提出的基于扩展状态观测器的扰动补偿机制，可以很直观地与文献[25]和[26]的方法相结合，从而应用于 MIMO 系统的鲁棒高性能伺服控制。当然，本章仅考虑了定点伺服控制问题，若要跟踪时变的参考目标(曲线轨迹跟踪)，则需要对 RCNS 控制技术进行扩展。一种可行的方案是在 RCNS 控制框架中引入轨迹发生器来构造状态向量的目标值(可能是变化的)，这方面的内容将在第 4 章加以介绍。

参 考 文 献

[1] Lin Z, Pachter M, Banda S. Toward improvement of tracking performance—Nonlinear feedback for linear system. International Journal of Control, 1998, 70(1): 1-11.

[2] Chen B M, Lee T H, Peng K M, et al. Composite nonlinear feedback control for linear systems with input saturation: Theory and an application. IEEE Transactions on Automatic Control, 2003, 48 (3): 427-439.

[3] Peng K M, Chen B M, Cheng G Y, et al. Modeling and compensation of nonlinearities and friction in a micro hard disk drive servo system with nonlinear feedback control. IEEE Transactions on Control Systems Technology, 2005, 13(5): 708-721.

[4] 程国扬, 金文光. 硬盘磁头精确定位伺服控制系统的设计. 中国电机工程学报, 2006, 26(12): 139-143.

[5] Peng K M, Cheng G Y, Chen B M, et al. Improvement of transient performance in tracking control for discrete-time systems with input saturation and disturbances. IET Control Theory & Applications, 2007, 1(1): 65-74.

[6] Lan W, Thum C K, Chen B M. A hard disk drive servo system design using composite nonlinear feedback control with optimal nonlinear gain tuning methods. IEEE Transactions on Industrial Electronics, 2010, 57(5): 1735-1745.

[7] Cai G, Chen B M, Peng K, et al. Comprehensive modeling and control of the yaw channel of a UAV helicopter. IEEE Transactions on Industrial Electronics, 2008, 55(9): 3426-3434.

[8] Peng K, Cai G, Chen B M, et al. Design and implementation of an autonomous flight control law for a UAV helicopter. Automatica, 2009, 45(10): 2333-2338.

[9] Cai G, Chen B M, Dong X, et al. Design and implementation of a robust and nonlinear flight control system for an unmanned helicopter. Mechatronics, 2011, 21(5): 803-820.

[10] 蒋学程, 彭侠夫, 何栋炜. 永磁同步电机模型补偿组合非线性反馈位置控制. 中国电机工程学报, 2012, 32(3): 89-95.

[11] Eren S, Pahlevaninezhad M, Bakhshai A, et al. Composite nonlinear feedback control and stability analysis of a grid-connected voltage source inverter with LCL filter. IEEE Transactions on Industrial Electronics, 2013, 60(11): 5059-5074.

[12] Cheng G Y, Peng K M. Robust composite nonlinear feedback control with application to a servo positioning system. IEEE Transactions on Industrial Electronics, 2007, 54(2): 1132-1140.

[13] Cheng G Y, Huang Y W. Disturbance-rejection composite nonlinear control applied to two-inertia servo drive system. Control Theory & Applications, 2014, 31(11): 1539-1547.

[14] Park Y, Stein J L. Closed-loop state and input observer for systems with unknown inputs. International Journal of Control, 1988, 48(3): 1121-1136.

[15] Soffker D, Yu T J, Muller P C. State estimation of dynamical systems with nonlinearities by using proportional-integral observer. International Journal of Systems Science, 1995, 26(9): 1571-1582.

[16] Floquet T, Barbot J P. State and unknown input estimation for linear discrete-time systems. Automatica, 2006, 42(11): 1883-1889.

[17] Chang J L. Applying discrete-time proportional integral observers for state and disturbance estimations. IEEE Transactions on Automatic Control, 2006, 51(5): 814-818.

[18] Rubio J J, Melemdez F, Figueroa M. An observer with controller to detect and reject disturbances. International Journal of Control, 2014, 87(3): 524-536.

[19] Zheng Q, Dong L, Lee D H, et al. Active disturbance rejection control for MEMS gyroscopes. IEEE Transactions on Control Systems Technology, 2009, 17(6): 1432-1438.

[20] Kim K, Rew K H, Kim S. Disturbance observer for estimating higher order disturbances in time series expansion. IEEE Transactions on Automatic Control, 2010, 55(8): 1905-1911.

[21] Godbole A A, Kolhe J P, Talole S E. Performance analysis of generalized extended state observer in tackling sinusoidal disturbances. IEEE Transactions on Control Systems Technology, 2013, 21(6): 2212-2223.

[22] Sullivan T M O, Bingham C M, Schofield N. Enhanced servo-control performance of dual-mass systems. IEEE Transactions on Industrial Electronics, 2007, 54(3): 1387-1399.

[23] Erenturk K. Nonlinear two-mass system control with sliding mode and optimised proportional-integral derivative controller combined with a grey estimator. IET Control Theory & Application, 2008, 2(7): 635-642.

[24] Erenturk K. Fractional-order PID and active disturbance rejection control of nonlinear two-mass drive system. IEEE Transactions on Industrial Electronics, 2013, 60(9): 3806-3813.

[25] He Y, Chen B M, Wu C. Composite nonlinear control with state and measurement feedback for general multivariable systems with input saturation. Systems & Control Letters, 2005, 54(5): 455-469.

[26] He Y, Chen B M, Wu C. Improving transient performance in tracking control for linear multivariable discrete-time systems with input saturation. Systems & Control Letters, 2007, 56(1): 25-33.

第 4 章　鲁棒复合非线性轨迹跟踪控制

4.1　引　　言

定点调节和轨迹跟踪是工业伺服系统中最典型的两类控制问题[1,2]，它们对瞬态性能都有严格的要求，通常既需要快速的响应，又要求较低的超调量，而且稳态时的静差要尽量小。然而，在既定带宽的线性控制系统中，快速响应和低超调量本身是一对相互冲突的性能指标，而稳态精度和鲁棒性也是相互影响的。因此，大多数的控制系统设计方案都要对这些因素进行权衡和折中。第 3 章介绍了鲁棒复合非线性控制技术，通过分别设计一个能产生快速系统响应的线性控制律和一个能动态调节闭环阻尼的非线性反馈作用，并且引入扩展状态观测器对未知扰动进行估计和补偿，从而实现了快速、低超调、准确且具有鲁棒性的理想定点跟踪性能。这种设计方案是针对定点跟踪任务而提出的，它不能直接用于对曲线轨迹信号进行跟踪，否则系统输出量会出现明显的相位滞后现象，如图 4.1 所示。为解决曲线轨迹的快速跟踪问题，文献[3]引入了一个目标轨迹的信号生成器，能根据目标信号构造出其对应的状态量和辅助控制信号，然后将其应用到复合非线性反馈控制的框架中，实现了对曲线轨迹的跟踪。为消除未知扰动的影响，文献[3]采用了基于误差的积分控制。但是，正如文献[4]指出的，积分控制作用对目标信号和扰动的幅值变化缺乏鲁棒性，同一组控制参数值难以在较大的工作范围内都

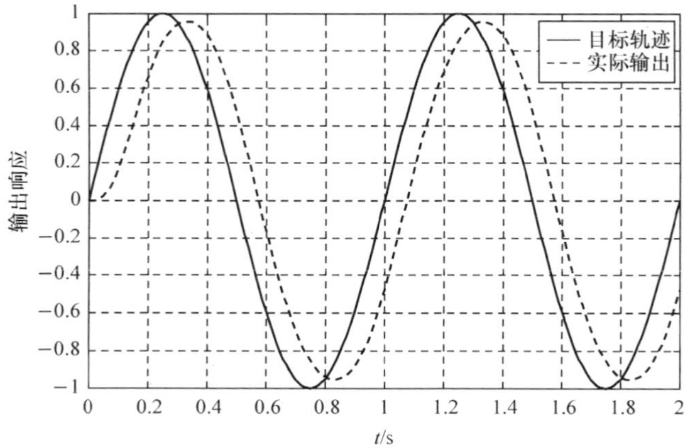

图 4.1　复合非线性定点伺服控制用于曲线轨迹跟踪的效果(相位滞后)

具有理想的控制性能。这在实际应用中非常麻烦，因而有必要对这个轨迹跟踪控制方案加以改进，提高其性能鲁棒性。

本章将对复合非线性控制技术加以扩展，以实现对一般的曲线目标轨迹信号进行跟踪，且使系统具有快速平稳的跟踪性能和对目标信号、未知扰动的鲁棒性。这种控制方案，在下文中称为鲁棒复合非线性跟踪(RCNT)控制。

这里考虑的被控对象是带有一个饱和限幅的执行器和未知扰动的线性系统，其模型如下：

$$\Sigma_{\mathrm{P}}:\begin{cases}\dot{\boldsymbol{x}}=\boldsymbol{A}\boldsymbol{x}+\boldsymbol{B}\cdot\mathrm{sat}(u)+\boldsymbol{E}d, & \boldsymbol{x}(0)=\boldsymbol{x}_0\\ \boldsymbol{y}=\boldsymbol{C}_1\boldsymbol{x}\\ h=\boldsymbol{C}_2\boldsymbol{x}\end{cases}\tag{4.1}$$

式中，$\boldsymbol{x}\in\mathbb{R}^n$、$u\in\mathbb{R}$、$\boldsymbol{y}\in\mathbb{R}^p$、$h\in\mathbb{R}$、$d\in\mathbb{R}$ 分别是系统 Σ_{P} 的状态量、控制输入、测量输出、受控输出、扰动输入；$\boldsymbol{A}$、$\boldsymbol{B}$、$\boldsymbol{C}_1$、$\boldsymbol{C}_2$、$\boldsymbol{E}$ 是适当维度的常数矩阵；函数 $\mathrm{sat}:\mathbb{R}\to\mathbb{R}$ 表示执行器的饱和限幅特性，可定义为

$$\mathrm{sat}(u)=\mathrm{sign}(u)\cdot\min\{u_{\max},|u|\}\tag{4.2}$$

式中，$\mathrm{sign}(\cdot)$ 是标准的符号函数；$u_{\max}$ 是控制输入的饱和限幅值。针对给定的系统，做如下假设：

(1) $(\boldsymbol{A},\boldsymbol{B})$ 是可镇定的；

(2) $(\boldsymbol{A},\boldsymbol{C}_1)$ 是可检测的；

(3) $(\boldsymbol{A},\boldsymbol{B},\boldsymbol{C}_2)$ 在 $s=0$ 没有不变零点；

(4) $(\boldsymbol{A},\boldsymbol{E},\boldsymbol{C}_1)$ 在 $s=0$ 没有不变零点；

(5) d 是一个未知的有界常值(或分段常值)扰动；

(6) h 是 $\boldsymbol{y}$ 的一个子集，即 h 也是可测量的。

以上这些假设，在一般的轨迹跟踪控制问题中是非常典型的。我们的目标是针对带扰动的系统，设计一个鲁棒复合非线性控制律，使得受控输出 h 能够快速平稳且无误差地跟踪一个指定的曲线轨迹信号，即目标信号 r 。

首先设计一个参考信号发生器，它可以生成期望的目标轨迹信号及其对应的内部状态量；然后把这些信号结合到鲁棒复合非线性控制的框架中；最终的控制器由参考信号发生器和 RCNT 控制律构成。

4.2　参考信号发生器

本节参照文献[3]，介绍参考信号发生器的设计步骤。参考信号发生器的构建将基于一个辅助系统，其模型如下：

$$\Sigma_{\text{aux}}:\begin{cases}\dot{\boldsymbol{x}}_{\text{e}}=\boldsymbol{A}\boldsymbol{x}_{\text{e}}+\boldsymbol{B}u_{\text{e}}, & \boldsymbol{x}_{\text{e}}(0)=\boldsymbol{x}_{\text{e}0}\\ r_{\text{g}}=\boldsymbol{C}_2\boldsymbol{x}_{\text{e}}\end{cases}\tag{4.3}$$

式中，$\boldsymbol{x}_{\text{e}}\in\mathbb{R}^n$、$u_{\text{e}}\in\mathbb{R}$、$r_{\text{g}}\in\mathbb{R}$分别表示辅助系统$\Sigma_{\text{aux}}$的状态向量、控制输入、受控输出信号，输出信号$r_{\text{g}}$应当与目标轨迹信号$r(t)$相匹配；$\boldsymbol{A}$、$\boldsymbol{B}$、$\boldsymbol{C}_2$是系统$\Sigma_{\text{P}}$的模型矩阵。

首先，针对辅助系统Σ_{aux}设计一个线性控制律，其表达式如下：

$$u_{\text{e}}=\boldsymbol{F}_{\text{e}}\boldsymbol{x}_{\text{e}}+r_{\text{s}}\tag{4.4}$$

式中，$\boldsymbol{F}_{\text{e}}$是反馈增益矩阵；$r_{\text{s}}$是一个外部信号源。辅助系统(4.3)和线性控制律(4.4)相结合形成参考信号发生器，可表示为

$$\Sigma_{\text{Ref}}:\begin{cases}\dot{\boldsymbol{x}}_{\text{e}}=(\boldsymbol{A}+\boldsymbol{B}\boldsymbol{F}_{\text{e}})\boldsymbol{x}_{\text{e}}+\boldsymbol{B}r_{\text{s}}, & \boldsymbol{x}_{\text{e}}(0)=\boldsymbol{x}_{\text{e}0}\\ u_{\text{e}}=\boldsymbol{F}_{\text{e}}\boldsymbol{x}_{\text{e}}+r_{\text{s}}\\ r_{\text{g}}=\boldsymbol{C}_2\boldsymbol{x}_{\text{e}}\end{cases}\tag{4.5}$$

通过恰当设计$\boldsymbol{F}_{\text{e}}$、设置初始值$\boldsymbol{x}_{\text{e}0}$以及选择$r_{\text{s}}$，可使参考信号发生器$\Sigma_{\text{Ref}}$生成期望的轨迹信号。例如，对于多项式轨迹信号以及单频率的正弦轨迹信号，文献[3]分别给出了其参考信号发生器的设计方案如下：

(1) 对多项式轨迹信号$r(t)=a_0+a_1t+\cdots+a_{n-1}t^{n-1}$，选择$\boldsymbol{F}_{\text{e}}$使得$\boldsymbol{A}+\boldsymbol{B}\boldsymbol{F}_{\text{e}}$的特征值均为零，令外部信号源$r_{\text{s}}$=0，且设置初始值$\boldsymbol{x}_{\text{e}0}$为

$$\boldsymbol{x}_{\text{e}0}=\begin{bmatrix}\boldsymbol{C}_2\\ \boldsymbol{C}_2(\boldsymbol{A}+\boldsymbol{B}\boldsymbol{F}_{\text{e}})\\ \vdots\\ \boldsymbol{C}_2(\boldsymbol{A}+\boldsymbol{B}\boldsymbol{F}_{\text{e}})^{n-1}\end{bmatrix}^{-1}\begin{bmatrix}a_0\\ 1!a_1\\ \vdots\\ (n-1)!a_{n-1}\end{bmatrix}$$

(2) 对正弦轨迹信号$r(t)=a_1\sin(\omega_1t+\phi)$，选择$\boldsymbol{F}_{\text{e}}$使得$\boldsymbol{A}+\boldsymbol{B}\boldsymbol{F}_{\text{e}}$具有一对特征值$\pm\text{j}\omega_1$，其余特征值均为零，令外部信号源$r_{\text{s}}$=0，且设置初始值$\boldsymbol{x}_{\text{e}0}$为

$$\boldsymbol{x}_{\text{e}0}=\begin{bmatrix}\boldsymbol{C}_2\\ \boldsymbol{C}_2(\boldsymbol{A}+\boldsymbol{B}\boldsymbol{F}_{\text{e}})\\ \vdots\\ \boldsymbol{C}_2(\boldsymbol{A}+\boldsymbol{B}\boldsymbol{F}_{\text{e}})^{n-1}\end{bmatrix}^{-1}\begin{bmatrix}a_1\sin\phi\\ a_1\omega_1\cos\phi\\ \vdots\\ 0\end{bmatrix}$$

但是，针对更一般的或者超越函数的参考信号，文献[3]没有给出解决方案。因此，这里提出一个参考信号发生器的设计方案，适用于那些含有n阶微分(不恒等于零)的目标轨迹信号。首先，选择一个$\boldsymbol{F}_{\text{e}}$，使得$\boldsymbol{A}+\boldsymbol{B}\boldsymbol{F}_{\text{e}}$的特征值均为零，并确定其初始值$\boldsymbol{x}_{\text{e}0}$如下：

$$\boldsymbol{x}_{\mathrm{e}0}=\begin{bmatrix}\boldsymbol{C}_2\\ \boldsymbol{C}_2(\boldsymbol{A}+\boldsymbol{B}\boldsymbol{F}_{\mathrm{e}})\\ \vdots\\ \boldsymbol{C}_2(\boldsymbol{A}+\boldsymbol{B}\boldsymbol{F}_{\mathrm{e}})^{n-1}\end{bmatrix}^{-1}\begin{bmatrix}r(0)\\ \dot{r}(0)\\ \vdots\\ r^{(n-1)}(0)\end{bmatrix} \tag{4.6}$$

接下来，按如下方法选择一个非零的外部信号 r_{s}：

$$r_{\mathrm{s}}(t)=\frac{1}{N(s)}\times r^{(n)}(t) \tag{4.7}$$

式中，$r^{(n)}(t)$ 是目标轨迹信号 $r(t)$ 的 n 阶微分；$N(s)$ 是传递函数 $\boldsymbol{C}_2(s\boldsymbol{I}-\boldsymbol{A})^{-1}\boldsymbol{B}$ 的分子多项式。这里要求 $N(s)$ 的零点是稳定的，因此需要对 4.1 节所提出的系统模型的假设条件(3)进行增强，即：

(3′) $(\boldsymbol{A},\boldsymbol{B},\boldsymbol{C}_2)$ 在右半闭平面没有不变零点。

为验证式(4.5)～式(4.7)的确能生成给定的目标信号 $r(t)$，根据式(4.5)对输出信号 $r_{\mathrm{g}}(t)$ 求其拉氏变换：

$$R_{\mathrm{g}}(s)=\boldsymbol{C}_2[s\boldsymbol{I}-(\boldsymbol{A}+\boldsymbol{B}\boldsymbol{F}_{\mathrm{e}})]^{-1}\cdot\boldsymbol{x}_{\mathrm{e}}(0)+\boldsymbol{C}_2[s\boldsymbol{I}-(\boldsymbol{A}+\boldsymbol{B}\boldsymbol{F}_{\mathrm{e}})]^{-1}\boldsymbol{B}\cdot R_{\mathrm{s}}(s)$$

注意到 $\boldsymbol{A}+\boldsymbol{B}\boldsymbol{F}_{\mathrm{e}}$ 的特征值都是零，根据 $\boldsymbol{x}_{\mathrm{e}0}$ 的取值以及传递函数的能观规范型，可得

$$\boldsymbol{C}_2[s\boldsymbol{I}-(\boldsymbol{A}+\boldsymbol{B}\boldsymbol{F}_{\mathrm{e}})]^{-1}\cdot\boldsymbol{x}_{\mathrm{e}}(0)=\frac{r(0)s^{n-1}+\dot{r}(0)s^{n-2}+\cdots+r^{(n-1)}(0)}{s^n}$$

根据对 $(\boldsymbol{A},\boldsymbol{B},\boldsymbol{C}_2)$ 的假设，控制律(4.4)不会改变传递函数 $\boldsymbol{C}_2(s\boldsymbol{I}-\boldsymbol{A})^{-1}\boldsymbol{B}$ 的零点，则有

$$\begin{aligned}\boldsymbol{C}_2[s\boldsymbol{I}-(\boldsymbol{A}+\boldsymbol{B}\boldsymbol{F}_{\mathrm{e}})]^{-1}\boldsymbol{B}\cdot R_{\mathrm{s}}(s)&=\frac{N(s)}{s^n}\cdot R_{\mathrm{s}}(s)\\&=\frac{R(s)s^n-r(0)s^{n-1}-\dot{r}(0)s^{n-2}-\cdots-r^{(n-1)}(0)}{s^n}\end{aligned}$$

从而 $R_{\mathrm{g}}(s)=R(s)$，即生成的信号 $r_{\mathrm{g}}(t)$ 就是目标轨迹信号 $r(t)$。

4.3　复合非线性轨迹跟踪控制器

本节在前面介绍过的参考信号发生器的基础上，设计一个 RCNT 控制律，从而实现对一般轨迹参考信号的鲁棒跟踪。RCNT 控制律的设计可分成四个步骤，下面将具体加以介绍。

第 1 步　设计一个线性控制律。

定义 $\bar{\boldsymbol{x}}=\boldsymbol{x}-\boldsymbol{x}_{\mathrm{e}}$，然后依据式(4.1)和式(4.3)，可以得到

$$\dot{\bar{\boldsymbol{x}}} = \boldsymbol{A}\bar{\boldsymbol{x}} + \boldsymbol{B}[\text{sat}(u) - u_{\text{e}}] + \boldsymbol{E}d \tag{4.8}$$

基于式(4.8)可以设计得到一个线性控制律：

$$u_{\text{L}} = u_{\text{e}} + \boldsymbol{F}\cdot\bar{\boldsymbol{x}} + f_{\text{d}}\cdot d \tag{4.9}$$

式中，$\boldsymbol{F}$ 和 f_{d} 分别是状态反馈增益矩阵和扰动前馈增益系数。$\boldsymbol{F}$ 的选择遵循如下原则：

(1) $\boldsymbol{A}+\boldsymbol{BF}$ 的特征值在稳定区域；

(2) 传递函数 $\boldsymbol{C}_2(s\boldsymbol{I}-\boldsymbol{A}-\boldsymbol{BF})^{-1}\boldsymbol{B}$ 的一对共轭主导极点具有较小的阻尼比，这样将得到快速的闭环输出响应。

在忽略饱和限幅函数的情况下，线性控制律(4.9)作用下的闭环系统将变为

$$\dot{\bar{\boldsymbol{x}}} = (\boldsymbol{A}+\boldsymbol{BF})\bar{\boldsymbol{x}} + (\boldsymbol{E}+\boldsymbol{B}f_{\text{d}})d \tag{4.10}$$

在稳态时，$\dot{\bar{\boldsymbol{x}}}\to 0$，状态向量 $\bar{\boldsymbol{x}}$ 趋于一个常量：

$$\bar{\boldsymbol{x}}_{\text{s}} = -(\boldsymbol{A}+\boldsymbol{BF})^{-1}(\boldsymbol{E}+\boldsymbol{B}f_{\text{d}})d := \boldsymbol{G}_{\text{d}}d \tag{4.11}$$

尽管存在非零常值扰动 d，跟踪误差 e 仍应收敛为零，即

$$\begin{aligned} e = h - r_{\text{g}} &= \boldsymbol{C}_2\bar{\boldsymbol{x}} \to \boldsymbol{C}_2\bar{\boldsymbol{x}}_{\text{s}} \\ &= -\boldsymbol{C}_2(\boldsymbol{A}+\boldsymbol{BF})^{-1}(\boldsymbol{E}+\boldsymbol{B}f_{\text{d}})d \to 0 \end{aligned} \tag{4.12}$$

从上面的公式，可以确定扰动前馈增益 f_{d} 为

$$f_{\text{d}} = -[\boldsymbol{C}_2(\boldsymbol{A}+\boldsymbol{BF})^{-1}\boldsymbol{B}]^{-1}[\boldsymbol{C}_2(\boldsymbol{A}+\boldsymbol{BF})^{-1}\boldsymbol{E}] \tag{4.13}$$

第 2 步　设计非线性反馈律。

选取一个正定对称矩阵 $\boldsymbol{W}\in\mathbb{R}^{n\times n}$，解如下 Lyapunov 方程：

$$(\boldsymbol{A}+\boldsymbol{BF})^{\text{T}}\boldsymbol{P} + \boldsymbol{P}(\boldsymbol{A}+\boldsymbol{BF}) = -\boldsymbol{W} \tag{4.14}$$

由于 $(\boldsymbol{A}+\boldsymbol{BF})$ 渐近稳定，矩阵 $\boldsymbol{P}>0$ 总是存在。

非线性反馈控制律 u_{N}，可由下式得到：

$$u_{\text{N}} = \rho(e)\boldsymbol{F}_{\text{n}}(\bar{\boldsymbol{x}} - \bar{\boldsymbol{x}}_{\text{s}}) \tag{4.15}$$

式中，$\boldsymbol{F}_{\text{n}} = \boldsymbol{B}^{\text{T}}\boldsymbol{P}$；$\rho(e)$ 是 $e = h - r_{\text{g}}$ 的一个平滑、非正函数，用于逐步改变闭环阻尼系数以得到一个更好的跟踪性能。

设计参数 $\rho(e)$ 和 $\boldsymbol{W}$ 的选择，与文献[3]提到的方法基本一致。为简单起见，$\boldsymbol{W}$ 可以选择对角阵，对于非线性增益函数 $\rho(e)$，一个可行的选择方案如下：

$$\rho(e) = \beta\cdot\left[\arctan(\alpha\alpha_0\cdot|e|) - \frac{\pi}{2}\right] \tag{4.16}$$

式中，$\arctan(\cdot)$ 是反正切函数；α 和 β 是非负参数；α_0 用于对初始跟踪误差 $e(0)$ 进行归一化：

$$\alpha_0 = \begin{cases} \dfrac{1}{|e(0)|}, & e(0) \neq 0 \\ 1, & e(0) = 0 \end{cases} \tag{4.17}$$

第 3 步　设计观测器，用于状态变量和未知扰动的估计。

假设测量输出矩阵 $\boldsymbol{C}_1 \in \mathbb{R}^{p\times n}$ 为行满秩，即没有重复测量。选择一个矩阵 $\boldsymbol{C}_0 \in \mathbb{R}^{(n-p)\times n}$，使得矩阵 $\boldsymbol{T} = \begin{bmatrix} \boldsymbol{C}_1 \\ \boldsymbol{C}_0 \end{bmatrix}$ 是可逆的。定义扩展状态向量 $\boldsymbol{x}_\text{g} = \begin{bmatrix} \boldsymbol{Tx} \\ d \end{bmatrix}$，并得到如下增广模型：

$$\begin{cases} \dot{\boldsymbol{x}}_\text{g} = \bar{\boldsymbol{A}} \cdot \boldsymbol{x}_\text{g} + \bar{\boldsymbol{B}} \cdot \text{sat}(u) \\ \boldsymbol{y} = \bar{\boldsymbol{C}} \cdot \boldsymbol{x}_\text{g} \end{cases} \tag{4.18}$$

式中

$$\bar{\boldsymbol{A}} = \begin{bmatrix} \boldsymbol{TAT}^{-1} & \boldsymbol{TE} \\ \boldsymbol{0} & \boldsymbol{0} \end{bmatrix}, \quad \bar{\boldsymbol{B}} = \begin{bmatrix} \boldsymbol{TB} \\ 0 \end{bmatrix}, \quad \bar{\boldsymbol{C}} = [\boldsymbol{I}_\text{p} \quad \boldsymbol{0}] \tag{4.19}$$

基于对象模型的假设，$(\bar{\boldsymbol{C}}, \bar{\boldsymbol{A}})$ 是能观测的。因而，可以设计一个全阶观测器或降阶观测器，用来估计扩展状态向量 $\boldsymbol{x}_\text{g}$。显然，$\boldsymbol{x}_\text{g}$ 的前 p 个元素(表示为 $\boldsymbol{x}_1$)可以直接从测量输出 $\boldsymbol{y}$ 获取，而 $\boldsymbol{x}_\text{g}$ 剩余的 $n-p+1$ 个元素(用 $\boldsymbol{x}_2$ 表示)则需要估计。依照 $\boldsymbol{x}_1$ 和 $\boldsymbol{x}_2$ 的维度对增广模型(4.18)的系数矩阵分块如下：

$$\bar{\boldsymbol{A}} = \begin{bmatrix} \boldsymbol{A}_{11} & \boldsymbol{A}_{12} \\ \boldsymbol{A}_{21} & \boldsymbol{A}_{22} \end{bmatrix}, \quad \bar{\boldsymbol{B}} = \begin{bmatrix} \boldsymbol{B}_1 \\ \boldsymbol{B}_2 \end{bmatrix} \tag{4.20}$$

这里选择一个观测器增益矩阵 $\boldsymbol{L} \in \mathbb{R}^{(n-p+1)\times p}$，使得 $\boldsymbol{A}_{22} + \boldsymbol{LA}_{12}$ 的特征值位于左半开平面，则降阶观测器的方程如下[4]：

$$\begin{cases} \dot{\boldsymbol{\eta}} = \boldsymbol{A}_\text{o} \cdot \boldsymbol{\eta} + \boldsymbol{B}_\text{u} \cdot \text{sat}(u) + \boldsymbol{B}_\text{y} \cdot \boldsymbol{y} \\ \hat{\boldsymbol{x}}_2 = \boldsymbol{\eta} - \boldsymbol{Ly} \end{cases} \tag{4.21}$$

式中，$\boldsymbol{\eta}$ 是观测器的内部状态向量；$\hat{\boldsymbol{x}}_2$ 是 $\boldsymbol{x}_2$ 的估计值。观测器方程中的各矩阵如下：

$$\begin{cases} \boldsymbol{A}_\text{o} = \boldsymbol{A}_{22} + \boldsymbol{LA}_{12} \\ \boldsymbol{B}_\text{u} = \boldsymbol{B}_2 + \boldsymbol{LB}_1 \\ \boldsymbol{B}_\text{y} = \boldsymbol{A}_{21} + \boldsymbol{LA}_{11} - \boldsymbol{A}_\text{o}\boldsymbol{L} \end{cases} \tag{4.22}$$

扩展状态向量 $\boldsymbol{x}_\text{g}$ 的估计值可按如下公式计算：

$$\hat{\boldsymbol{x}}_\text{g} = \begin{bmatrix} \boldsymbol{y} \\ \boldsymbol{\eta} - \boldsymbol{Ly} \end{bmatrix} \tag{4.23}$$

而系统原状态向量 $\boldsymbol{x}$ 和未知扰动 d 的估计值为

$$\begin{bmatrix}\hat{\boldsymbol{x}}\\ \hat{d}\end{bmatrix}=\begin{bmatrix}\boldsymbol{T}^{-1} & \boldsymbol{0}\\ \boldsymbol{0} & 1\end{bmatrix}\hat{\boldsymbol{x}}_{\mathrm{g}} \tag{4.24}$$

第 4 步　合成最终的控制律。

在这一步中，线性控制律和非线性反馈律将被结合起来形成最终的控制律，其中状态向量 $\boldsymbol{x}$ 和未知扰动 d 被扩展状态观测器提供的估计值所取代，则 RCNT 控制律最终的表达式为

$$u=u_{\mathrm{e}}+\boldsymbol{F}(\hat{\boldsymbol{x}}-\boldsymbol{x}_{\mathrm{e}})+f_{\mathrm{d}}\hat{d}+\rho(e)\boldsymbol{F}_{\mathrm{n}}(\hat{\boldsymbol{x}}-\boldsymbol{x}_{\mathrm{e}}-\boldsymbol{G}_{\mathrm{d}}\hat{d}) \tag{4.25}$$

完整的控制器包括参考信号发生器(4.5)和基于观测器的 RCNT 控制律(4.25)。整个控制系统的结构如图 4.2 所示。

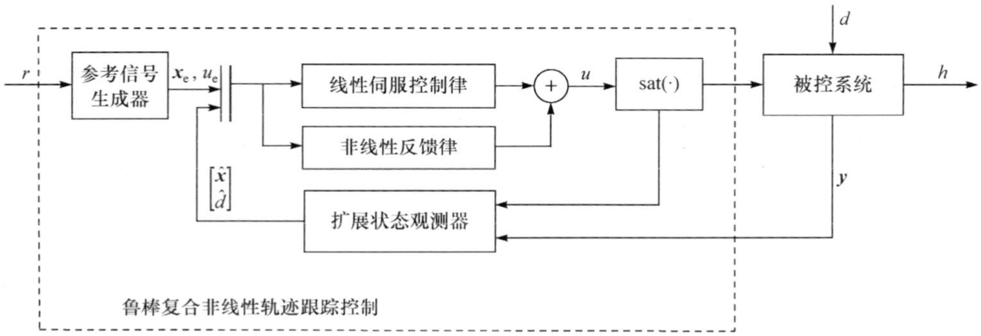

图 4.2　鲁棒复合非线性轨迹跟踪控制系统的示意图

4.4　稳定性分析

为了分析闭环系统的稳定性，首先进行矩阵分块：$\boldsymbol{T}^{-1}=[\boldsymbol{T}_1\quad \boldsymbol{T}_2]$，其中 $\boldsymbol{T}_1$ 有 p 列。定义：

$$l_{\mathrm{d}}=f_{\mathrm{d}}+\boldsymbol{F}\boldsymbol{G}_{\mathrm{d}},\quad \boldsymbol{F}_{\mathrm{v}}=[\boldsymbol{F}\boldsymbol{T}_2\quad f_{\mathrm{d}}],\quad \boldsymbol{F}_{\mathrm{nv}}=[\boldsymbol{F}_{\mathrm{n}}\boldsymbol{T}_2\quad -\boldsymbol{F}_{\mathrm{n}}\boldsymbol{G}_{\mathrm{d}}] \tag{4.26}$$

以及

$$\tilde{\boldsymbol{x}}=\bar{\boldsymbol{x}}-\bar{\boldsymbol{x}}_{\mathrm{s}},\quad \boldsymbol{z}=\hat{\boldsymbol{x}}_2-\boldsymbol{x}_2 \tag{4.27}$$

容易验证：

$$\begin{bmatrix}\hat{\boldsymbol{x}}-\boldsymbol{x}\\ \hat{d}-d\end{bmatrix}=\begin{bmatrix}\boldsymbol{T}_2 & \boldsymbol{0}\\ \boldsymbol{0} & 1\end{bmatrix}\boldsymbol{z} \tag{4.28}$$

控制律(4.25)可改写为

$$
\begin{aligned}
u &= u_{\mathrm{e}} + \boldsymbol{F}[(\hat{\boldsymbol{x}} - \boldsymbol{x}) + (\boldsymbol{x} - \boldsymbol{x}_{\mathrm{e}} - \overline{\boldsymbol{x}}_{\mathrm{s}}) + \boldsymbol{G}_{\mathrm{d}} d] + f_{\mathrm{d}}(\hat{d} - d + d) \\
&\quad + \rho(e)\boldsymbol{F}_{\mathrm{n}}[(\hat{\boldsymbol{x}} - \boldsymbol{x}) + (\boldsymbol{x} - \boldsymbol{x}_{\mathrm{e}}) - \boldsymbol{G}_{\mathrm{d}}(\hat{d} - d + d)] \\
&= u_{\mathrm{e}} + \begin{bmatrix} \boldsymbol{F} & f_{\mathrm{d}} \end{bmatrix} \begin{bmatrix} \hat{\boldsymbol{x}} - \boldsymbol{x} \\ \hat{d} - d \end{bmatrix} + \boldsymbol{F}\tilde{\boldsymbol{x}} + (\boldsymbol{F}\boldsymbol{G}_{\mathrm{d}} + f_{\mathrm{d}})d \\
&\quad + \rho(e)\left(\begin{bmatrix} \boldsymbol{F}_{\mathrm{n}} & -\boldsymbol{F}_{\mathrm{n}}\boldsymbol{G}_{\mathrm{d}} \end{bmatrix} \begin{bmatrix} \hat{\boldsymbol{x}} - \boldsymbol{x} \\ \hat{d} - d \end{bmatrix} + \boldsymbol{F}_{\mathrm{n}}\tilde{\boldsymbol{x}} \right) \\
&= u_{\mathrm{e}} + l_{\mathrm{d}} d + [\boldsymbol{F}\boldsymbol{T}_2 \quad f_{\mathrm{d}}]\boldsymbol{z} + \boldsymbol{F}\tilde{\boldsymbol{x}} + \rho(e)\left([\boldsymbol{F}_{\mathrm{n}}\boldsymbol{T}_2 \quad -\boldsymbol{F}_{\mathrm{n}}\boldsymbol{G}_{\mathrm{d}}]\boldsymbol{z} + \boldsymbol{F}_{\mathrm{n}}\tilde{\boldsymbol{x}} \right) \\
&= u_{\mathrm{e}} + l_{\mathrm{d}} d + [\boldsymbol{F} \quad \boldsymbol{F}_{\mathrm{v}}] \begin{bmatrix} \tilde{\boldsymbol{x}} \\ \boldsymbol{z} \end{bmatrix} + \rho(e)[\boldsymbol{F}_{\mathrm{n}} \quad \boldsymbol{F}_{\mathrm{nv}}] \begin{bmatrix} \tilde{\boldsymbol{x}} \\ \boldsymbol{z} \end{bmatrix}
\end{aligned} \tag{4.29}
$$

接下来，选择一个正定矩阵 $\boldsymbol{M} \in \mathbb{R}^{(n-p+1)\times(n-p+1)}$，使得

$$
\boldsymbol{M} > \boldsymbol{F}_{\mathrm{v}}^{\mathrm{T}} \boldsymbol{B}^{\mathrm{T}} \boldsymbol{P} \boldsymbol{W}^{-1} \boldsymbol{P} \boldsymbol{B} \boldsymbol{F}_{\mathrm{v}} \tag{4.30}
$$

然后，求解 Lyapunov 方程：

$$
\boldsymbol{A}_{\mathrm{o}}^{\mathrm{T}} \boldsymbol{Q} + \boldsymbol{Q} \boldsymbol{A}_{\mathrm{o}} = -\boldsymbol{M} \tag{4.31}
$$

应该指出：由于 $\boldsymbol{A}_{\mathrm{o}} = \boldsymbol{A}_{22} + \boldsymbol{L}\boldsymbol{A}_{12}$ 渐近稳定，这样的正定矩阵 $\boldsymbol{Q}$ 一定存在。

定理 4.1　对于带未知常值扰动 d 的系统(4.1)，在下列三个条件都成立的情况下，存在一个标量 $\rho^* > 0$，使得对于任何一个满足 $|\rho(e)| \leqslant \rho^*$ 的平滑、非正函数 $\rho(e)$，基于观测器的 RCNT 控制律(4.25)将保证闭环系统的稳定性，同时，系统的受控输出 $\boldsymbol{h}$ 将渐近趋于目标轨迹信号 r，并且不带有稳态误差。

(1) 存在两个正标量 $\delta \in (0,1)$ 和 $c_\delta > 0$，有

$$
\begin{aligned}
\forall \boldsymbol{\xi} \in \Omega(\delta, c_\delta) := \left\{ \boldsymbol{\xi} \in \mathbb{R}^{2n-p+1} : \boldsymbol{\xi}^{\mathrm{T}} \begin{bmatrix} \boldsymbol{P} & \boldsymbol{0} \\ \boldsymbol{0} & \boldsymbol{Q} \end{bmatrix} \boldsymbol{\xi} \leqslant c_\delta \right\} \\
\Rightarrow \left| [\boldsymbol{F} \quad \boldsymbol{F}_{\mathrm{v}}]\boldsymbol{\xi} \right| \leqslant (1-\delta) u_{\max}
\end{aligned} \tag{4.32}
$$

(2) 初值 $\boldsymbol{x}_0 = \boldsymbol{x}(0)$ 和 $\boldsymbol{\eta}(0)$ 满足

$$
\begin{bmatrix} \tilde{\boldsymbol{x}}(0) \\ \boldsymbol{z}(0) \end{bmatrix} \in \Omega(\delta, c_\delta) \tag{4.33}
$$

(3) 式(4.5)给出的辅助控制信号 u_{e} 以及扰动 d 满足

$$
\left| u_{\mathrm{e}} + l_{\mathrm{d}} d \right| \leqslant \delta \cdot u_{\max} \tag{4.34}
$$

证明　首先，容易推导出观测器误差的动态方程如下：

$$
\dot{\boldsymbol{z}} = \boldsymbol{A}_{\mathrm{o}} \cdot \boldsymbol{z} \tag{4.35}
$$

其次，可验证

$$
(\boldsymbol{A} + \boldsymbol{B}\boldsymbol{F})\overline{\boldsymbol{x}}_{\mathrm{s}} + (\boldsymbol{B} f_{\mathrm{d}} + \boldsymbol{E}) d = 0 \tag{4.36}
$$

根据式(4.27)给出的误差变量的定义，并应用式(4.36)的结果，被控对象的误差动态方程可以表示为

$$\begin{aligned}\dot{\tilde{\boldsymbol{x}}} &= \boldsymbol{A}\overline{\boldsymbol{x}} + \boldsymbol{B}\cdot[\text{sat}(u) - u_{\text{e}}] + \boldsymbol{E}d \\ &= \boldsymbol{A}\overline{\boldsymbol{x}} + \boldsymbol{B}\cdot[\text{sat}(u) - u_{\text{e}}] - \boldsymbol{A}\overline{\boldsymbol{x}}_{\text{s}} - \boldsymbol{B}(\boldsymbol{F}\overline{\boldsymbol{x}}_{\text{s}} + f_{\text{d}}d) \\ &= \boldsymbol{A}\tilde{\boldsymbol{x}} + \boldsymbol{B}\cdot[\text{sat}(u) - u_{\text{e}} - l_{\text{d}}d] \\ &= (\boldsymbol{A} + \boldsymbol{B}\boldsymbol{F})\tilde{\boldsymbol{x}} + \boldsymbol{B}\boldsymbol{F}_{\text{v}}z + \boldsymbol{B}\sigma\end{aligned} \tag{4.37}$$

式中

$$\sigma := \text{sat}(u) - u_{\text{e}} - l_{\text{d}}d - [\boldsymbol{F}\quad \boldsymbol{F}_{\text{v}}]\begin{bmatrix}\tilde{\boldsymbol{x}} \\ z\end{bmatrix} \tag{4.38}$$

对于$\begin{bmatrix}\tilde{\boldsymbol{x}} \\ z\end{bmatrix} \in \Omega(\delta, c_\delta)$和$|u_{\text{e}} + l_{\text{d}}d| \leqslant \delta \cdot u_{\max}$，有

$$\left|u_{\text{e}} + l_{\text{d}}d + [\boldsymbol{F}\quad \boldsymbol{F}_{\text{v}}]\begin{bmatrix}\tilde{\boldsymbol{x}} \\ z\end{bmatrix}\right| \leqslant |u_{\text{e}} + l_{\text{d}}d| + \left|[\boldsymbol{F}\quad \boldsymbol{F}_{\text{v}}]\begin{bmatrix}\tilde{\boldsymbol{x}} \\ z\end{bmatrix}\right| \leqslant u_{\max}$$

为了简化数学表达式，在下面的证明过程中函数$\rho(e)$的变量e将被省略。采用与文献[3]相似的推理，根据控制信号u的取值范围，σ可写成以下三种情况：

$$\begin{cases}\rho[\boldsymbol{F}_{\text{n}}\quad \boldsymbol{F}_{\text{nv}}]\begin{bmatrix}\tilde{\boldsymbol{x}} \\ z\end{bmatrix} < \sigma \leqslant 0, & u < -u_{\max} \\ \sigma = \rho[\boldsymbol{F}_{\text{n}}\quad \boldsymbol{F}_{\text{nv}}]\begin{bmatrix}\tilde{\boldsymbol{x}} \\ z\end{bmatrix}, & |u| \leqslant u_{\max} \\ 0 \leqslant \sigma < \rho[\boldsymbol{F}_{\text{n}}\quad \boldsymbol{F}_{\text{nv}}]\begin{bmatrix}\tilde{\boldsymbol{x}} \\ z\end{bmatrix}, & u > u_{\max}\end{cases}$$

显然，对所有可能的情形都可以把σ写成

$$\sigma = \kappa\rho[\boldsymbol{F}_{\text{n}}\quad \boldsymbol{F}_{\text{nv}}]\begin{bmatrix}\tilde{\boldsymbol{x}} \\ z\end{bmatrix} \tag{4.39}$$

式中，κ是非负参数，$\kappa \in [0,1]$。因此，当$\begin{bmatrix}\tilde{\boldsymbol{x}} \\ z\end{bmatrix} \in \Omega(\delta, c_\delta)$和$|u_{\text{e}} + l_{\text{d}}d| \leqslant \delta u_{\max}$时，由给定对象(4.1)和基于观测器的控制律(4.25)构成的闭环系统可表示如下：

$$\begin{bmatrix}\dot{\tilde{\boldsymbol{x}}} \\ \dot{z}\end{bmatrix} = \begin{bmatrix}\boldsymbol{A} + \boldsymbol{B}\boldsymbol{F} + \kappa\rho\boldsymbol{B}\boldsymbol{F}_{\text{n}} & \boldsymbol{B}(\boldsymbol{F}_{\text{v}} + \kappa\rho\boldsymbol{F}_{\text{nv}}) \\ \boldsymbol{0} & \boldsymbol{A}_{\text{o}}\end{bmatrix}\begin{bmatrix}\tilde{\boldsymbol{x}} \\ z\end{bmatrix} \tag{4.40}$$

下面将证明：如果初始化条件$\boldsymbol{x}(0)$和$\boldsymbol{\eta}(0)$，目标轨迹r和扰动d满足定理4.1规定的条件，则闭环系统是稳定的。定义 Lyapunov 函数

$$V=\begin{bmatrix}\tilde{\boldsymbol{x}}\\ z\end{bmatrix}^{\mathrm{T}}\begin{bmatrix}\boldsymbol{P} & \boldsymbol{0}\\ \boldsymbol{0} & \boldsymbol{Q}\end{bmatrix}\begin{bmatrix}\tilde{\boldsymbol{x}}\\ z\end{bmatrix} \tag{4.41}$$

沿着式(4.40)的轨迹计算 V 的时间导数如下：

$$\begin{aligned}\dot{V}&=\tilde{\boldsymbol{x}}^{\mathrm{T}}[(\boldsymbol{A}+\boldsymbol{BF})^{\mathrm{T}}\boldsymbol{P}+\boldsymbol{P}(\boldsymbol{A}+\boldsymbol{BF})]\tilde{\boldsymbol{x}}+2\kappa\rho\tilde{\boldsymbol{x}}^{\mathrm{T}}\boldsymbol{PBF}_{\mathrm{n}}\tilde{\boldsymbol{x}}\\&\quad+2\tilde{\boldsymbol{x}}^{\mathrm{T}}\boldsymbol{PB}(\boldsymbol{F}_{\mathrm{v}}+\kappa\rho\boldsymbol{F}_{\mathrm{nv}})z+z^{\mathrm{T}}(\boldsymbol{A}_{\mathrm{o}}^{\mathrm{T}}\boldsymbol{Q}+\boldsymbol{QA}_{\mathrm{o}})z\\&\leqslant-\tilde{\boldsymbol{x}}^{\mathrm{T}}\boldsymbol{W}\tilde{\boldsymbol{x}}+2\tilde{\boldsymbol{x}}^{\mathrm{T}}\boldsymbol{PB}(\boldsymbol{F}_{\mathrm{v}}+\kappa\rho\boldsymbol{F}_{\mathrm{nv}})z-z^{\mathrm{T}}\boldsymbol{M}z\\&=-\begin{bmatrix}\tilde{\boldsymbol{x}}\\ z\end{bmatrix}^{\mathrm{T}}\boldsymbol{W}_{\rho}\begin{bmatrix}\tilde{\boldsymbol{x}}\\ z\end{bmatrix}\end{aligned} \tag{4.42}$$

式中

$$\boldsymbol{W}_{\rho}=\begin{bmatrix}\boldsymbol{W} & -\boldsymbol{PB}(\boldsymbol{F}_{\mathrm{v}}+\kappa\rho\boldsymbol{F}_{\mathrm{nv}})\\ -(\boldsymbol{F}_{\mathrm{v}}+\kappa\rho\boldsymbol{F}_{\mathrm{nv}})^{\mathrm{T}}\boldsymbol{B}^{\mathrm{T}}\boldsymbol{P} & \boldsymbol{M}\end{bmatrix} \tag{4.43}$$

按照式(4.30)关于 $\boldsymbol{M}$ 的定义，存在一个标量值 $\rho^{*}>0$，使得对于满足 $|\rho(e)|\leqslant\rho^{*}$ 的平滑、非正函数 $\rho(e)$，$\boldsymbol{W}_{\rho}>0$ 成立，即 $\dot{V}$ 是负定的，因而闭环系统是渐近稳定的。当 $\tilde{\boldsymbol{x}}\to0$ 时，$\bar{\boldsymbol{x}}=\boldsymbol{x}-\boldsymbol{x}_{\mathrm{e}}\to\bar{\boldsymbol{x}}_{\mathrm{s}}$，$h=\boldsymbol{C}_2\boldsymbol{x}\to\boldsymbol{C}_2\boldsymbol{x}_{\mathrm{e}}+\boldsymbol{C}_2\bar{\boldsymbol{x}}_{\mathrm{s}}=\boldsymbol{C}_2\boldsymbol{x}_{\mathrm{e}}=r$，表示系统输出 h 无静差地趋于目标轨迹 $r(t)$。

定理 4.1 证毕。

4.5　参考信号生成器的另一种设计

在前面的设计中，参考信号生成器需要针对目标信号 $r(t)$ 的解析特性而设计。对于不同类型的轨迹信号，参考信号生成器通常需要重新设计。在很多情形下，并不能预先知道目标信号 $r(t)$ 的解析表达式，而是只能根据目标信号在当前时刻的实时值来进行跟踪控制。在这种情况下，可以借助观测器来在线重构目标轨迹对应的状态量 $\boldsymbol{x}_{\mathrm{e}}$ 和辅助控制信号 u_{e}，并应用到 RCNT 控制律中。

这里的设计仍旧基于式(4.1)所示的被控对象以及相应的假设条件。将辅助系统(4.3)改写如下：

$$\begin{cases}\dot{\bar{\boldsymbol{x}}}_{\mathrm{e}}=\boldsymbol{A}_{\mathrm{e}}\cdot\bar{\boldsymbol{x}}_{\mathrm{e}}+\begin{bmatrix}\boldsymbol{0}\\ \dot{u}_{\mathrm{e}}\end{bmatrix}\\ r_{\mathrm{g}}=\boldsymbol{C}_{\mathrm{e}}\cdot\bar{\boldsymbol{x}}_{\mathrm{e}}\end{cases} \tag{4.44}$$

式中，$\bar{\boldsymbol{x}}_{\mathrm{e}}=\begin{bmatrix}\boldsymbol{x}_{\mathrm{e}}\\ u_{\mathrm{e}}\end{bmatrix}$，$\bar{\boldsymbol{x}}_{\mathrm{e}}(0)=\begin{bmatrix}\boldsymbol{x}_{\mathrm{e}}(0)\\ u_{e}(0)\end{bmatrix}$，$\boldsymbol{A}_{\mathrm{e}}=\begin{bmatrix}\boldsymbol{A} & \boldsymbol{B}\\ \boldsymbol{0} & \boldsymbol{0}\end{bmatrix}$，$\boldsymbol{C}_{\mathrm{e}}=[\boldsymbol{C}_2\quad 0]$。

如果 $(\boldsymbol{A}_{\mathrm{e}},\ \boldsymbol{C}_{\mathrm{e}})$ 是可检测的，则可设计一个观测器来估计状态量 $\bar{\boldsymbol{x}}_{\mathrm{e}}$。为检查 $(\boldsymbol{A}_{\mathrm{e}},\ \boldsymbol{C}_{\mathrm{e}})$ 的可检测性，考虑如下矩阵的秩属性：

$$\text{rank}\begin{bmatrix} s\boldsymbol{I}-\boldsymbol{A}_{\text{e}} \\ \boldsymbol{C}_{\text{e}} \end{bmatrix} = \text{rank}\begin{bmatrix} s\boldsymbol{I}-\boldsymbol{A} & -\boldsymbol{B} \\ \boldsymbol{0} & s \\ \boldsymbol{C}_2 & 0 \end{bmatrix} \tag{4.45}$$

当 $s \neq 0$ 时，$\text{rank}\begin{bmatrix} s\boldsymbol{I}-\boldsymbol{A}_{\text{e}} \\ \boldsymbol{C}_{\text{e}} \end{bmatrix} = 1+\text{rank}\begin{bmatrix} s\boldsymbol{I}-\boldsymbol{A} \\ \boldsymbol{C}_2 \end{bmatrix}$；

当 $s=0$ 时，$\text{rank}\begin{bmatrix} s\boldsymbol{I}-\boldsymbol{A}_{\text{e}} \\ \boldsymbol{C}_{\text{e}} \end{bmatrix} = \text{rank}\begin{bmatrix} s\boldsymbol{I}-\boldsymbol{A} & -\boldsymbol{B} \\ \boldsymbol{C}_2 & 0 \end{bmatrix} = \text{rank}\begin{bmatrix} \boldsymbol{A} & \boldsymbol{B} \\ \boldsymbol{C}_2 & 0 \end{bmatrix} = n+1$。

上式中最后一个等式成立的原因是 $(\boldsymbol{A},\boldsymbol{B},\boldsymbol{C}_2)$ 在 $s=0$ 没有不变零点(系统模型的假设条件)。由上面可知，若存在 $(\boldsymbol{A}_{\text{e}},\boldsymbol{C}_{\text{e}})$ 的不可观测模态，则必定与 $(\boldsymbol{A},\boldsymbol{C}_2)$ 的完全相同。若 $(\boldsymbol{A},\boldsymbol{C}_2)$ 是可检测的，则 $(\boldsymbol{A}_{\text{e}},\boldsymbol{C}_{\text{e}})$ 也是可检测的。由此，需要对 4.1 节所提出的系统模型的假设条件增加如下一项：

(7) $(\boldsymbol{A},\boldsymbol{C}_2)$ 也是可检测的。

基于以上假设条件，把目标信号 $r(t)$ 看作辅助系统(4.44)的量测输出信号，那么就可设计一个观测器(全阶或降阶)来重构其状态量 $\bar{\boldsymbol{x}}_{\text{e}}$。例如，可设计如下的全阶观测器：

$$\dot{\hat{\bar{\boldsymbol{x}}}}_{\text{e}} = (\boldsymbol{A}_{\text{e}} - \boldsymbol{K}\boldsymbol{C}_{\text{e}}) \cdot \hat{\bar{\boldsymbol{x}}}_{\text{e}} + \boldsymbol{K} \cdot r \tag{4.46}$$

式中，增益矩阵 $\boldsymbol{K} \in \mathbb{R}^{(n+1)\times 1}$ 的选择应使得矩阵 $\boldsymbol{A}_{\text{e}} - \boldsymbol{K}\boldsymbol{C}_{\text{e}}$ 的特征值落在稳定的区域。若要设计降阶观测器，可参照文献[4]或第 3 章关于降阶观测器的设计步骤。

基于观测器(4.46)，可得目标轨迹 $r(t)$ 对应的状态量 $\boldsymbol{x}_{\text{e}}$ 和辅助控制信号 u_{e} 的估计值：

$$\hat{\boldsymbol{x}}_{\text{e}} = [\boldsymbol{I}_n \quad \boldsymbol{0}]\hat{\bar{\boldsymbol{x}}}_{\text{e}}，\quad \hat{u}_{\text{e}} = [\boldsymbol{0}_{1\times n} \quad 1]\hat{\bar{\boldsymbol{x}}}_{\text{e}} \tag{4.47}$$

把以上估计值代入 RCNT 控制律(4.25)，可得针对实时轨迹的跟踪控制律如下：

$$u = \hat{u}_{\text{e}} + \boldsymbol{F}(\hat{\boldsymbol{x}} - \hat{\boldsymbol{x}}_{\text{e}}) + f_{\text{d}}\hat{d} + \rho(e)\boldsymbol{F}_{\text{n}}(\hat{\boldsymbol{x}} - \hat{\boldsymbol{x}}_{\text{e}} - \boldsymbol{G}_{\text{d}}\hat{d}) \tag{4.48}$$

4.6 仿真实例

本节把鲁棒复合非线性轨迹跟踪控制技术应用到一个典型的电机速度伺服系统，进行曲线轨迹跟踪控制的仿真研究。该电机伺服系统的数学模型如下：

$$\begin{bmatrix} \dot{\omega}_{\text{r}} \\ \dot{i}_{\text{s}} \end{bmatrix} = \begin{bmatrix} -\dfrac{k_{\text{f}}}{J} & \dfrac{k_{\text{t}}}{J} \\ -\dfrac{k_{\text{e}}}{L_{\text{s}}} & -\dfrac{R_{\text{s}}}{L_{\text{s}}} \end{bmatrix} \begin{bmatrix} \omega_{\text{r}} \\ i_{\text{s}} \end{bmatrix} + \begin{bmatrix} 0 \\ \dfrac{1}{L_{\text{s}}} \end{bmatrix} \text{sat}(u) + \begin{bmatrix} -\dfrac{1}{J} \\ 0 \end{bmatrix} \tau_1 \tag{4.49}$$

式中，ω_r 是机械角速度(rad/s)；i_s 是转矩电流(A)；u 是输入电压(V)，其饱和限幅值假设为 u_{max} =100V；$L_s = 3.187\times 10^{-4}$ H 和 $R_s = 13\Omega$ 分别是定子电感和电阻值；$J = 6.357\times 10^{-4}\,\text{kg}\cdot\text{m}^2$ 是电机的转子惯量；k_f =0.0001N · m/(rad/s)是黏性摩擦系数；k_e =0.4747V/(rad/s)是反电动势系数；k_t =0.712N · m/A 是电机的转矩系数；τ_l 是电机的负载转矩。这里假定转速 ω_r 是系统的受控输出量，且是可测量的。

以上模型可转化为式(4.1)的标准形式，其中 $y = h = \omega_r$，$d = \tau_l$，系统的状态量和模型矩阵如下：

$$\boldsymbol{x} = \begin{bmatrix} \omega_r \\ i_s \end{bmatrix},\quad \boldsymbol{A} = \begin{bmatrix} -\dfrac{k_f}{J} & \dfrac{k_t}{J} \\ -\dfrac{k_e}{L_s} & -\dfrac{R_s}{L_s} \end{bmatrix} := \begin{bmatrix} a_{11} & a_{12} \\ a_{21} & a_{22} \end{bmatrix},\quad \boldsymbol{B} = \begin{bmatrix} 0 \\ \dfrac{1}{L_s} \end{bmatrix} := \begin{bmatrix} 0 \\ b \end{bmatrix}$$

$$\boldsymbol{E} = \begin{bmatrix} -\dfrac{1}{J} \\ 0 \end{bmatrix} := \begin{bmatrix} \varepsilon_1 \\ 0 \end{bmatrix},\quad \boldsymbol{C}_1 = \boldsymbol{C}_2 = \begin{bmatrix} 1 & 0 \end{bmatrix}$$

假定系统要跟踪的曲线轨迹为

$$r(t) = a_0 + a_1 \sin(\omega_1 t + \phi) + a_2 \sin(\omega_2 t) \tag{4.50}$$

首先需设计参考信号生成器。为此，选择增益矩阵 $\boldsymbol{F}_e$ 使得 $\boldsymbol{A}+\boldsymbol{B}\boldsymbol{F}_e$ 的特征值为 $\pm \mathrm{j}\omega_1$，则可得

$$\boldsymbol{F}_e = -\begin{bmatrix} \dfrac{a_{11}^2 + a_{12}a_{21} + \omega_1^2}{a_{12}b} & \dfrac{a_{11}+a_{22}}{b} \end{bmatrix}$$

参考信号生成器的初始值 $\boldsymbol{x}_{e0}$ 设置为

$$\boldsymbol{x}_{e0} = \begin{bmatrix} \boldsymbol{C}_2 \\ \boldsymbol{C}_2(\boldsymbol{A}+\boldsymbol{B}\boldsymbol{F}_e) \end{bmatrix}^{-1} \begin{bmatrix} r(0) \\ \dot{r}(0) \end{bmatrix} = \begin{bmatrix} a_0 + a_1 \sin\phi \\ \dfrac{1}{a_{12}}(a_2\omega_2 + a_1\omega_1\cos\phi - a_0 a_{11} - a_1 a_{11}\sin\phi) \end{bmatrix}$$

外部信号源选择为

$$r_s(t) = \frac{1}{a_{12}b}[a_0\omega_1^2 + a_2(\omega_1^2 - \omega_2^2)\sin(\omega_2 t]\cdot 1(t)$$

式中，$1(t)$ 表示单位阶跃信号。所设计的参考信号生成器可表示如下：

$$\Sigma_{\text{Ref}}:\begin{cases} \dot{\boldsymbol{x}}_e = \begin{bmatrix} a_{11} & a_{12} \\ -\dfrac{a_{11}^2+\omega_1^2}{a_{12}} & -a_{11} \end{bmatrix}\boldsymbol{x}_e + \begin{bmatrix} 0 \\ b \end{bmatrix} r_s,\quad \boldsymbol{x}_e(0) = \boldsymbol{x}_{e0} \\ r_g = \begin{bmatrix} 1 & 0 \end{bmatrix}\boldsymbol{x}_e \\ u_e = \boldsymbol{F}_e\boldsymbol{x}_e + r_s \end{cases} \tag{4.51}$$

接下来，设计鲁棒复合非线性跟踪控制律。首先确定线性控制律的状态反馈增益矩阵 $\boldsymbol{F}$，使 $\boldsymbol{A}+\boldsymbol{BF}$ 具有期望的特征值 $-\zeta\omega \pm \mathrm{j}\omega\sqrt{1-\zeta^2}$，按照极点配置算法，可得

$$\boldsymbol{F} = -\begin{bmatrix} \dfrac{a_{11}^2 + a_{12}a_{21} + 2a_{11}\zeta\omega + \omega^2}{a_{12}b} & \dfrac{a_{11} + a_{22} + 2\zeta\omega}{b} \end{bmatrix} \tag{4.52}$$

前馈增益系数 f_{d} 和增益矩阵 $\boldsymbol{G}_{\mathrm{d}}$ 如下：

$$f_{\mathrm{d}} = -\frac{(a_{11} + 2\zeta\omega)\varepsilon_1}{a_{12}b}, \quad \boldsymbol{G}_{\mathrm{d}} = \begin{bmatrix} 0 \\ -\dfrac{\varepsilon_1}{a_{12}} \end{bmatrix} \tag{4.53}$$

下一步设计非线性反馈律，其作用是通过动态调节系统的闭环阻尼来改善控制系统的瞬态性能。选择一个正定的加权对角矩阵 $\boldsymbol{W}$ 为

$$\boldsymbol{W} = \begin{bmatrix} \dfrac{2\zeta\omega^4}{a_{12}^2 b^2} & 0 \\ 0 & \dfrac{2\zeta\omega^4}{(a_{11}^2 + \omega^2)b^2} \end{bmatrix} \tag{4.54}$$

求解 Lyapunov 方程 $(\boldsymbol{A}+\boldsymbol{BF})^{\mathrm{T}}\boldsymbol{P} + \boldsymbol{P}(\boldsymbol{A}+\boldsymbol{BF}) = -\boldsymbol{W}$，得到一个对称正定矩阵 $\boldsymbol{P}$：

$$\boldsymbol{P} = \begin{bmatrix} \dfrac{\omega}{(a_{12}b)^2}\left[(a_{11}+2\zeta\omega)^2 + \omega^2\left(1 - \dfrac{2\zeta^2\omega^2}{a_{11}^2 + \omega^2}\right)\right] & * \\ \dfrac{\omega}{a_{12}b^2}\left(a_{11} + \zeta\omega + \dfrac{\zeta\omega a_{11}^2}{a_{11}^2 + \omega^2}\right) & \dfrac{\omega}{b^2} \end{bmatrix} \tag{4.55}$$

式中，* 代表矩阵的对称元素。则非线性反馈增益矩阵为

$$\boldsymbol{F}_{\mathrm{n}} = \boldsymbol{B}^{\mathrm{T}}\boldsymbol{P} = \begin{bmatrix} \dfrac{\omega}{a_{12}b}\left(a_{11} + \zeta\omega + \dfrac{\zeta\omega a_{11}^2}{a_{11}^2 + \omega^2}\right) & \dfrac{\omega}{b} \end{bmatrix} \tag{4.56}$$

接着设计扩展状态观测器，来对系统未量测的状态 i_{s} 和未知扰动 d 进行估计。采用降阶观测器，并把观测器的一对极点选择为 $-\zeta_0\omega_0 \pm \mathrm{j}\omega_0\sqrt{1-\zeta_0{}^2}$，则可得到如下的降阶(二阶)扩展状态观测器：

$$\begin{cases} \dot{\boldsymbol{\eta}} = \boldsymbol{A}_{\mathrm{o}} \cdot \boldsymbol{\eta} + \boldsymbol{B}_{\mathrm{u}} \cdot \mathrm{sat}(u) + \boldsymbol{B}_{\mathrm{y}} \cdot y \\ \begin{bmatrix} \hat{i}_{\mathrm{s}} \\ \hat{d} \end{bmatrix} = \boldsymbol{\eta} - \boldsymbol{L} \cdot y \end{cases} \tag{4.57}$$

式中，$\boldsymbol{\eta}$ 是观测器的内部状态向量；$\hat{i}_{\mathrm{s}}$ 和 $\hat{d}$ 分别为状态 i_{s} 和扰动 d 的估计值。观测器方程中的各系数矩阵为

$$\boldsymbol{A}_{\mathrm{o}}=\begin{bmatrix}-\left(2\zeta_0\omega_0+\dfrac{\omega_0^2}{a_{22}}\right) & -\dfrac{\varepsilon_1(a_{22}^2+2\zeta_0\omega_0a_{22}+\omega_0^2)}{a_{12}a_{22}}\\ \dfrac{a_{12}\omega_0^2}{a_{22}\varepsilon_1} & \dfrac{\omega_0^2}{a_{22}}\end{bmatrix}$$

$$\boldsymbol{B}_{\mathrm{u}}=\begin{bmatrix}0\\ b\end{bmatrix},\quad \boldsymbol{B}_{\mathrm{y}}=\begin{bmatrix}a_{21}-\dfrac{(a_{11}+2\zeta_0\omega_0)(a_{22}^2+2\zeta_0\omega_0a_{22}+\omega_0^2)}{a_{12}a_{22}}\\ \dfrac{\omega_0^2(a_{11}+a_{22}+2\zeta_0\omega_0)}{a_{22}\varepsilon_1}\end{bmatrix}$$

$$\boldsymbol{L}=\begin{bmatrix}-\dfrac{a_{22}^2+2\zeta_0\omega_0a_{22}+\omega_0^2}{a_{12}a_{22}}\\ \dfrac{\omega_0^2}{a_{22}\varepsilon_1}\end{bmatrix}$$

基于观测器(4.57)的 RCNT 控制律如下：

$$u=u_{\mathrm{e}}+\boldsymbol{F}(\hat{\boldsymbol{x}}-\boldsymbol{x}_{\mathrm{e}})+f_{\mathrm{d}}\hat{d}+\rho(e)\boldsymbol{F}_{\mathrm{n}}(\hat{\boldsymbol{x}}-\boldsymbol{x}_{\mathrm{e}}-\boldsymbol{G}_{\mathrm{d}}\hat{d}) \tag{4.58}$$

式中，增益函数 $\rho(e)$ 如式(4.16)所示，而 $\hat{\boldsymbol{x}}=\begin{bmatrix}y\\ \hat{i}_{\mathrm{s}}\end{bmatrix}=\begin{bmatrix}\omega_{\mathrm{r}}\\ \hat{i}_{\mathrm{s}}\end{bmatrix}$。控制律中各可调参数取值如下：

$$\zeta=0.3\,,\quad \omega=300\mathrm{rad/s}\,,\quad \zeta_0=0.707\,,\quad \omega_0=600\mathrm{rad/s}\,,\quad \alpha=5\,,\quad \beta=2$$

为进行性能对比，采用文献[3]的方法设计了一个积分增强型的复合非线性跟踪(ICNF)控制律：

$$\begin{cases}\dot{x}_{\mathrm{i}}=\omega_{\mathrm{r}}-r_{\mathrm{g}}\\ \dot{x}_{\mathrm{c}}=-600\cdot x_{\mathrm{c}}+31.38\times\mathrm{sat}(u)-117.8\omega_{\mathrm{r}}\end{cases}$$

$$u=u_{\mathrm{e}}+[\bar{\boldsymbol{F}}+\rho(e)\bar{\boldsymbol{F}}_{\mathrm{n}}]\times\left(\begin{bmatrix}x_{\mathrm{i}}\\ \omega_{\mathrm{r}}\\ x_{\mathrm{c}}+0.1715\omega_{\mathrm{r}}\end{bmatrix}-\begin{bmatrix}0\\ \boldsymbol{x}_{\mathrm{e}}\end{bmatrix}\right) \tag{4.59}$$

式中

$$\bar{\boldsymbol{F}}=[-20.7463\quad -0.2156\quad 4.4001],\quad \bar{\boldsymbol{F}}_{\mathrm{n}}=[1.9281\quad 0.8388\quad 3.5397]$$

上式中的 u_{e} 和 $\boldsymbol{x}_{\mathrm{e}}$，以及增益函数 $\rho(e)$ 与 RCNT 控制律所用的完全相同。另外，其闭环主导极点也与 RCNT 控制律相同，附加的一个极点(与积分项对应)为 -0.3ω。

在 MATLAB/Simulink 中进行仿真研究，分别对阶跃信号、单频率正弦信号、多频率正弦信号、多项式信号、超越函数信号和实时轨迹信号等几种典型信号进行跟踪控制。

1) 跟踪一个阶跃信号

为跟踪阶跃信号，只需对式(4.51)给出的轨迹信号选择恰当的参数即可。选择的参数值如下：$a_0 = 60,\ a_1 = 0,\ \omega_1 = 0,\ \phi = 0,\ a_2 = 0,\ \omega_2 = 0$。仿真时，被控对象的负载转矩 τ_1 初始值设为 0.6N · m(电机的额定转矩)并在 0.3s 后撤销。仿真结果如图 4.3 所示。图中给出了 RCNT 控制律和 ICNF 控制律对应的速度响应和控制量曲线，以及负载扰动(放大 100 倍)。从图中可以看到，RCNT 控制律和 ICNF 控制律都能实现对阶跃信号的快速、平稳和准确的跟踪，其调节时间(按 2%的误差带)基本相同。但是，当扰动被撤销后，ICNF 控制下的速度响应产生了一个明显的超调而且要经历一段较长的调节过程才能回归到目标信号；而 RCNT 控制下，扰动变化造成的影响很快就被消除了。

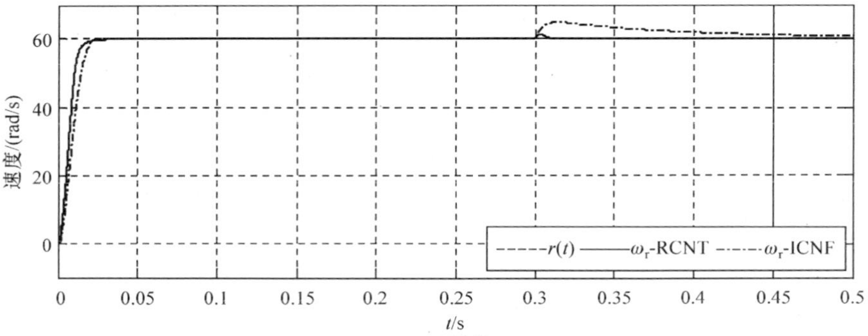

(a) 速度

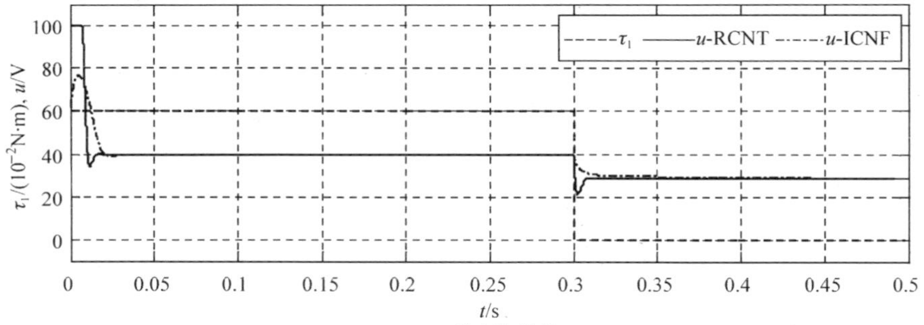

(b) 控制与扰动

图 4.3　跟踪一个阶跃信号的性能比较

2) 跟踪一个单频率正弦信号

对一个单频率正弦信号 $r(t) = 60\sin(8\pi t + \pi/6)$ 进行跟踪，其结果如图 4.4 所示。可以看出，RCNT 控制的系统对目标信号实现了快速和准确的控制，而 ICNF 控制的系统在跟踪正弦信号时略有滞后，且在扰动突变时出现了明显的轨迹误差。

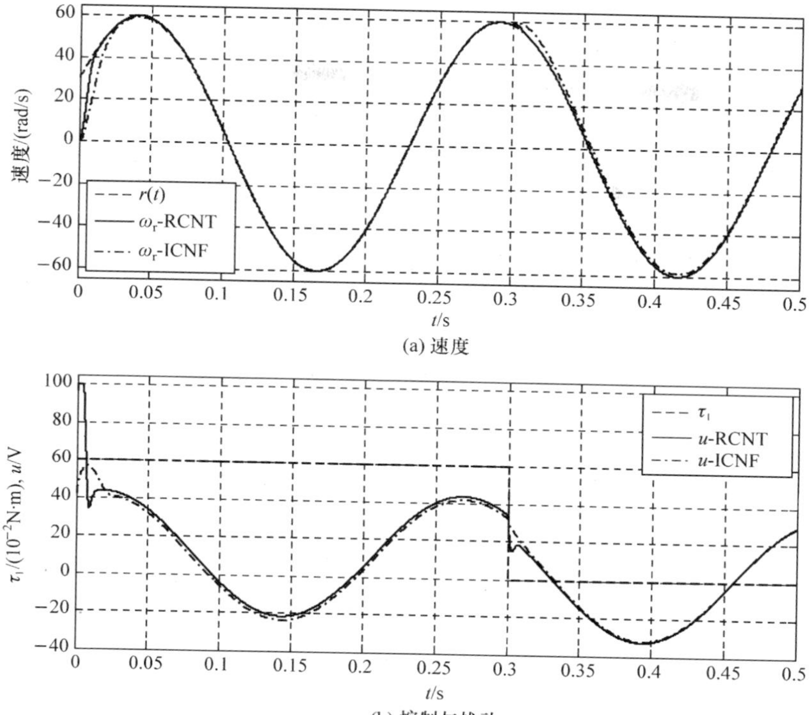

(a) 速度

(b) 控制与扰动

图 4.4　跟踪一个单频率正弦信号的性能比较

3) 跟踪一个多频率正弦信号

跟踪一个多频率正弦信号 $r(t) = 50 + 20\sin(8\pi t + \pi/6) + 5\sin(30\pi t)$ 的仿真结果如图 4.5 所示。与前面的情形类似，RCNT 控制的系统实现了快速和准确的轨迹跟踪控制，而 ICNF 控制的系统在跟踪信号时出现了一些误差，特别是在负载扰动突变时尤为明显。

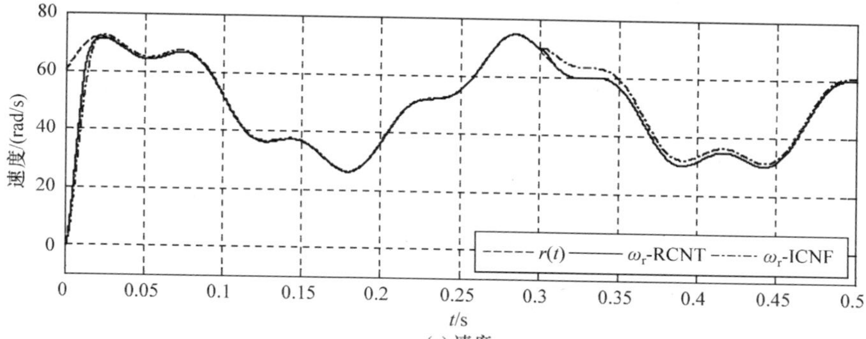

(a) 速度

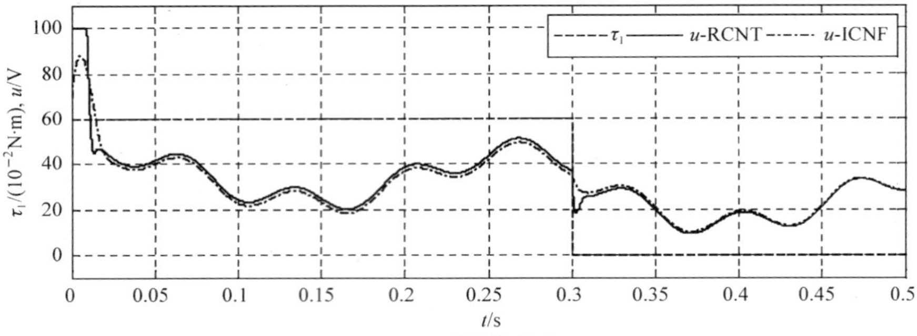

(b) 控制与扰动

图 4.5　跟踪一个多频率正弦信号的性能比较

4) 跟踪一个多项式信号

为跟踪一个多项式信号 $r(t)=a_0+a_1t+a_2t^2$，需重新设计一个参考信号生成器如下：

$$
\Sigma_{\text{Ref}}:\begin{cases}
\dot{\boldsymbol{x}}_{\text{e}}=\begin{bmatrix} a_{11} & a_{12} \\ -\dfrac{a_{11}^2}{a_{12}} & -a_{11}\end{bmatrix}\boldsymbol{x}_{\text{e}}+\begin{bmatrix}0\\ b\end{bmatrix}r_{\text{s}},\quad \boldsymbol{x}_{\text{e}}(0)=\begin{bmatrix} a_0 \\ \dfrac{a_1-a_0a_{11}}{a_{12}}\end{bmatrix} \\
r_{\text{g}}=\begin{bmatrix}1 & 0\end{bmatrix}\boldsymbol{x}_{\text{e}} \\
u_{\text{e}}=-\begin{bmatrix}\dfrac{a_{11}^2+a_{12}a_{21}}{a_{12}b} & \dfrac{a_{11}+a_{22}}{b}\end{bmatrix}\boldsymbol{x}_{\text{e}}+r_{\text{s}} \\
r_{\text{s}}=\dfrac{2a_2}{a_{12}b}\cdot 1(t)
\end{cases}
\tag{4.60}
$$

采用以上的参考信号生成器，跟踪 $r(t)=20+40t+80t^2$ 的仿真结果如图 4.6 所示。显然，RCNT 控制能实现准确的轨迹跟踪控制，而 ICNF 控制的跟踪性能较为迟缓，而且在负载变化之后需要经历一段明显的瞬态过程才能准确跟踪目标。

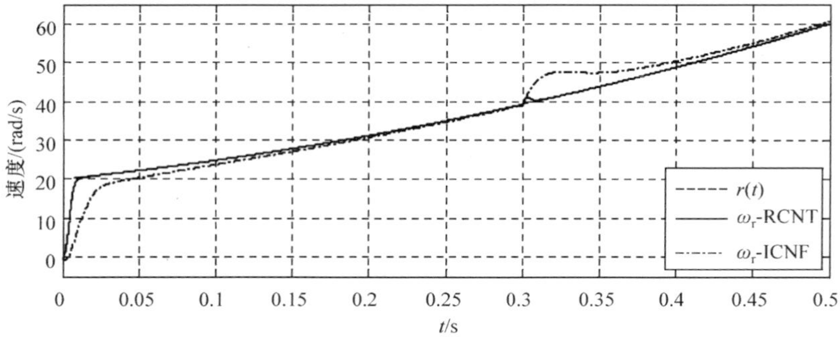

(a) 速度

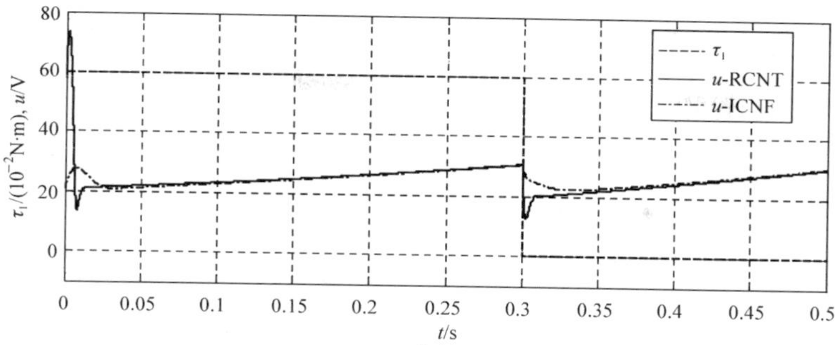

(b) 控制与扰动

图 4.6 跟踪一个多项式信号的性能比较

5) 跟踪一个超越函数信号

现在考虑跟踪一个超越函数信号 $r(t) = a_0 \cdot \mathrm{e}^{\sin(\omega_1 t)}$，其中 $a_0 = 20$，$\omega_1 = 8\pi$。可以利用式(4.60)所示的参考信号生成器，并把初始值 $\boldsymbol{x}_{\mathrm{e}}(0)$ 和外部信号源 r_{s} 改为

$$\boldsymbol{x}_{\mathrm{e}}(0) = \begin{bmatrix} a_0 \\ \dfrac{a_0(\omega_1 - a_{11})}{a_{12}} \end{bmatrix}, \quad r_{\mathrm{s}}(t) = \frac{a_0 \omega_1^2}{a_{12} b} \cdot \mathrm{e}^{\sin(\omega_1 t)} \left[\cos^2(\omega_1 t) - \sin(\omega_1 t)\right] \tag{4.61}$$

仿真结果如图 4.7 所示。显然，RCNT 控制的系统对超越函数信号能达到近乎完美的跟踪，而 ICNF 控制的系统在跟踪超越信号时产生了较大延滞。

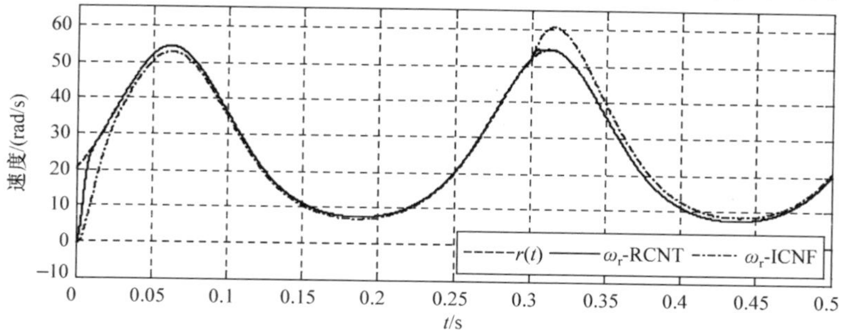

(a) 速度

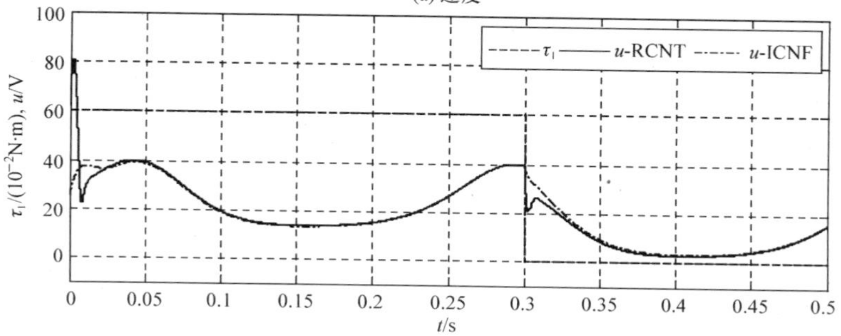

(b) 控制与扰动

图 4.7 跟踪一个超越函数信号的性能比较

6) 跟踪一个实时轨迹信号

最后，对一个实时轨迹信号 $r(t)=[30+50\sin(8\pi t)]\cdot e^{-10t}+100te^{-t}$ 进行跟踪控制。这个目标信号的解析表达式在控制律设计时尚未知晓，控制律在运行时只能使用该信号的实时值 $r(t)$。针对这种情况，设计了一个观测器(降阶的)来估计目标状态量 $\boldsymbol{x}_e$ 和辅助控制信号 u_e：

$$\begin{cases}\dot{\boldsymbol{x}}_r=\boldsymbol{A}_r\cdot\boldsymbol{x}_r+\boldsymbol{B}_r\cdot r,\\ \begin{bmatrix}\hat{\boldsymbol{x}}_e\\ \hat{u}_e\end{bmatrix}=\begin{bmatrix}r\\ \boldsymbol{x}_r-\boldsymbol{K}\cdot r\end{bmatrix}\end{cases}\tag{4.62}$$

式中，增益矩阵 $\boldsymbol{K}$ 被设计成使得矩阵 $\boldsymbol{A}_r$ 的一对特征值按 Butterworth 模式分布且对应的自然频率为 800rad/s。这些系数矩阵的值如下：

$$\boldsymbol{A}_r=\begin{bmatrix}-1131.4 & 31.378\\ -20397 & 0\end{bmatrix},\quad \boldsymbol{B}_r=\begin{bmatrix}-174.17\\ -13172\end{bmatrix},\quad \boldsymbol{K}=\begin{bmatrix}-0.6459\\ -18.211\end{bmatrix}$$

基于观测器(4.62)，采用式(4.48)给出的 RCNT 控制律，其参数取值与控制律(4.58)相同。对 ICNF 控制律，式(4.59)中的状态量 $\boldsymbol{x}_e$ 和辅助控制信号 u_e 要用其估计值来代替，同时，积分项需修改如下：

$$\dot{x}_i=\omega_r-r$$

对修改后的控制律进行了仿真研究，其中被控对象的负载转矩 τ_l 初始值设为零并在 0.3s 后跃变为 0.6N · m(电机的额定转矩)。仿真结果如图 4.8 所示。ICNF 控制的系统在跟踪轨迹时出现了显著的上超调和下超调，RCNT 控制的系统仍能取得较理想的跟踪性能。

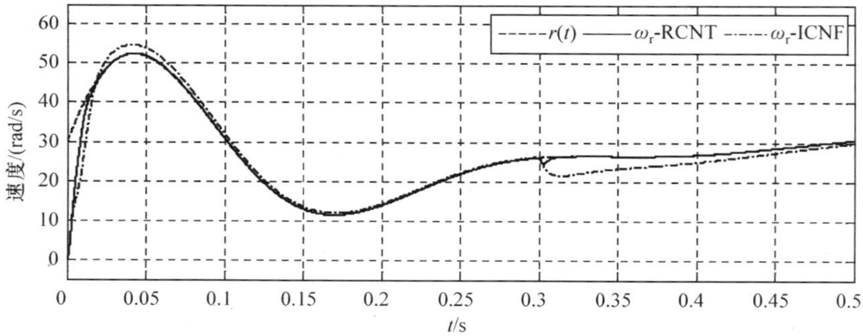

(a) 速度

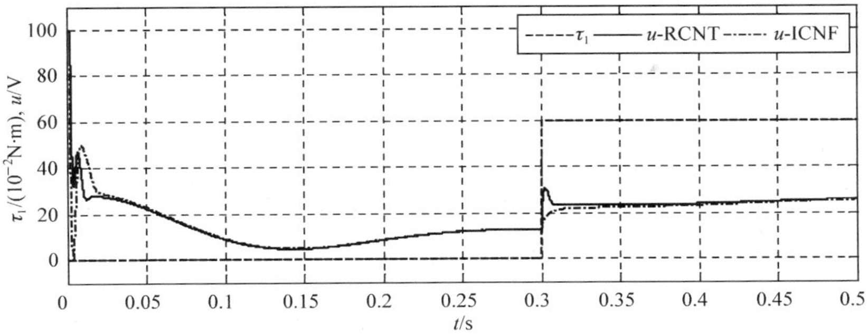

(b) 控制与扰动

图 4.8 跟踪一个实时轨迹信号的性能比较

4.7 小 结

本章介绍了一种用于进行曲线轨迹跟踪的鲁棒复合非线性控制设计方案。该方案采用一个参考信号生成器来构造出与目标轨迹相对应的状态量和辅助控制信号，然后把它们结合到复合非线性控制的统一框架中。为消除未知扰动的影响，采用扩展状态观测器来进行估计和补偿。通过一个仿真案例的研究，比较分析了本节所提的方案与现有的基于误差积分的轨迹跟踪控制方案的性能差异，验证了本方案在各种情况下都能实现对曲线轨迹的高性能跟踪控制，而且对目标轨迹和未知扰动的变化具有较好的鲁棒性。本章的轨迹跟踪控制方案，可应用于数控机床、机械臂等多轴联动机电装置的伺服控制系统设计。

参 考 文 献

[1] Liu H, Lai X, Wu W. Time-optimal and jerk-continuous trajectory planning for robot manipulators with kinematic constraints. Robotics and Computer Integrated Manufacturing, 2013, 29(2): 309-317.

[2] Ouyang P R, Acob J, Pano V. PD with sliding mode control for trajectory tracking of robotic system. Robotics and Computer Integrated Manufacturing, 2014, 30(2): 189-200.

[3] Cheng G Y, Peng K M, Chen B M, et al. Improving transient performance in tracking general references using composite nonlinear feedback control and its application to high-speed *XY*-table positioning mechanism. IEEE Transactions on Industrial Electronics, 2007, 54(2): 1039-1051.

[4] Cheng G Y, Huang Y W. Disturbance-rejection composite nonlinear control applied to two-inertia servo drive system. Control Theory and Applications, 2014, 31(11): 1539-1547.

第 5 章　复合非线性控制 MATLAB 工具包

5.1　引　　言

第3章和第4章分别介绍了定点伺服跟踪和曲线轨迹跟踪控制器的设计问题。在这两类控制问题中，快速响应、小超调和稳态准确性都是期望的性能要求。其中所采用的关键技术是鲁棒复合非线性控制，它包含一个线性伺服控制律、一个非线性反馈律和扩展状态观测器。线性控制部分被设计成在控制量不超出允许的执行器饱和限幅范围的条件下生成一个具有快速响应的小阻尼系数的闭环系统，非线性反馈律借助一个平滑的非线性增益函数，随着系统输出逼近目标值而逐步提高闭环系统的阻尼系数。因此，复合非线性控制(composite nonlinear control, CNC)的设计理念是综合轻阻尼系统和重阻尼系统各自的优点，从而同时实现快速响应和低超调的理想瞬态性能。在存在未知扰动的情况下，通过扩展状态观测器对系统状态和扰动进行估计和补偿控制，可以消除扰动的影响，实现准确的控制。在曲线轨迹跟踪控制器的设计中，还涉及参考信号生成器的设计，即根据系统模型和目标轨迹信号的解析特性，构造出目标轨迹所对应的状态量和辅助控制信号，并嵌入复合非线性控制的框架中。

复合非线性控制器的设计涉及一些矩阵计算和参数选择，尤其是形成非线性反馈律的那些参数，需要进行一些整定才能获得较理想的解决方案。因此，最好能有一个软件工具包来协助其设计过程。这促使我们开发了一个具有用户友好图形界面的 MATLAB 工具包来支持复合非线性控制器的设计。该工具包可用来为一类具有饱和执行器等非线性效应及带有外部干扰(如负载、摩擦等)的 SISO 线性系统设计定点伺服或曲线轨迹跟踪控制器，实现快速、平稳和准确的性能。该工具包可在其主面板上显示时域和频域响应特性，并产生三种不同类型的控制律，即状态反馈、全阶测量反馈和降阶测量反馈控制器。工具包既可以支持基于扩展状态观测器的鲁棒复合非线性控制器的设计，也能用于设计基于误差积分的增强复合非线性反馈控制器[1,2]。工具包的一个早期版本已在文献[3]中进行了介绍，当时它仅能支持定点目标的积分增强复合非线性反馈控制。为方便读者，本章首先简要介绍工具包涉及的理论基础，然后具体介绍工具包的操作界面和功能，最后将给出几个设计案例。

5.2 理论基础

本节将介绍复合非线性控制软件工具包涉及的相关控制技术。其考虑的是带有非线性特征和未知干扰的线性被控对象。确切地说，本章设计针对如下模型描述的被控对象：

$$\Sigma_{\mathrm{P}}:\begin{cases}\dot{\boldsymbol{q}}=\boldsymbol{f}(\boldsymbol{q},\boldsymbol{l}(\boldsymbol{x}),h), \quad \boldsymbol{q}(0)=\boldsymbol{q}_0\\ \dot{\boldsymbol{x}}=\boldsymbol{A}\boldsymbol{x}+\boldsymbol{B}\cdot\mathrm{sat}(u+g(\boldsymbol{y}))+\boldsymbol{E}d, \quad \boldsymbol{x}(0)=\boldsymbol{x}_0\\ \boldsymbol{y}=\boldsymbol{C}_1\boldsymbol{x}\\ h=\boldsymbol{C}_2\boldsymbol{x}+\boldsymbol{D}_2\cdot\mathrm{sat}(u+g(\boldsymbol{y}))\end{cases} \tag{5.1}$$

式中，$(\boldsymbol{q},\boldsymbol{x})\in\mathbb{R}^m\times\mathbb{R}^n$、$u\in\mathbb{R}$、$\boldsymbol{y}\in\mathbb{R}^p$、$h\in\mathbb{R}$、$d\in\mathbb{R}$ 分别是系统 Σ_{P} 的状态量、控制输入、测量输出、受控输出和扰动输入；$\boldsymbol{f}(\cdot,\cdot,\cdot)$ 是一个平滑(C^∞)函数，表示系统的非线性动力学特征；$\boldsymbol{l}(\boldsymbol{x})$ 表示 $\boldsymbol{x}$ 中的某些元素；$g(\boldsymbol{y})$ 表示被控对象非线性特征的一个标量非线性函数；$\boldsymbol{A}$、$\boldsymbol{B}$、$\boldsymbol{C}_1$、$\boldsymbol{C}_2$、$\boldsymbol{D}_2$、$\boldsymbol{E}$ 是适当维度的常数矩阵。函数 $\mathrm{sat}:\mathbb{R}\to\mathbb{R}$ 表示执行器的饱和限幅特性，定义为 $\mathrm{sat}(u)=\mathrm{sign}(u)\cdot\min\{u_{\max},|u|\}$，其中 $\mathrm{sign}(\cdot)$ 是标准的符号函数，$u_{\max}$ 是控制输入的饱和限幅值。应该指出的是，当系统非线性动态函数 $\dot{\boldsymbol{q}}=\boldsymbol{f}(\boldsymbol{q},\boldsymbol{l}(\boldsymbol{x}),h)$ 不存在时，式(5.1)就退化为带有输入饱和限幅和未知扰动的线性系统。可见，这里的系统比第 3 章和第 4 章所考虑的被控对象更具一般性。针对给定的系统，做如下假设：

(1) $(\boldsymbol{A},\boldsymbol{B})$ 是可镇定的，$(\boldsymbol{A},\boldsymbol{C}_1)$ 是可检测的；

(2) $(\boldsymbol{A},\boldsymbol{B},\boldsymbol{C}_2,\boldsymbol{D}_2)$ 在 $\mathrm{Re}(s)\geqslant 0$ 的区域内没有不变零点；

(3) $(\boldsymbol{A},\boldsymbol{E},\boldsymbol{C}_1)$ 在 $s=0$ 没有不变零点；

(4) d 是一个未知的分段定常(或慢变化)的有界扰动；

(5) h 是 $\boldsymbol{y}$ 的一个子集，即 h 也是可测量的；

(6) 存在一个平滑正定函数 $V(\boldsymbol{q})$、K_∞ 类函数 α_1 和 α_2，满足以下条件：

$$\alpha_1(\|\boldsymbol{q}\|)\leqslant V(\boldsymbol{q})\leqslant\alpha_2(\|\boldsymbol{q}\|), \quad \frac{\partial V(\boldsymbol{q})}{\partial\boldsymbol{q}}\boldsymbol{f}(\boldsymbol{q},0,r)<0$$

对任意 $\boldsymbol{q}\in\Omega\subseteq\mathbb{R}^m$ 都成立，其中 Ω 是包含原点的一个紧凑集，r 是给定信号。上述假设中，假设(1)～(5)是跟踪控制问题的标准假设，而假设(6)表示系统的非线性动态子系统是渐近稳定的。

5.2.1 积分增强复合非线性反馈控制

第 1 步　当系统存在外部干扰时(若系统没有外部干扰，该步骤可以省略)，

针对目标参考信号 r，定义一个积分变量如下：

$$\dot{z} = k_{\mathrm{i}}(h - r)$$

式中，k_{i} 是积分增益，将上式与式(5.1)中的标称线性系统相结合，得到辅助系统如下：

$$\begin{cases} \dot{\bar{\boldsymbol{x}}} = \bar{\boldsymbol{A}}\bar{\boldsymbol{x}} + \bar{\boldsymbol{B}} \cdot \mathrm{sat}(u + \mathrm{g}(\boldsymbol{y})) + \bar{\boldsymbol{B}}_{\mathrm{r}} r + \bar{\boldsymbol{E}} d \\ \bar{\boldsymbol{y}} = \bar{\boldsymbol{C}}_1 \bar{\boldsymbol{x}} \\ h = \bar{\boldsymbol{C}}_2 \bar{\boldsymbol{x}} + \boldsymbol{D}_2 \cdot (\mathrm{sat}(u) + \mathrm{g}(\boldsymbol{y})) \end{cases} \tag{5.2}$$

式中

$$\bar{\boldsymbol{x}} = \begin{bmatrix} z \\ \boldsymbol{x} \end{bmatrix}, \quad \bar{\boldsymbol{y}} = \begin{bmatrix} z \\ \boldsymbol{y} \end{bmatrix}, \quad \bar{\boldsymbol{A}} = \begin{bmatrix} 0 & k_{\mathrm{i}}\boldsymbol{C}_2 \\ \boldsymbol{0} & \boldsymbol{A} \end{bmatrix}, \quad \bar{\boldsymbol{B}} = \begin{bmatrix} k_{\mathrm{i}}\boldsymbol{D}_2 \\ \boldsymbol{B} \end{bmatrix}$$

$$\bar{\boldsymbol{B}}_{\mathrm{r}} = \begin{bmatrix} k_{\mathrm{i}} \\ \boldsymbol{0} \end{bmatrix}, \quad \bar{\boldsymbol{E}} = \begin{bmatrix} 0 \\ \boldsymbol{E} \end{bmatrix}, \quad \bar{\boldsymbol{C}}_1 = \begin{bmatrix} 1 & \boldsymbol{0} \\ \boldsymbol{0} & \boldsymbol{C}_1 \end{bmatrix}, \quad \bar{\boldsymbol{C}}_2 = \begin{bmatrix} 0 & \boldsymbol{C}_2 \end{bmatrix}$$

第 2 步 设计线性反馈控制律。

选取线性状态反馈矩阵 $\boldsymbol{F}$ 使得：① $\bar{\boldsymbol{A}} + \bar{\boldsymbol{B}}\boldsymbol{F}$ 成为渐近稳定矩阵；②闭环传递函数 $(\bar{\boldsymbol{C}}_2 + \boldsymbol{D}_2\boldsymbol{F})(s\boldsymbol{I} - \bar{\boldsymbol{A}} - \bar{\boldsymbol{B}}\boldsymbol{F})^{-1}\bar{\boldsymbol{B}} + \boldsymbol{D}_2$ 具有期望的性能。依照 z 和 $\boldsymbol{x}$ 的维数，进行矩阵分块 $\boldsymbol{F} = \begin{bmatrix} \boldsymbol{F}_z & \boldsymbol{F}_x \end{bmatrix}$。设计矩阵 $\boldsymbol{F}$ 的总原则是让 $\bar{\boldsymbol{A}} + \bar{\boldsymbol{B}}\boldsymbol{F}$ 对应于积分模态 z 的特征值相比其他特征值更加充分地靠近虚轴，从而使得 $\boldsymbol{F}_z$ 成为一个幅值较小的标量；$\bar{\boldsymbol{A}} + \bar{\boldsymbol{B}}\boldsymbol{F}$ 的其余特征值(闭环极点)应配置成具有一对轻阻尼的主导极点，以使得闭环系统能产生快速的输出响应。

根据目标信号 r 是定点或曲线轨迹两种情况，线性反馈控制律有所不同。

情况 1 跟踪一个定点目标。此时的线性控制律如下：

$$u_{\mathrm{L}} = \boldsymbol{F}\bar{\boldsymbol{x}} + Gr \tag{5.3}$$

式中，前馈增益 G 按下式计算：

$$G = [\boldsymbol{D}_2 - (\boldsymbol{C}_2 + \boldsymbol{D}_2\boldsymbol{F}_x)(\boldsymbol{A} + \boldsymbol{B}\boldsymbol{F}_x)^{-1}\boldsymbol{B}]^{-1}$$

同时，定义

$$\boldsymbol{G}_{\mathrm{e}} = \begin{bmatrix} 0 \\ -(\boldsymbol{A} + \boldsymbol{B}\boldsymbol{F}_x)^{-1}\boldsymbol{B}G \end{bmatrix}, \quad \bar{\boldsymbol{x}}_{\mathrm{e}} = \boldsymbol{G}_{\mathrm{e}} r$$

情况 2 跟踪一个曲线轨迹信号。此时需针对目标轨迹信号设计一个参考信号生成器：

$$\Sigma_{\mathrm{Ref}}: \begin{cases} \dot{\boldsymbol{x}}_{\mathrm{e}} = \boldsymbol{A}\boldsymbol{x}_{\mathrm{e}} + \boldsymbol{B}u_{\mathrm{e}}, \quad \boldsymbol{x}_{\mathrm{e}}(0) = \boldsymbol{x}_{\mathrm{e}0} \\ r = \boldsymbol{C}_2\boldsymbol{x}_{\mathrm{e}} + \boldsymbol{D}_2 u_{\mathrm{e}} \end{cases} \tag{5.4}$$

针对以上系统，设计一个辅助控制信号 u_{e} 如下：

$$u_e = F_e x_e + r_s \tag{5.5}$$

式中，F_e 是反馈增益矩阵；r_s 是一个外部信号源。通过恰当设计 F_e、设置初始值 x_{e0} 以及选择 r_s，可使参考信号发生器 Σ_{Ref} 生成期望的轨迹信号。例如，对于那些含有 n 阶微分(不恒等于零)的目标轨迹信号，可以选择一个 F_e，使得 $A + BF_e$ 的特征值均为零，并确定其初始值 x_{e0} 如下：

$$x_{e0} = \begin{bmatrix} C_2 + D_2 F_e \\ (C_2 + D_2 F_e)(A + BF_e) \\ \vdots \\ (C_2 + D_2 F_e)(A + BF_e)^{n-1} \end{bmatrix}^{-1} \begin{bmatrix} r(0) \\ \dot{r}(0) \\ \vdots \\ r^{(n-1)}(0) \end{bmatrix} \tag{5.6}$$

接下来，按如下方法选择一个非零的外部信号 r_s：

$$r_s(t) = \frac{1}{N(s)} \times r^{(n)}(t) \tag{5.7}$$

式中，$r^{(n)}(t)$ 是目标轨迹信号 $r(t)$ 的 n 阶微分；$N(s)$ 是传递函数 $(C_2 + D_2 F_e)(sI - A - BF_e)^{-1} B + D_2$ 的分子多项式。在这里要求 $N(s)$ 的零点是稳定的，而这个可由系统假设(2)来保证。

接着，定义 $\bar{x}_e = \begin{bmatrix} 0 \\ x_e \end{bmatrix}$，则跟踪曲线轨迹信号的线性反馈控制律如下：

$$u_L = u_e + F(\bar{x} - \bar{x}_e) \tag{5.8}$$

第 3 步　设计非线性反馈控制律。

选取一个正定对称矩阵 $W \in \mathbb{R}^{(n+1)\times(n+1)}$，求解如下 Lyapunov 方程：

$$(\bar{A} + \bar{B}F)^{\mathrm{T}} P + P(\bar{A} + \bar{B}F) = -W$$

由于 $(\bar{A} + \bar{B}F)$ 渐近稳定，矩阵 $P > 0$ 总是存在。则非线性反馈控制律 u_N 为

$$u_N = \rho(e) F_n (\bar{x} - \bar{x}_e) \tag{5.9}$$

式中，$F_n = \bar{B}^{\mathrm{T}} P$，而 $\rho(e)$ 是关于 $e = h - r$ 的一个平滑的非正函数，其幅值随着误差 $e \to 0$ 而逐步增大，用于逐步改变闭环的阻尼系数以改善跟踪性能。

第 4 步　将前面几步中所设计的线性控制律、非线性反馈律和非线性预补偿结合起来形成最终的控制律，即

$$u = u_{pre} + u_L + u_N = -g(y) + u_L + u_N$$

当目标信号 r 是定点时，最终的控制律为

$$u = -g(y) + F\bar{x} + Gr + \rho(e) F_n (\bar{x} - \bar{x}_e) \tag{5.10}$$

当目标信号 r 是曲线轨迹时，最终的控制律为

$$u = -g(y) + u_e + F(\bar{x} - \bar{x}_e) + \rho(e) F_n (\bar{x} - \bar{x}_e) \tag{5.11}$$

以上设计是在假定系统状态都可直接量测的情况下给出的。在测量输出反馈的情况下，可以根据系统的标称线性模型(忽略扰动的影响)设计全阶或降阶观测器对状态量进行估计，然后把控制律中的变量 $\boldsymbol{x}$ 替换为其估计值。详细的设计过程可参见文献[1]和[2]。

5.2.2 鲁棒复合非线性控制

鲁棒复合非线性控制律的设计已在第 3、4 章进行了介绍。但是，由于这里的系统模型有所扩展，特别是其标称线性模型的被控输出方程含有一个直通项 $\boldsymbol{D}_2 \cdot \mathrm{sat}(u+\mathrm{g}(\boldsymbol{y}))$，导致最终的控制律有所不同。因此，有必要做个简单介绍。

情况 1 跟踪一个定点目标。此时的鲁棒复合非线性定点伺服控制律为

$$u = -g(\boldsymbol{y}) + \boldsymbol{F}\hat{\boldsymbol{x}} + \begin{bmatrix} f_{\mathrm{r}} & f_{\mathrm{d}} \end{bmatrix} \begin{bmatrix} r \\ \hat{d} \end{bmatrix} + \rho(e)\boldsymbol{F}_{\mathrm{n}}(\hat{\boldsymbol{x}} - \boldsymbol{G}_{\mathrm{r}}r - \boldsymbol{G}_{\mathrm{d}}\hat{d}) \tag{5.12}$$

式中，$\hat{\boldsymbol{x}}$ 和 $\hat{d}$ 分别是扩展状态观测器所提供的状态量和扰动的估计值；$\boldsymbol{F}$ 的选取应使得 $\boldsymbol{A}+\boldsymbol{B}\boldsymbol{F}$ 的特征值落在渐近稳定区域且闭环传递函数 $(\boldsymbol{C}_2+\boldsymbol{D}_2\boldsymbol{F})(s\boldsymbol{I}-\boldsymbol{A}-\boldsymbol{B}\boldsymbol{F})^{-1}\boldsymbol{B}+\boldsymbol{D}_2$ 具有某种期望特性。各增益矩阵如下：

$$\begin{cases} f_{\mathrm{r}} = [\boldsymbol{D}_2 - (\boldsymbol{C}_2+\boldsymbol{D}_2\boldsymbol{F})(\boldsymbol{A}+\boldsymbol{B}\boldsymbol{F})^{-1}\boldsymbol{B}]^{-1} \\ f_{\mathrm{d}} = f_{\mathrm{r}}(\boldsymbol{C}_2+\boldsymbol{D}_2\boldsymbol{F})(\boldsymbol{A}+\boldsymbol{B}\boldsymbol{F})^{-1}\boldsymbol{E} \\ \boldsymbol{G}_{\mathrm{r}} = -(\boldsymbol{A}+\boldsymbol{B}\boldsymbol{F})^{-1}\boldsymbol{B}f_{\mathrm{r}} \\ \boldsymbol{G}_{\mathrm{d}} = -(\boldsymbol{A}+\boldsymbol{B}\boldsymbol{F})^{-1}(\boldsymbol{E}+\boldsymbol{B}f_{\mathrm{d}}) \\ \boldsymbol{F}_{\mathrm{n}} = \boldsymbol{B}^{\mathrm{T}}\boldsymbol{P} \end{cases} \tag{5.13}$$

式中，$\boldsymbol{P}$ 是 Lyapunov 方程 $(\boldsymbol{A}+\boldsymbol{B}\boldsymbol{F})^{\mathrm{T}}\boldsymbol{P}+\boldsymbol{P}(\boldsymbol{A}+\boldsymbol{B}\boldsymbol{F})=-\boldsymbol{W}$ 的解，其中 $\boldsymbol{W}\in\mathbb{R}^{n\times n}$ 是选取的正定对称矩阵。

情况 2 跟踪一个曲线轨迹信号。此时的鲁棒复合非线性轨迹跟踪控制律为

$$u = -g(\boldsymbol{y}) + u_{\mathrm{e}} + \boldsymbol{F}(\hat{\boldsymbol{x}} - \boldsymbol{x}_{\mathrm{e}}) + f_{\mathrm{d}}\hat{d} + \rho(e)\boldsymbol{F}_{\mathrm{n}}(\hat{\boldsymbol{x}} - \boldsymbol{x}_{\mathrm{e}} - \boldsymbol{G}_{\mathrm{d}}\hat{d}) \tag{5.14}$$

式中，u_{e} 和 $\boldsymbol{x}_{\mathrm{e}}$ 来自式(5.4)～式(5.7)所定义的参考信号生成器，而其他变量和矩阵则与定点伺服跟踪的情形相同。

5.3 软件框架和用户指南

复合非线性控制工具包是在 MATLAB/Simulink 下开发的。该工具包充分利用了 MATLAB 的图形用户界面(graphical user interface，GUI)资源，为用户提供了一个友好的操作界面。该工具包的主界面由三个面板组成：进行仿真的主面板、进行系统模型设置的面板以及控制器组态的面板。下面通过 CNC 工具包的具体

使用来阐释设计过程。

第 1 阶段 (初始化)：一旦在 MATLAB 下正确地执行该工具包对应的主程序(cnckit.m)，其主面板将在一个弹出的窗口中生成，如图 5.1 所示。在进行仿真前，用户需先输入必要的系统模型数据，并指定合适的控制器结构和参数。

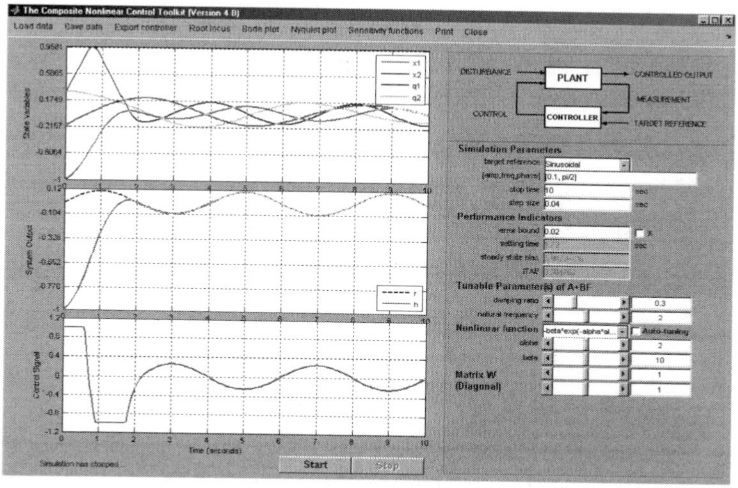

图 5.1　复合非线性控制工具包的主面板

第 2 阶段 (被控对象模型设置)：为了输入系统数据，用户单击“PLANT”的矩形框打开如图 5.2 所示的被控对象模型设置面板。除了式(5.1)所示的状态空间模型，该工具包还允许用户在该面板上加入谐振模态。注意到几乎所有的机械系统都存在高频谐振模态。这些谐振模态需包含在整个控制系统设计的仿真和评估中。

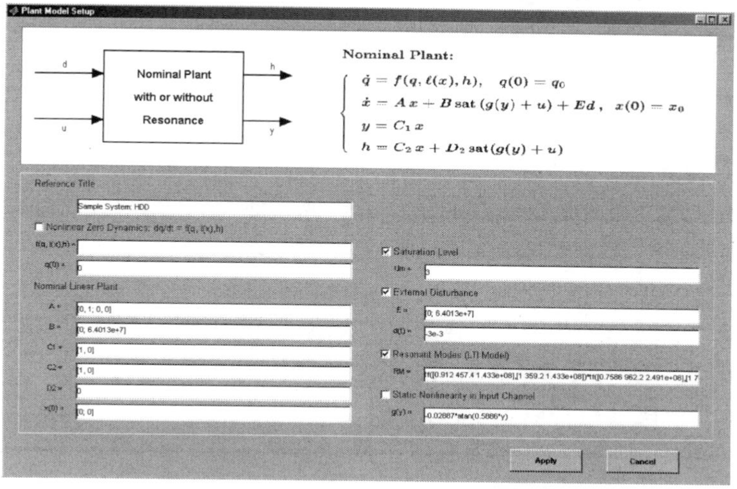

图 5.2　工具包的被控对象模型设置面板

每次在面板上键入或修改一个被控对象模型，该工具包会自动检查系统的可镇定性、可检测性、矩阵兼容性以及其他要求。对于带有非线性动态特性的系统而言，该工具包还会检验其非线性动态子系统的稳定性。如果系统模型不满足 CNC 跟踪控制的可解性条件，该工具包会警告用户，而用户需修正模型后才能进入控制器组态。

第 3 阶段 (控制器组态)：作为该工具包的核心，CNC 控制器的组态采用一种灵活配置的方式进行。当用户单击主面板上“CONTROLLER”的矩形框时，会打开一个如图 5.3 所示的控制器组态面板。该面板上方显示一个结构图来表示控制器的当前配置，它会在用户对控制器结构作出改动或重新选择时自动更新。用户需先选定控制器的结构，然后指定相应的控制器参数。

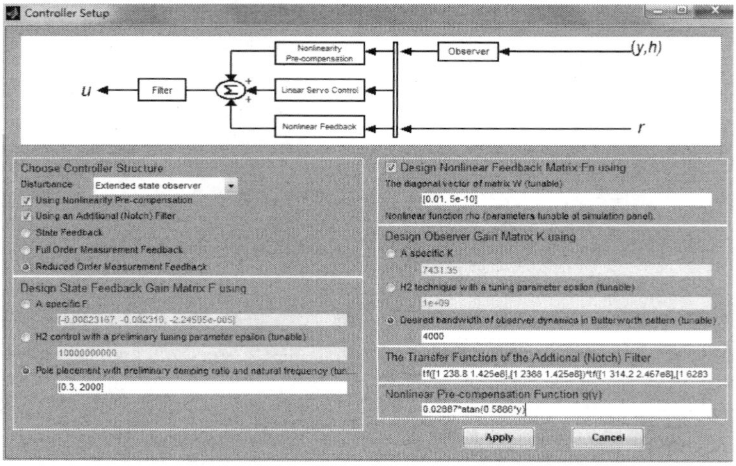

图 5.3　工具包的控制器组态面板

在 CNC 工具包中，有以下选项可供选择：

(1) 如果系统的输入通道具有某些静态非线性效应，用户可选择“预补偿”的选项，并输入相应的非线性函数来尽可能多地抵消系统的非线性效应。

(2) 如果系统具有某些未知的定常干扰或其他类型的干扰，用户可选择扰动抑制的措施来消除稳态偏差，如积分控制、基于扩展状态观测器的补偿、不进行补偿。

(3) 如果系统是一个带有噪声或高频谐振模态的被控对象，用户可输入一个预先设计的低通或陷波滤波器来减小其对总体性能的影响。

(4) 基于系统的特性以及个人偏好，用户可从以下三种形式的控制器结构中进行选择：状态反馈、全阶测量反馈、降阶测量反馈。

当设计状态反馈增益矩阵 $\boldsymbol{F}$ 时，用户有三个选择：可为 $\boldsymbol{F}$ 指定一个已知的矩阵(从任何其他设计方法获得，如 H_∞)，或采用基于一个可调参数的 H_2 控制技术(其参数可在面板上设定)，或采用极点配置方法。

当采用基于摄动参数 $\varepsilon>0$ 的 H_2 控制技术时，工具包首先自动求解下列关于正定矩阵 $\boldsymbol{P}_2$ 的 H_2 里卡蒂方程[4]：

$$\boldsymbol{A}^{\mathrm{T}}\boldsymbol{P}_2+\boldsymbol{P}_2\boldsymbol{A}+\tilde{\boldsymbol{C}}_2^{\mathrm{T}}\tilde{\boldsymbol{C}}_2-(\boldsymbol{P}_2\boldsymbol{B}+\tilde{\boldsymbol{C}}_2^{\mathrm{T}}\tilde{\boldsymbol{D}}_2)(\tilde{\boldsymbol{D}}_2^{\mathrm{T}}\tilde{\boldsymbol{D}}_2)^{-1}(\tilde{\boldsymbol{D}}_2^{\mathrm{T}}\tilde{\boldsymbol{C}}_2+\boldsymbol{B}^{\mathrm{T}}\boldsymbol{P}_2)=0 \tag{5.15}$$

式中，$\tilde{\boldsymbol{C}}_2=\begin{bmatrix}\boldsymbol{C}_2\\ \varepsilon\boldsymbol{I}\\ \boldsymbol{0}\end{bmatrix}$；$\tilde{\boldsymbol{D}}_2=\begin{bmatrix}\boldsymbol{D}_2\\ \boldsymbol{0}\\ \varepsilon\boldsymbol{I}\end{bmatrix}$。相应的状态反馈增益矩阵为

$$\boldsymbol{F}=-(\tilde{\boldsymbol{D}}_2^{\mathrm{T}}\tilde{\boldsymbol{D}}_2)^{-1}(\tilde{\boldsymbol{D}}_2^{\mathrm{T}}\tilde{\boldsymbol{C}}_2+\boldsymbol{B}^{\mathrm{T}}\boldsymbol{P}_2) \tag{5.16}$$

若是采用极点配置法，则可在 Controller 面板上设定其主导极点的阻尼系数和自然频率、与积分项(如果适用)对应的极点和增益(这些参数还可以在仿真主面板上进行整定)，而剩余的闭环极点将按照 Butterworth 模式进行配置，其带宽是主导极点自然频率的三倍(这样的安排是为了简化控制系统的设计)。该工具包旨在支持复合非线性控制器的设计，其中线性控制律是必选的，而非线性反馈律则是可选的，即用户可以在控制器组态面板中选择使用或不用非线性反馈律。若使用了非线性反馈律，则需指定加权矩阵 $\boldsymbol{W}$ 的对角线元素(为简化设计，把 $\boldsymbol{W}$ 限定为正定对角矩阵)。

在输出测量反馈控制的情况下，用户设计观测器增益矩阵 $\boldsymbol{L}$ 时同样也有三个选择：可以直接输入一个预先设计好的矩阵，或使用 H_2 控制技术进行设计，或使用极点配置法将观测器极点组织成具有指定带宽的 Butterworth 滤波器模式。不管是哪种情况，都可在仿真主面板上整定相应的参数来使得整个系统具有令人满意的性能。

第 4 阶段 (设计和仿真)：一旦被控对象设置和控制器组态都已完成，用户就可在主面板上直接指定仿真参数，如目标参考信号的类型(阶跃、斜坡、正弦、一般函数)及其参数值、仿真的持续时间和步长。用户同时还可以定义性能指标(如误差带)，从而获得系统输出响应的调节时间(settling time)和稳态误差等结果。主面板上同时还提供了时间乘以误差绝对值的积分 $\mathrm{ITAE}=\int_0^\infty t\,|\,e(t)\,|\,\mathrm{d}t$ 作为综合性能指数。例如，在图 5.1 中，调整时间被定义为闭环系统的受控输出量进入目标参考 ±0.02 邻域的时间。另外，也可根据最终的目标比例而非绝对误差范围来定义这样一个区域。

仿真时，用户在主面板上可以通过调节线性状态反馈的主导极点的阻尼系数和自然频率来调整线性部分的性能。在主面板上也可以调整与积分项相对应的极点与增益。若是采用 H_2 控制方法设计线性反馈矩阵，则用户可以直接调整其唯

一的可调参数ε。如果用户在控制器组态中直接指定一个状态反馈矩阵，则在主面板上没有对应的可调参数。

控制器的非线性反馈部分，若有选用，其参数$\boldsymbol{W}$和$\rho(e)$在主面板上也可以调整。特别地，非线性函数$\rho(e)$可以在以下三种类型中选择：

(1) $\rho(e)=-\beta\cdot \mathrm{e}^{-\alpha\alpha_0\cdot|e|}$；

(2) $\rho(e)=-\beta\cdot\left[\dfrac{\pi}{2}-\arctan(\alpha\alpha_0\cdot|e|)\right]$；

(3) $\rho(e)=-\beta\cdot\arctan(\alpha\cdot\left|\alpha_0\cdot|e|-1\right|)$。

其中，α和β是非负参数；α_0用于对初始跟踪误差$e(0)$进行归一化(由工具包自动处理)。参数α和β既可在主面板上由用户手动调节，也可在进行仿真之前选中复选框"Auto-tuning"让工具包利用 Hooke-Jeeves 算法使 ITAE 最小化来自动整定(参见文献[5])。在该工具包中，$\boldsymbol{W}$被限定为对角矩阵，其对角元素可以在主面板上由用户手动调整。

在主面板上左侧有三个信号波形显示窗口：系统状态量波形窗、被控输出量显示窗和控制量显示窗。此外，在面板右侧上方有一个表示控制系统总体结构的框图。用户可以在三个波形显示窗(系统状态量、被控输出量和控制量信号)中通过右击鼠标，将被提示在弹出小窗口中做出选择，包括重新绘制图形或将仿真数据导出 MATLAB 工作空间。

最后，用户还可以利用主面板的菜单栏，选择执行相应的命令，来保存和载入数据、导出设计好的控制器、观察闭环系统极点轨迹(根轨迹)，以及评估整个系统的频域性能。

5.4　设 计 举 例

本节介绍利用复合非线性控制 MATLAB 工具包进行控制器设计和仿真测试的几个典型案例。

5.4.1　旋转-平移执行器系统

旋转-平移执行器(rotational/translational actuator，RTAC)系统是非线性系统研究中的一个基准控制对象[6]，其结构如图 5.4 所示。一辆质量为M的小车通过一条刚度为k的线性弹簧连接到一面固定的墙壁上。一个质量为m的基准质量执行器被连接到小车上，执行器对质心的转动惯量为I，其质心与连接点的距离为l，执行器可以绕着连接点旋转。τ_{d}是作用到小车的扰动力，N是作用于基准质量块的控制力矩。整个系统的机械运动方程如下：

$$\begin{cases}\ddot{w}+b\dot{w}+w=\lambda(\dot{\theta}^2\sin\theta-\ddot{\theta}\cos\theta)+d\\ \ddot{\theta}=-\lambda\ddot{w}\cos\theta+v\end{cases} \tag{5.17}$$

式中，w是小车的归一化位移；θ是基准质量块的角位置；b是小车运动的黏性摩擦系数；$d=\frac{1}{k}\sqrt{\frac{M+m}{I+ml^2}}\tau_{\rm d}$，是归一化的扰动力；$v=\frac{M+m}{k(I+ml^2)}N$，是归一化的控制输入量；$\lambda=\frac{ml}{\sqrt{(I+ml^2)(M+m)}}$，是水平和旋转运动的交叉耦合系数。

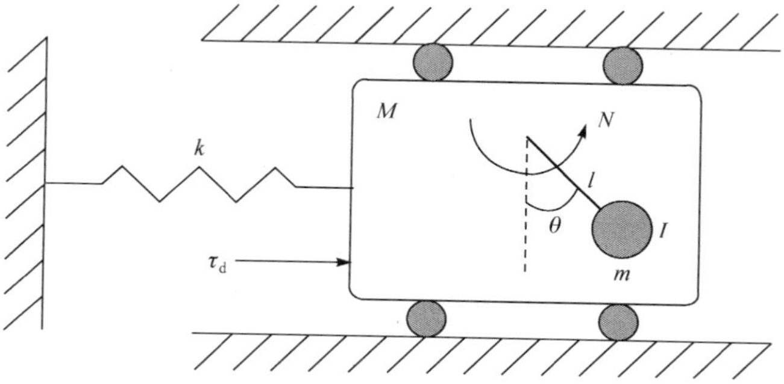

图 5.4　RTAC 系统的内部结构

假设扰动$d=0$，引入如下坐标变换：

$$q_1=w+\lambda\sin\theta,\quad q_2=\dot{w}+\lambda\dot{\theta}\cos\theta,\quad x_1=\theta,\quad x_2=\dot{\theta}$$

则可得如下转换后的系统方程：

$$\begin{cases}\dot{q}_1=q_2\\ \dot{q}_2=-q_1-bq_2+\lambda(\sin x_1+bx_2\cos x_1)\\ \dot{x}_1=x_2\\ \dot{x}_2=u\end{cases} \tag{5.18}$$

式中

$$u=\frac{1}{1-\lambda^2\cos^2 x_1}[v+\lambda\cos x_1(q_1+bq_2)-\lambda^2\cos x_1(\sin x_1+x_2^2\sin x_1+bx_2\cos x_1)]$$

这里的任务是设计一个状态反馈控制律，把 RTAC 系统的基准质块的角位置$x_1=\theta$快速无超调地调节到 0。这个控制问题可以采用复合非线性控制的框架来描述：

$$\begin{cases}\dot{\boldsymbol{q}}=f(\boldsymbol{q},x_2,h)\\ \dot{\boldsymbol{x}}=\boldsymbol{A}\boldsymbol{x}+\boldsymbol{B}\cdot\mathrm{sat}(u)\\ \boldsymbol{y}=\boldsymbol{x}\\ h=\boldsymbol{C}_2\boldsymbol{x}\end{cases} \tag{5.19}$$

式中

$$\boldsymbol{q}=\begin{bmatrix}q_1\\q_2\end{bmatrix},\quad \boldsymbol{x}=\begin{bmatrix}x_1\\x_2\end{bmatrix},\quad \boldsymbol{A}=\begin{bmatrix}0&1\\0&0\end{bmatrix},\quad \boldsymbol{B}=\begin{bmatrix}0\\1\end{bmatrix},\quad \boldsymbol{C}_2=\begin{bmatrix}1&0\end{bmatrix}$$

$$f(\boldsymbol{q},x_2,h)=\begin{bmatrix}q_2\\-q_1-bq_2+\lambda(\sin h+bx_2\cos h)\end{bmatrix}$$

容易验证：$\dot{\boldsymbol{q}}=f(\boldsymbol{q},0,0)$是一个渐近稳定的子系统。为了进行仿真分析，这里假定$b=0.1$，$\lambda=0.2$，$u_{\max}=1$；系统的初始条件为：$q_1(0)=-0.2$，$q_2(0)=0.3$，$x_1(0)=-1$，$x_2(0)=0.3$。利用复合非线性控制 MATLAB 工具包，选择状态反馈的阻尼系数 0.3 和自然频率 2rad/s，以及单位矩阵$\boldsymbol{W}$，得到如下状态反馈控制律：

$$u=-\begin{bmatrix}4&1.2\end{bmatrix}\boldsymbol{x}+4r+\rho(e)\begin{bmatrix}0.125&0.5208\end{bmatrix}\left[\boldsymbol{x}-\begin{pmatrix}1\\0\end{pmatrix}r\right] \tag{5.20}$$

式中，$\rho(e)=-9\mathrm{e}^{-2.5|h-r|}$，目标给定$r=0$。仿真结果如图 5.5 所示，系统基准质块的角位置快速且几乎无超调地从−1 回归到 0。

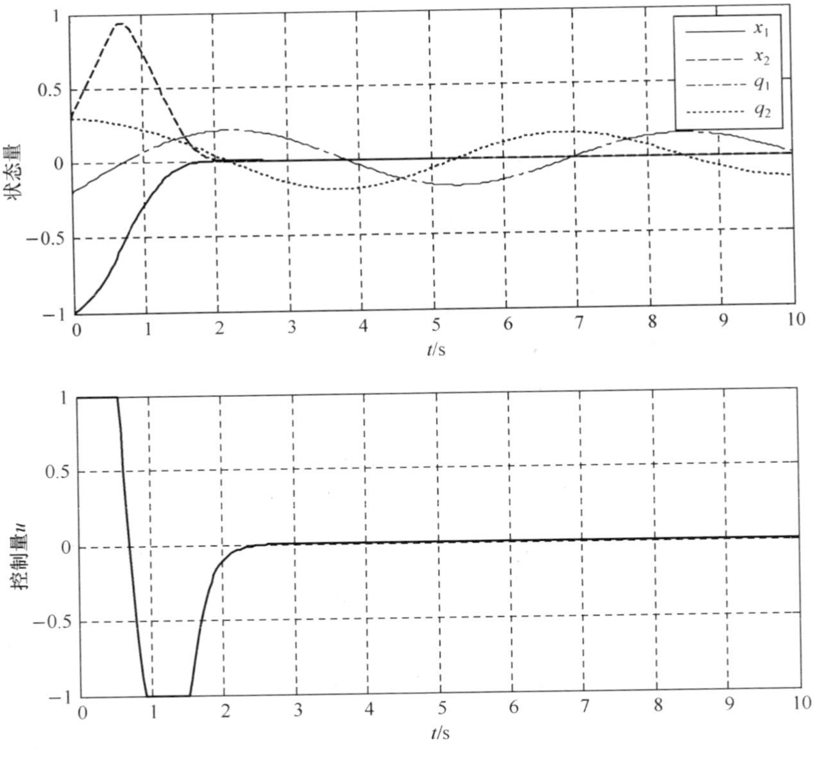

图 5.5 RTAC 系统的状态响应和控制信号

5.4.2　硬盘磁头定位伺服控制系统

硬盘驱动器是计算机上常用的大容量存储设备。硬盘采用一个音圈电机(包括一个悬架、转动臂、中枢轴承、线圈绕组和永磁铁等的组合体)作为伺服机构，在其驱动下磁头沿磁盘的半径方向移动，从而定位到对应的磁道。为了提高硬盘数据访问速度，要求寻道时间尽量短；而为了保证数据读写的可靠性，要求进行读写时磁头位置与目标磁道中心的偏差不超过磁道间隙的 5%。对于一个磁道密度为 25KTPI(KTPI，千磁道每英寸)的硬盘，寻道误差不能超过 0.05μm。这里考虑的硬盘是一个 3.5 英寸硬盘，其磁头定位伺服系统的传递函数(从电压输入到磁头位置输出)如下：

$$G_{\text{hdd}}(s)=\frac{6.4013\times10^7}{s^2}\cdot\frac{0.912s^2+457.4s+1.433\times10^8}{s^2+359.2s+1.433\times10^8}\cdot\frac{0.7586s^2+962.2s+2.491\times10^8}{s^2+789.1s+2.491\times10^8}\cdot\frac{9.917\times10^8}{s^2+1575s+9.917\times10^8}\cdot\frac{2.731\times10^9}{s^2+2613s+2.731\times10^9}$$

其输入是电压 u (V)，且 $|u|\leqslant 3\text{V}$；输出是位移 y (μm)。上面的模型可以看成是由一个双积分器模型串接了几个高频的谐振模态。硬盘伺服系统控制器设计的难点在于要尽量提高伺服性能且避免激活高频谐振模态。通过引入适当的带阻滤波器进行抑制，高频模态在正常的工作频带内不会被激活。为此，首先设计一个带阻滤波器：

$$H_{\text{f}}(s)=\frac{s^2+238.8s+1.425\times10^8}{s^2+2388s+1.425\times10^8}\cdot\frac{s^2+314.2s+2.467\times10^8}{s^2+6283s+2.467\times10^8}\cdot\frac{s^2+628.3s+9.87\times10^8}{s^2+12570s+9.87\times10^8}$$

经过滤波器补偿之后，高频谐振模态在预期带宽内不会被激活，磁头定位伺服系统的模型可简化为二阶系统，并采用状态空间表示如下：

$$\begin{cases}\dot{\boldsymbol{x}}=\begin{bmatrix}0&1\\0&0\end{bmatrix}\boldsymbol{x}+\begin{bmatrix}0\\6.4013\times10^7\end{bmatrix}(\text{sat}(u)+d)\\ y=\begin{bmatrix}1&0\end{bmatrix}\boldsymbol{x}\end{cases}\tag{5.21}$$

式中，sat(·)是饱和限幅函数；d 是未知的扰动，这里假设 $d=-0.003\text{V}$。由于系统存在轻微扰动，考虑采用积分增强型复合非线性控制技术来设计控制器，使磁头能快速平稳且准确地定位到目标位置 $r=1\mu\text{m}$，相当于移动 1 个磁道。这个性能指标很重要，因为硬盘的很多读写操作主要涉及 1 个磁道的定位控制。

利用软件工具包，首先输入被控系统的标称模型、高频谐振模型以及扰动特性。然后选择控制器的结构为采用积分抗扰、带阻滤波器和降阶观测器的复合非线性控制器，并在主面板上进行参数整定和仿真调试。这里选择线性控制律的主导极点阻尼为 0.3、自然频率为 3000rad/s，积分对应的极点为 −0.1，积分增益为

10；降阶观测器的带宽为 4000rad/s；非线性反馈的矩阵 $\boldsymbol{W}$ 对角元素为 0.002，0.01 和 1×10^{-9}，选择非线性增益函数 $\rho(e)=-4.5\cdot \mathrm{e}^{-4|e|}$。最终得到的控制律如下：

$$
\begin{cases}
\dot{z}=10(y-r)\\
\dot{\eta}=-4000\eta+6.4013\times10^{7}\cdot \mathrm{sat}(\tilde{u})+1.6\times10^{7}\cdot y\\
\tilde{u}=\left(\rho(e)\begin{bmatrix}0.7113 & 0.037 & 3.8328\times10^{-5}\end{bmatrix}-\begin{bmatrix}0.0014 & 0.1406 & 2.8121\times10^{-5}\end{bmatrix}\right)\\
\qquad\cdot\begin{bmatrix}z\\ y-r\\ \eta+4000y\end{bmatrix}\\
u=H_{\mathrm{f}}(s)\cdot\tilde{u}
\end{cases}
\tag{5.22}
$$

图 5.6～图 5.10 给出了所设计的磁头伺服系统的时域和频率响应曲线。从图 5.6 的时域响应曲线可以看出，磁头的位置可以快速、平稳地到达目标位置，稳态没有误差，其调节时间(0.05μm 误差带)为 0.66ms。从图 5.7 的开环频率特性图(稳态的情形)可以看出，系统的幅值稳定裕度约为 6.4dB，相角稳定裕度为 46.4°。图 5.8 给出了伺服系统的敏感度和互补敏感度函数的频率特性图，其峰值不超过 6dB。图 5.9 给出了伺服系统的奈奎斯特曲线。图 5.10 绘制了系统闭环极点随着非线性增益 $\rho(e)$ 变化而移动的轨迹。显然，闭环极点在移动的过程中阻尼系数趋于增大，从而有助于抑制超调。总体上，伺服系统的时域和频域性能都较为理想。

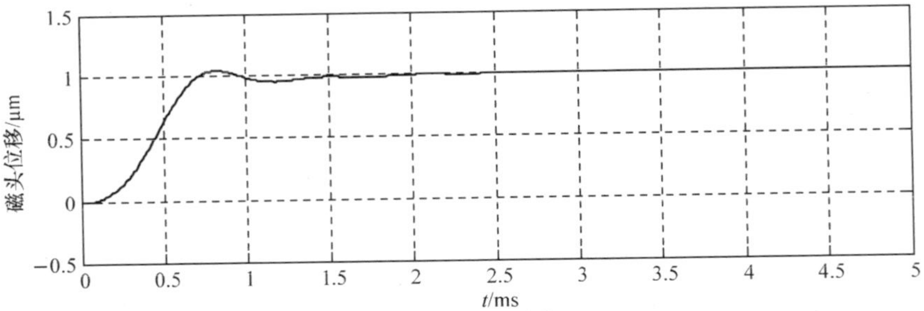

(a) 位置响应

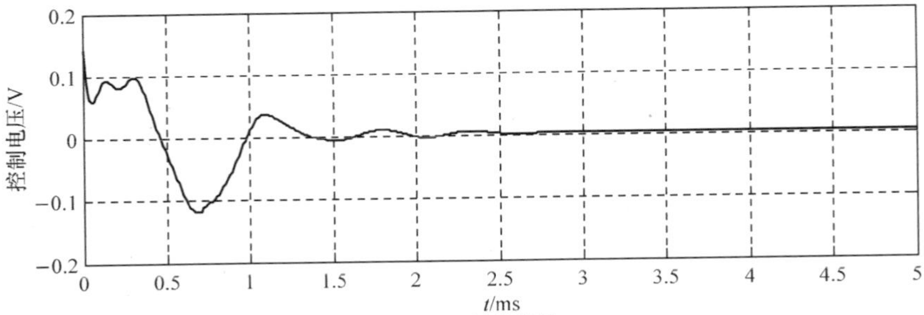

(b) 控制信号

图 5.6 硬盘伺服系统的位置响应和控制信号

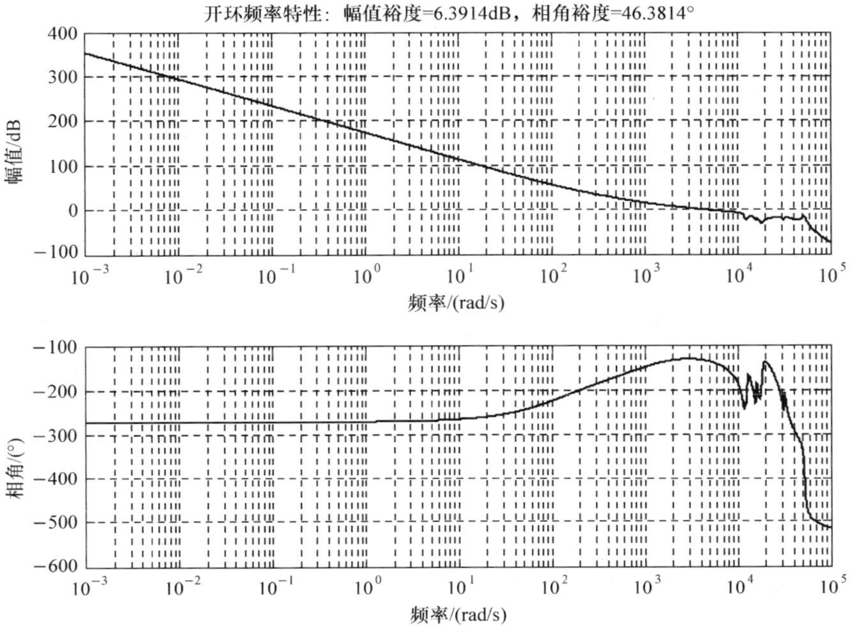

图 5.7　硬盘伺服系统的开环频率特性

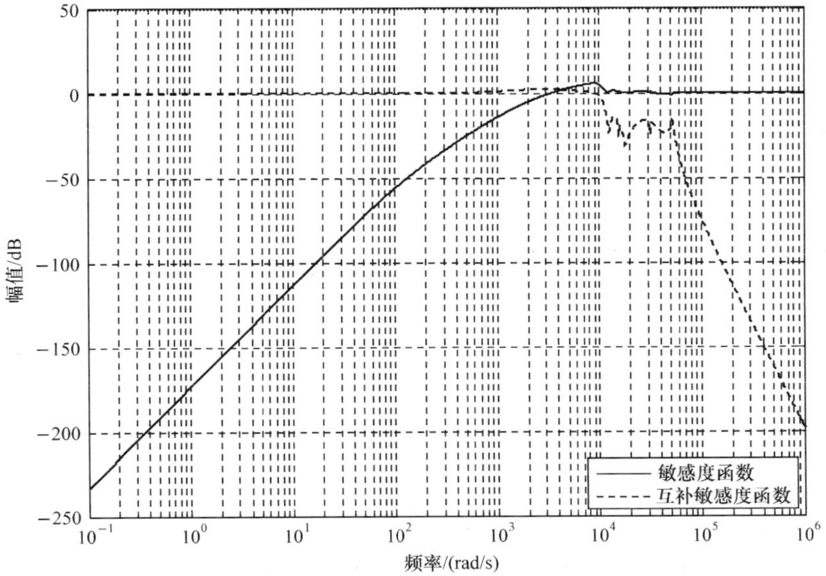

图 5.8　硬盘伺服系统的敏感度和互补敏感度函数的频率特性

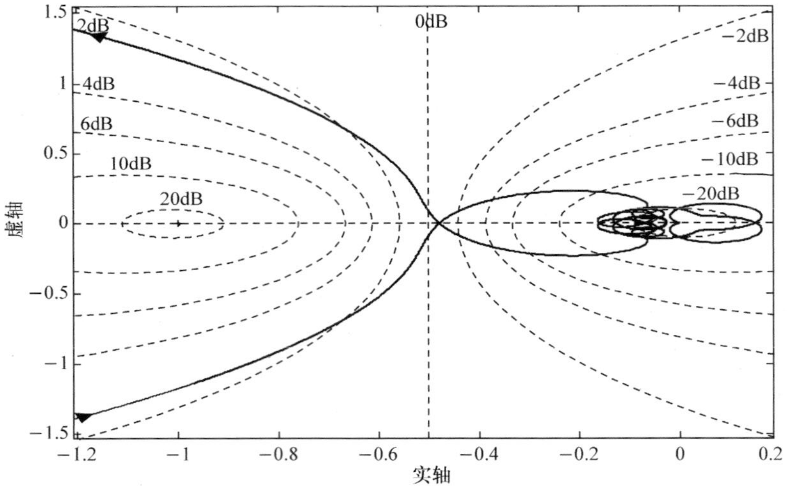

图 5.9　硬盘伺服系统的奈奎斯特曲线

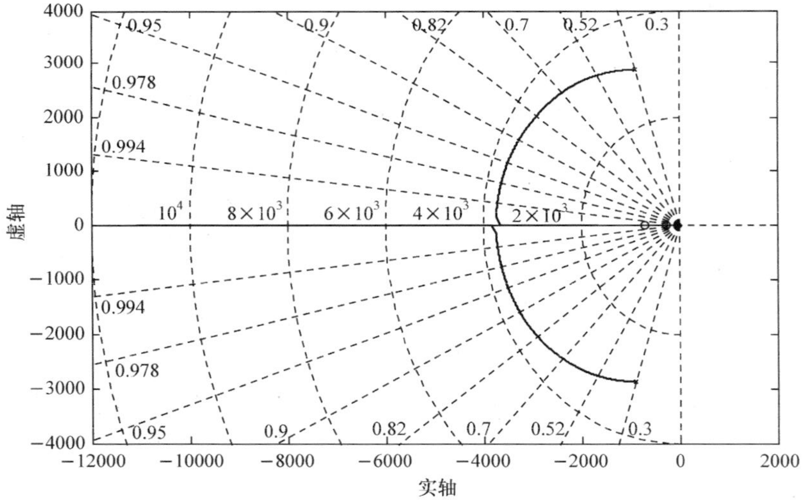

图 5.10　硬盘伺服系统的闭环极点轨迹

5.4.3　三阶系统的轨迹跟踪控制

考虑如下带有扰动的三阶系统：

$$\begin{cases}\dot{\boldsymbol{x}}=\boldsymbol{A}\cdot\boldsymbol{x}+\boldsymbol{B}\cdot\operatorname{sat}(u)+\boldsymbol{E}\cdot d\\ y=h=\boldsymbol{C}\cdot\boldsymbol{x}\end{cases}\tag{5.23}$$

式中

$$A=\begin{bmatrix}-1.5 & 1 & 0\\ 0 & 0 & 1\\ 0 & 0 & 0\end{bmatrix},\quad B=\begin{bmatrix}0\\0\\1\end{bmatrix},\quad E=\begin{bmatrix}1\\0\\1\end{bmatrix},\quad C=\begin{bmatrix}1 & 1 & 0\end{bmatrix}$$

$$u_{\max}=100,\quad x(0)=0,\quad d=-2$$

首先考虑跟踪一个正弦信号 $r(t)=\sin(\pi t+\pi/4)$。由于高阶系统的鲁棒复合非线性轨迹跟踪控制器的结构较为复杂，且参数整定也较困难，这里为了简化控制器，决定不采用非线性反馈部分，而设计一个线性控制器。在软件工具包中，选择基于扩展状态观测器的线性控制结构，并基于 H_2 设计方法来确定线性反馈矩阵，并选择其参数为 $\varepsilon=0.0001$；选择降阶观测器的带宽为 15rad/s(Butterworth 模式)。得到如下控制器(利用软件工具包的控制器导出功能)：

$$\begin{cases}\dot{\boldsymbol{\eta}}=\begin{bmatrix}960 & 544.5 & 543.1\\ 636.4 & 360 & 361\\ -2386.5 & -1350 & -1350\end{bmatrix}\cdot\boldsymbol{\eta}+\begin{bmatrix}0\\1\\0\end{bmatrix}\cdot\text{sat}(u)+\begin{bmatrix}14968\\11610\\-38475\end{bmatrix}\cdot y\\ \begin{bmatrix}\hat{\boldsymbol{x}}\\ \hat{d}\end{bmatrix}=\begin{bmatrix}-0.7071 & 0 & 0\\ 0.7071 & 0 & 0\\ 0 & 1 & 0\\ 0 & 0 & 1\end{bmatrix}\cdot\boldsymbol{\eta}+\begin{bmatrix}385\\-384\\-360\\1350\end{bmatrix}\cdot y\\ u=u_{\rm e}+\begin{bmatrix}-81.077 & -112.62 & -15.041\end{bmatrix}(\hat{\boldsymbol{x}}-\boldsymbol{x}_{\rm e})-13.617\hat{d}\end{cases}\tag{5.24}$$

式中，$\boldsymbol{x}_{\rm e}$ 和 $u_{\rm e}$ 来自如下的参考信号发生器：

$$\begin{cases}\dot{\boldsymbol{x}}_{\rm e}=\begin{bmatrix}-1.5 & 1 & 0\\ 0 & 0 & 1\\ 18.179 & -12.12 & 1.5\end{bmatrix}\cdot\boldsymbol{x}_{\rm e},\quad \boldsymbol{x}_{\rm e}(0)=\begin{bmatrix}-0.0281\\0.7353\\1.444\end{bmatrix}\\ u_{\rm e}=\begin{bmatrix}18.179 & -12.12 & 1.5\end{bmatrix}\cdot\boldsymbol{x}_{\rm e}\end{cases}$$

以上控制器对正弦信号的跟踪效果如图 5.11 所示。显然，系统能实现准确和平稳的跟踪性能。接下来，考虑对一个超越函数信号 $r(t)=0.2t+0.5\mathrm{e}^{\sin(\pi t)}$ 进行跟踪，控制律的结构和可调参数与前面的相同，所以式(5.24)的跟踪控制律可以沿用，但相应的参考信号发生器则有所不同：

$$\begin{cases} \dot{\boldsymbol{x}}_e = \begin{bmatrix} -1.5 & 1 & 0 \\ 0 & 0 & 1 \\ 3.375 & -2.25 & 1.5 \end{bmatrix} \cdot \boldsymbol{x}_e + \begin{bmatrix} 0 \\ 0 \\ 1 \end{bmatrix} \cdot r_s, \quad \boldsymbol{x}_e(0) = \begin{bmatrix} 0.2325 \\ 0.2675 \\ 1.852 \end{bmatrix} \\ u_e = \begin{bmatrix} 3.375 & -2.25 & 1.5 \end{bmatrix} \cdot \boldsymbol{x}_e + r_s \\ r_s(t) = \dfrac{1}{s+2.5} \cdot r_n(t) \\ r_n(t) = -\dfrac{\pi^3}{4} \sin(2\pi t)[\sin(\pi t) + 3] e^{\sin(\pi t)} \end{cases}$$

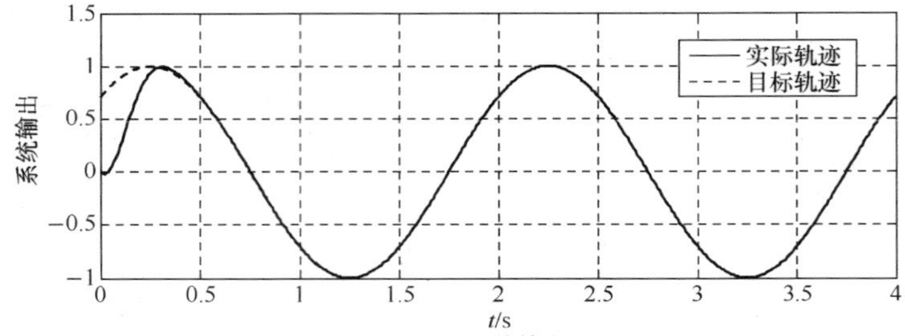

(a) 系统输出

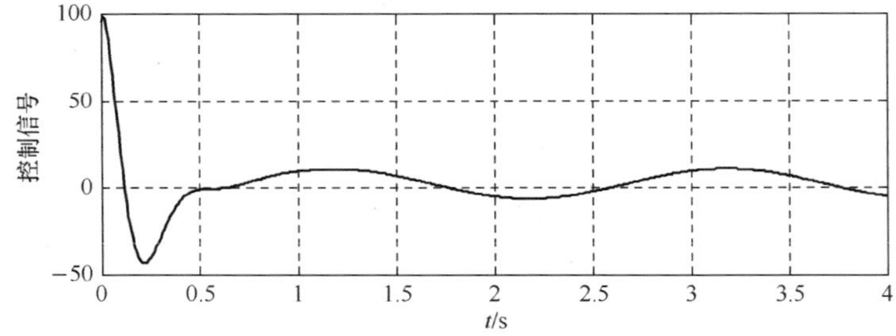

(b) 控制信号

图 5.11　三阶系统跟踪一个正弦信号

仿真结果如图 5.12 所示，控制器对超越函数信号同样也能取得准确和平稳的跟踪性能。

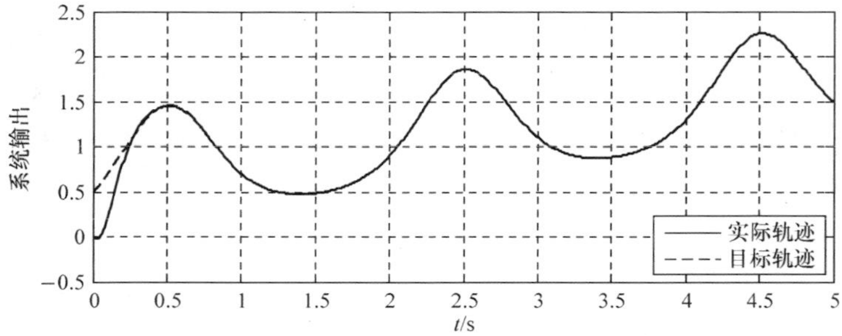

(a) 系统输出

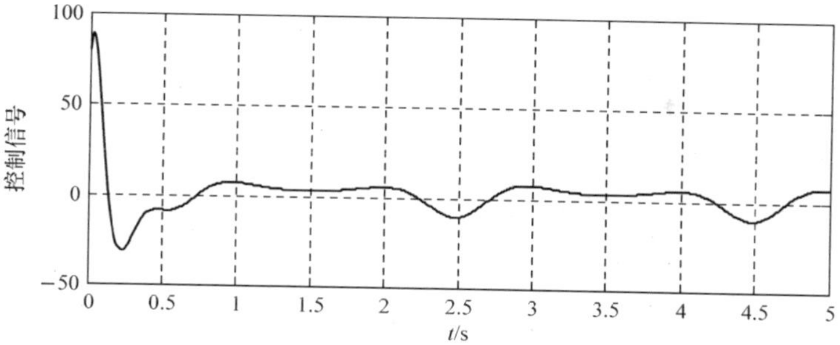

(b) 控制信号

图 5.12　三阶系统跟踪一个超越函数信号

5.5 小　　结

本章结合三个实例，介绍了一个用于支持复合非线性控制器设计和仿真分析的 MATLAB 工具包。这个 MATLAB 工具包具有用户友好的 GUI，它采用控制器模块化设计的思路，既可以支持基于扩展状态观测器的鲁棒复合非线性控制器的设计，也能用于设计基于误差积分的增强复合非线性反馈控制器，还可以设计纯粹的线性控制器。读者若对该工具包有兴趣，可向作者免费索取(cheng.vista@qq.com)，仅限用于非商业用途。

参考文献

[1] Peng K M, Chen B M, Cheng G Y, et al. Modeling and compensation of nonlinearities and friction in a micro hard disk drive servo system with nonlinear feedback control. IEEE Transactions on Control Systems Technology, 2005, 13(5): 708-721.

[2] Cheng G Y, Peng K M, Chen B M, et al. Improving transient performance in tracking general references using composite nonlinear feedback control and its application to high-speed *XY*-table positioning mechanism. IEEE Transactions on Industrial Electronics, 2007, 54(2): 1039-1051.

[3] Cheng G Y, Chen B M, Peng K M, et al. A MATLAB toolkit for composite nonlinear feedback control—Improving transient response in tracking control. Journal of Control Theory and Applications, 2010, 8(3): 271-279.

[4] Chen B M, Saberi A, Sannuti P, et al. Construction and parameterization of all static and dynamic H_2-optimal state feedback solutions, optimal fixed modes and fixed decoupling zeros. IEEE Transactions on Automatic Control, 1993, 38(2): 248-261.

[5] Lan W, Thum C K, Chen B M. A hard disk drive servo system design using composite nonlinear feedback control with optimal nonlinear gain tuning methods. IEEE Transactions on Industrial Electronics, 2010, 57(5): 1735-1745.

[6] Bupp R T, Bernstein D S, Coppola V T. A benchmark problem for nonlinear control design. International Journal of Robust and Nonlinear Control, 1998, 8(4-5): 307-310.

第 6 章　双模切换伺服控制

6.1　引　　言

在数控机床加工和自动装配生产线上常常需要进行大范围且准确的点对点位置移动，控制技术在其中发挥着至关重要的作用。对于大行程的点对点运动控制，通常可分为两个阶段：第一阶段是快速追踪(fast targeting)，即在最短时间内使用有界的控制力度驱动系统从当前位置尽快到达目标位置的邻域；第二阶段是平稳着陆(smooth settling)，就是要在实际应用环境的功率限制、干扰和不确定性等条件下使系统输出尽可能平稳地逼近目标位置。由于快速追踪和平稳着陆对性能规范的要求不同，使用单一控制技术来设计一个在两阶段都具有卓越性能的控制器相当困难。通常情况下，不同的控制技术将分别用于快速追踪和平稳着陆阶段的控制律设计，然后采用一个恰当的切换策略来确保成功的过渡。这就是模式切换控制(mode switching control, MSC)的基本原理。

对于双积分伺服系统，Workman 提出了从 TOC 平滑切换为线性控制的 PTOS 控制(参见文献[1]和[2]，以及第 2 章)：当跟踪误差较大时，采用 TOC 进行尽快的目标追踪；当跟踪误差较小时，转而使用线性控制律，从而避免了 TOC 的颤振问题，并以瞬态性能的一点小牺牲作为代价来换得鲁棒性的提高。实质上，PTOS 控制本身就是一个模式切换控制方案，它较容易实现，并且在跟踪一个大行程的目标时能获得近似最佳性能。因此，PTOS 控制可以作为快速追踪的一种解决方案。但是，在平稳着陆这一阶段，PTOS 控制的线性控制律还有改进的余地。众所周知，对于给定的闭环带宽，线性控制律总是必须在快速响应和低超调之间进行权衡。在过去的十几年，已经有一些学者致力于改善 PTOS 控制的控制性能。例如，文献[3]将 PTOS 控制与滑模控制相结合，实现了平滑模式转换和更好的暂态性能。然而，此设计并不包括扰动补偿及其稳定性分析。在文献[4]中，采用了鲁棒完美跟踪(robust and perfect tracking, RPT)控制律来代替 PTOS 控制进行平稳着陆阶段的控制。虽然 RPT 控制具有针对外部干扰和初始值的更好的鲁棒性，但是它仍然面临线性控制的局限性。文献[5]中提出了一种阻尼动态调度的 PTOS 控制方案，可以加快平稳着陆阶段的瞬态过程，但是没有讨论稳定性问题，也未考虑扰动的影响。文献[6]提出了一种具有非线性反馈增益的 PTOS 控制改进设计，有助于增强性能。然而，其中的稳定性分析限于状态变量是可测量的并且干扰不存在的情况。

本章提出一种基于观测器的双模切换伺服控制(dual mode switching servo control, DMSC)方案，它将 RCNS 控制结合到 PTOS 控制框架中。RCNS 控制是在 CNF 控制的基础上引入一个基于 ESO 的扰动估计和补偿机制(参见第 3 章)，因而具有更好的鲁棒性。CNF 控制器包含一个用于产生快速输出响应的线性伺服控制律和一个从低阻尼到高阻尼动态地调整闭环性能的非线性反馈律。CNF 控制下的伺服系统可以实现快速又平稳的定点跟踪[7,8]。这种控制方案在点对点渐近跟踪中，有可能取得比传统 TOC 或 PTOS 控制更好的效果。迄今，CNF 控制技术已成功实现在磁盘驱动器伺服测试台[8-11]、无人直升机飞行控制系统[12-14]。然而，CNF 和 RCNS 控制系统的不变集(即理论保证的工作范围)受其设计参数限制，这些参数可能必须针对不同的给定目标而重新调整，以便保持所要求的暂态性能。文献[15]针对磁盘驱动器伺服系统提出了一种统一控制方案(unified control scheme, UCS)，目的是在统一框架内完成目标磁道寻道、着陆和跟踪。UCS 实质上是 CNF 控制的一种扩展，它采用两级非线性反馈律来使得位置跟踪阶段具有更好的精度。UCS 的稳定性条件要求初始控制信号保持在输入饱和限幅区间内，这意味着给定目标的许可范围仍然是有限的。虽然可以通过使用低增益控制器来扩大工作范围，但这将导致一个性能不佳的保守设计。UCS 的非线性反馈部分依赖于一个与预期调节时间相关的增益函数，当系统带有未知扰动时，实际的调节时间可能偏离预期调节时间，从而导致过晚或超前的非线性反馈作用，最终造成瞬态性能的恶化(如迟缓的响应或过大超调)。本章提出的 DMSC 方案最初使用 PTOS 控制进行大范围内的快速追踪，随后切换到 RCNS 控制，以改善小范围跟踪的平稳性和准确性。所提出的 DMSC 方案，对给定目标的范围没有限制，并且在整个操作范围内可以逼近最优的控制性能。

应该指出，这里的 DMSC 系统是一种特殊类型的变结构控制系统，其切换动作以单向方式发生。控制器中有两种伺服模式用于跟踪任务，每种模式可独立设计。切换控制中的关键问题是切换机制或策略的设计，在这方面尽管已经投入了大量的研究工作，但迄今它仍然是一个具有挑战性的问题。在本章所提出的 DMSC 方案中，PTOS 控制律在大的跟踪误差区域内工作，因为它可以在近似最短的时间内到达目标邻域(几乎与时间最优控制相同)；RCNS 控制律用于小跟踪误差时的平稳着陆控制；此外，引入了基于扩展状态观测器的干扰估计及补偿机制，来实现准确的跟踪控制。

6.2　连续时域 DMSC 设计

许多实际的伺服系统可以用带有未知扰动的双积分器模型来表示。本节考虑以下连续时间状态空间模型描述的典型双积分器伺服系统：

$$\begin{cases}\dot{\boldsymbol{x}} = \boldsymbol{A}\cdot\boldsymbol{x} + \boldsymbol{B}\cdot(\mathrm{sat}(u)+d) \\ y = \boldsymbol{C}\cdot\boldsymbol{x}\end{cases} \tag{6.1}$$

式中，$\boldsymbol{x}=\begin{bmatrix} y \\ v \end{bmatrix}$；$\boldsymbol{A}=\begin{bmatrix} 0 & 1 \\ 0 & 0 \end{bmatrix}$；$\boldsymbol{B}=\begin{bmatrix} 0 \\ b \end{bmatrix}$；$\boldsymbol{C}=\begin{bmatrix} 1 & 0 \end{bmatrix}$；$u$ 是系统的控制输入；d 是未知的分段恒定或缓慢变化的扰动。其中，y 是输出位置(可测量)，v 是速度信号，b 是加速常数，并且为简单起见假定 b 为正。$\mathrm{sat}:\mathbb{R}\to\mathbb{R}$ 表示执行器的饱和限幅特性，定义为

$$\mathrm{sat}(u(t)) = \mathrm{sign}(u(t))\cdot\min\{u_{\max}, |u(t)|\} \tag{6.2}$$

式中，$u_{\max}$ 是饱和限幅值。

控制器的任务是确保系统输出 y 快速和准确地跟踪定点目标参考 r。

6.2.1　鲁棒 PTOS 控制律

PTOS 控制律已在第 2 章介绍过(参见文献[1]和[2])，其表达式如下：

$$u_{\mathrm{s}} = \mathrm{sat}(k_2[f_{\mathrm{p}}(e)-v]) \tag{6.3}$$

式中，$e=r-y$ 是跟踪误差。函数 $f_{\mathrm{p}}(e)$ 由式(6.4)给出：

$$f_{\mathrm{p}}(e)=\begin{cases}\dfrac{k_1}{k_2}e, & |e|\leqslant y_1 \\ \mathrm{sign}(e)\left(\sqrt{2b\alpha u_{\max}|e|}-v_{\mathrm{s}}\right), & |e|>y_1\end{cases} \tag{6.4}$$

式中，k_1 和 k_2 分别是位置和速度的反馈增益；$\alpha>0$ 是加速度折扣系数；y_1 是线性区域的大小；v_{s} 是速度信号的偏移。反馈增益 k_1、k_2 和速度偏移 v_{s} 的值可以在假定线性控制的区域宽度为 y_1 且其共轭极点具有阻尼系数 ζ 的条件下，应用极点配置算法和函数 $f_{\mathrm{p}}(e)$ 在 $|e|=y_1$ 处的连续性和平滑性条件进行计算，结果如下：

$$k_1=\frac{2\alpha\zeta^2u_{\max}}{y_1},\quad k_2=2\zeta\sqrt{\frac{k_1}{b}},\quad v_{\mathrm{s}}=\sqrt{\frac{b\alpha u_{\max}y_1}{2}} \tag{6.5}$$

式中，ζ 和 y_1 可用作控制律的两个独立设计参数。阻尼系数 ζ 的选择应使得超调保持在指定水平内。具体来说，当 PTOS 作为独立控制器工作时，ζ 应不小于 0.8，以确保超调低于 2%。而在 DMSC 方案中，由于稳态过程将由 RCNS 控制，此处的阻尼系数 ζ 可以减小到约 0.7 以允许更快的目标追踪。线性区域的宽度 y_1 应选择为使得闭环极点的自然频率 $\omega_{\mathrm{n}}=\zeta\sqrt{2b\alpha u_{\max}/y_1}$ 与期望的伺服带宽相对应。加速度折扣系数 α 可根据系统模型的不确定性和 ζ 值来选择，以便在控制性能与鲁棒

性之间进行权衡[2]：

$$\alpha \leqslant 2\beta - \frac{1}{2\zeta^2} \tag{6.6}$$

式中，β 表示系统标称模型的可信度，$0<\beta\leqslant 1$。

控制律(6.3)用到未量测的速度信号，需要对该信号进行估计。此外，有必要补偿实际伺服系统中的干扰，否则可能出现稳态跟踪误差。由于未知的扰动被假定为恒定或缓慢变化的，可以通过微分方程 $\dot{d}=0$ 来对其进行建模，并把它与对象模型结合起来得到一个增广模型，然后设计降阶扩展状态观测器来估计速度 v 和干扰 d(参见文献[16])：

$$\begin{cases} \dot{\boldsymbol{\eta}} = \boldsymbol{A}_{\mathrm{o}} \cdot \boldsymbol{\eta} + \boldsymbol{B}_{\mathrm{o}} \cdot \begin{bmatrix} \mathrm{sat}(u) \\ y \end{bmatrix} \\ \begin{bmatrix} \hat{v} \\ \hat{d} \end{bmatrix} = \boldsymbol{\eta} + \boldsymbol{L}_{\mathrm{o}} \cdot y \end{cases} \tag{6.7}$$

式中

$$\boldsymbol{A}_{\mathrm{o}} = \begin{bmatrix} -2\zeta_0\omega_0 & b \\ -\dfrac{\omega_0^2}{b} & 0 \end{bmatrix}, \quad \boldsymbol{B}_{\mathrm{o}} = \begin{bmatrix} b & (1-4\zeta_0^2)\omega_0^2 \\ 0 & -\dfrac{2\zeta_0\omega_0^3}{b} \end{bmatrix}, \quad \boldsymbol{L}_{\mathrm{o}} = \begin{bmatrix} 2\zeta_0\omega_0 \\ \dfrac{\omega_0^2}{b} \end{bmatrix}$$

$\boldsymbol{\eta}$ 是观测器的内部状态向量；$\hat{v}$ 和 $\hat{d}$ 分别是速度 v 和扰动 d 的估计；ζ_0 和 ω_0 是观测器极点的阻尼系数和自然频率。根据经验，ω_0 可选择为所需闭环伺服带宽的二倍以上。

利用观测器进行反馈控制和扰动补偿，得到鲁棒 PTOS 控制律如下：

$$u_{\mathrm{p}} = \mathrm{sat}(k_2[f_{\mathrm{p}}(e) - \hat{v}] - \hat{d}) \tag{6.8}$$

完整的 PTOS 控制律由式(6.4)、式(6.7)和式(6.8)组成。虽然式(6.7)中的观测器在设计时仅考虑输入干扰，但是估计的信号实际是一个集总干扰，其不仅包括输入扰动，而且包括可以与等效输入扰动匹配的系统不确定性。在设计中，假定扰动是恒定或缓慢变化的，即其变化率相当小。如果变化率不可忽略但有界，观测器误差的上限值将随着观测器带宽的增加而单调减小且保持有界[17]。使用广义扩展状态观测器或更高阶扩展状态观测器可以实现更好的估计[18,19]。

6.2.2 RCNS 控制律

按照第 3 章关于 RCNS 控制的设计步骤，首先为系统(6.1)设计一个线性控制律：

$$u_1 = \boldsymbol{F}(\boldsymbol{x} - \boldsymbol{x}_s), \quad \boldsymbol{x}_s = \begin{bmatrix} r \\ 0 \end{bmatrix} \tag{6.9}$$

和

$$\boldsymbol{F} = -\begin{bmatrix} \dfrac{\omega_1^2}{b} & \dfrac{2\zeta_1\omega_1}{b} \end{bmatrix} := \begin{bmatrix} f_1 & f_2 \end{bmatrix} \tag{6.10}$$

式中，增益矩阵 $\boldsymbol{F}$ 使得闭环系统具有一对共轭极点 $-\zeta_1\omega_1 \pm \mathrm{j}\omega_1\sqrt{1-\zeta_1^2}$ 。这里，阻尼系数 ζ_1 应当取较小值(通常为 0.3)以使系统可以快速响应，而自然频率 ω_1 对应于期望的伺服带宽。

接下来，为设计非线性反馈律，选择一个正定矩阵：

$$\boldsymbol{W} = \begin{bmatrix} \dfrac{2\omega_1^4}{b^2} & 0 \\ 0 & \dfrac{2\omega_1^2}{b^2} \end{bmatrix}$$

求解 Lyapunov 方程 $(\boldsymbol{A}+\boldsymbol{BF})^{\mathrm{T}}\boldsymbol{P} + \boldsymbol{P}(\boldsymbol{A}+\boldsymbol{BF}) = -\boldsymbol{W}$ ，得到矩阵 $\boldsymbol{P}$ 的唯一解：

$$\boldsymbol{P} = \begin{bmatrix} \dfrac{\omega_1^3(1+2\zeta_1^2)}{b^2\zeta_1} & \dfrac{\omega_1^2}{b^2} \\ \dfrac{\omega_1^2}{b^2} & \dfrac{\omega_1}{b^2\zeta_1} \end{bmatrix}$$

然后，选择一个平滑有界非线性函数 $\rho(e(t)) \leqslant 0$ ，它是绝对跟踪误差 $|e(t)|$ 的递增函数。则 RCNS 的非线性反馈律可写成

$$u_{\mathrm{n}} = \rho(e(t))\boldsymbol{F}_{\mathrm{n}}(\boldsymbol{x} - \boldsymbol{x}_s) \tag{6.11}$$

式中

$$\boldsymbol{F}_{\mathrm{n}} = \boldsymbol{B}^{\mathrm{T}}\boldsymbol{P} = \begin{bmatrix} \dfrac{\omega_1^2}{b} & \dfrac{\omega_1}{b\zeta_1} \end{bmatrix} := \begin{bmatrix} f_{\mathrm{n}1} & f_{\mathrm{n}2} \end{bmatrix}$$

需要指出，矩阵 $\boldsymbol{W}$ 的选择将影响稳态闭环极点的位置。根据根轨迹理论，闭环极点将从初始的一对共轭极点 $-\zeta_1\omega_1 \pm \mathrm{j}\omega_1\sqrt{1-\zeta_1^2}$ 逐步趋向传递函数 $\boldsymbol{F}_{\mathrm{n}}(s\boldsymbol{I} - \boldsymbol{A} - \boldsymbol{BF})^{-1}\boldsymbol{B}$ 的零点[8]，即 $s_1 = -\zeta_1\omega_1$ 和 $s_2 = -\infty$ ，如图 6.1 所示。显然，在闭环极点的迁移过程中，其阻尼系数越来越大。

现在，通过将线性控制律和非线性反馈律以及基于观测器(6.7)的扰动补偿项组合在一起，可以得到 RCNS 控制律如下：

$$u_c = \left[\boldsymbol{F} + \rho(e(t)) \cdot \boldsymbol{F}_n \right] (\hat{\boldsymbol{x}} - \boldsymbol{x}_s) - \hat{d} \tag{6.12}$$

式中，$\hat{\boldsymbol{x}} = \begin{bmatrix} y \\ \hat{v} \end{bmatrix}$。

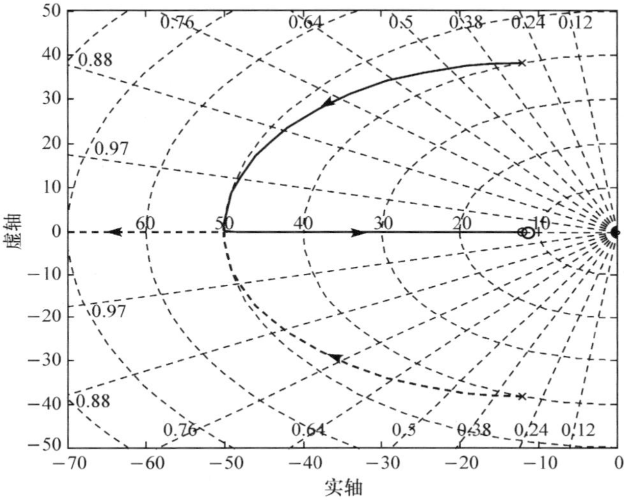

图 6.1　闭环极点的演变轨迹

6.2.3　DMSC 切换策略

针对式(6.7)中的观测器，定义估计误差：

$$\boldsymbol{z} = \begin{bmatrix} \tilde{v} \\ \tilde{d} \end{bmatrix} = \begin{bmatrix} \hat{v} - v \\ \hat{d} - d \end{bmatrix}$$

容易验证

$$\dot{\boldsymbol{z}} = \boldsymbol{A}_o \cdot \boldsymbol{z} \tag{6.13}$$

定义 $\boldsymbol{K}_c = \left[f_2 \quad -1 \right]$，并选择一个对称正定矩阵 $\boldsymbol{Q} \in \mathbb{R}^{2\times 2}$ 如下：

$$\boldsymbol{Q} > \boldsymbol{K}_c^{\mathrm{T}} \boldsymbol{B}^{\mathrm{T}} \boldsymbol{P} \boldsymbol{W}^{-1} \boldsymbol{P} \boldsymbol{B} \boldsymbol{K}_c \tag{6.14}$$

并求解以下 Lyapunov 方程：

$$\boldsymbol{A}_o^{\mathrm{T}} \boldsymbol{P}_o + \boldsymbol{P}_o \boldsymbol{A}_o = -\boldsymbol{Q} \tag{6.15}$$

由于 $\boldsymbol{A}_o$ 是稳定的，上述 Lyapunov 方程具有唯一解 $\boldsymbol{P}_o$>0。定义

$$\bar{\boldsymbol{P}} = \begin{bmatrix} \boldsymbol{P} & \boldsymbol{0} \\ \boldsymbol{0} & \boldsymbol{P}_o \end{bmatrix}, \quad \bar{\boldsymbol{F}} = \left[\boldsymbol{F} \quad \boldsymbol{K}_c \right]$$

和一个满足如下条件的四维点集 $\Omega(\bar{\boldsymbol{P}},\ c_\delta):=\left\{\bar{\boldsymbol{x}}\in\mathbb{R}^4:\bar{\boldsymbol{x}}^{\mathrm{T}}\bar{\boldsymbol{P}}\bar{\boldsymbol{x}}<c_\delta\right\}$：

$$\forall\bar{\boldsymbol{x}}\in\Omega(\bar{\boldsymbol{P}},\ c_\delta)\ \ \Rightarrow\ \ \left|\bar{\boldsymbol{F}}\cdot\bar{\boldsymbol{x}}\right|<\delta\cdot u_{\max}$$

式中，参数 $\delta\in(0,1)$，而参数 $c_\delta>0$ 的值可以估计为[20]

$$c_\delta=\frac{(\delta\cdot u_{\max})^2}{\bar{\boldsymbol{F}}\bar{\boldsymbol{P}}^{-1}\bar{\boldsymbol{F}}^{\mathrm{T}}} \tag{6.16}$$

至此，DMSC 控制律可以表示为

$$u(t)=\begin{cases}u_{\mathrm{p}}(t), & t<t_1\\ u_{\mathrm{c}}(t), & t\geqslant t_1\end{cases} \tag{6.17}$$

式中，u_{p} 和 u_{c} 分别按照式(6.8)和式(6.12)计算。控制律切换的时刻 t_1 被确定为满足如下条件的最早时刻 t：

$$\begin{bmatrix}\tilde{\boldsymbol{x}}(t)\\ z(t)\end{bmatrix}\in\Omega(\bar{\boldsymbol{P}},c_\delta) \tag{6.18}$$

式中

$$\tilde{\boldsymbol{x}}(t)=\boldsymbol{x}(t)-\boldsymbol{x}_{\mathrm{s}}=\begin{bmatrix}-e(t)\\ v(t)\end{bmatrix}$$

RCNS 控制律的非线性增益函数 $\rho(e(t))$ 的幅度应随着 $e(t)$ 趋于 0 而逐步增大，一种可能的选择如下：

$$\rho(e(t))=\begin{cases}-\lambda\cdot\mathrm{e}^{-\gamma\left|\frac{e(t)}{e(t_1)}\right|}, & e(t_1)\neq 0\\ -\lambda\cdot\mathrm{e}^{-\gamma|e(t)|}, & e(t_1)=0\end{cases} \tag{6.19}$$

式中，λ 和 γ 是非负的可调参数。随着跟踪误差从 $e(t_1)$ 变化到 0，$\rho(e(t))$ 的值将相应地从 $-\lambda\mathrm{e}^{-\gamma}$ 变为 $-\lambda$，其幅值逐步增大，使得闭环阻尼系数动态增大，从而抑制系统超调。参数 λ 和 γ 与非线性反馈作用的强度和变化率有关。它们的值可通过选择闭环极点的期望稳态位置或一些优化整定方法来确定(更多细节参见文献[8]、[9]和[11])。

在 DMSC 控制律切换的瞬间，控制信号的幅值可能发生跳跃。但这种切换在每一次目标给定或扰动改变之后至多发生一次，因而由切换引起的控制量跳变对系统的影响总体上可忽略(不同于“颤振”——频繁地切换和跳变)。当然，若需要避免这种控制量跳变，则可以考虑在发生切换时对式(6.19)中函数 $\rho(e(t))$ 的参数 λ 值进行设置，确保此时由 PTOS 控制律和 RCNS 控制律分别得到的控制量相等。

6.2.4 稳定性分析

定义 $\boldsymbol{K}=\left[k_2 \quad 1\right]$ 和二维点集 $\Omega_{\rm o}(\boldsymbol{P}_{\rm o},\ p_\delta):=\left\{\boldsymbol{z}\in\mathbb{R}^2:\boldsymbol{z}^{\rm T}\boldsymbol{P}_{\rm o}\boldsymbol{z}<p_\delta\right\}$，其中 p_δ 是满足以下条件的最大标量参数：

$$\forall \boldsymbol{z}\in\Omega_{\rm o}(\boldsymbol{P}_{\rm o},\ p_\delta)\Rightarrow\left|\boldsymbol{Kz}\right|<\delta\cdot u_{\max}$$

定理 6.1　对于系统(6.1)，若下列三个条件都成立，则基于观测器的 DMSC 控制律(6.17)可以保证闭环稳定性，并且系统输出 y 将跟踪定点目标 r 而没有稳态误差：

(1) $|d|\leqslant(1-\delta)u_{\max}$；

(2) $\boldsymbol{z}(0)\in\Omega_{\rm o}(\boldsymbol{P}_{\rm o},p_\delta)$；

(3) 非线性增益函数 $\rho(e(t))$ 以某个正参数 $\bar{\rho}$ 为界。

证明　DMSC 控制系统的基本思路如下：对于 $\Omega(\bar{\boldsymbol{P}},\ c_\delta)$ 外的任何初始状态，先应用 PTOS 控制律来将系统状态转移到 $\Omega(\bar{\boldsymbol{P}},\ c_\delta)$ 内，然后系统由 RCNS 控制律来接管，以确保对定点目标的快速、平稳和准确的跟踪。

类似于状态变量可量测且无扰动的双积分系统的情形(图 6.2)，可以在基于观测器的 PTOS 系统的状态空间中定义以下四个区域：

$$S^-=\left\{(e,v,\tilde{v},\tilde{d})\in\mathbb{R}^4:k_2\left[f_{\rm p}(e)-\hat{v}\right]-\hat{d}<-u_{\max}\right\}$$

$$S^+=\left\{(e,v,\tilde{v},\tilde{d})\in\mathbb{R}^4:k_2\left[f_{\rm p}(e)-\hat{v}\right]-\hat{d}>u_{\max}\right\}$$

$$U=\left\{(e,v,\tilde{v},\tilde{d})\in\mathbb{R}^4:\left|k_2\left[f_{\rm p}(e)-\hat{v}\right]-\hat{d}\right|\leqslant u_{\max}\right\}$$

$$L=\left\{(e,v,\tilde{v},\tilde{d})\in U:|e|\leqslant y_1\right\}$$

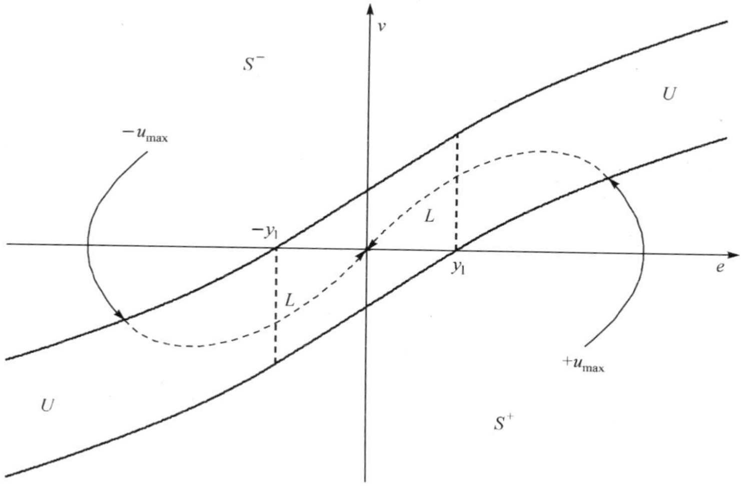

图 6.2　PTOS 的操作区域

显然，$S^+ \cup U \cup S^- = \mathbb{R}^4$，$S^+ \cap S^- = \varnothing$，$L \subset U$，其中$L$是 PTOS 控制的线性控制区域。

PTOS 控制系统的工作流程是：对于S^+或S^-区域内的任何初始状态，用饱和控制信号施加到被控系统以便在有限时间内将系统状态转移到U内并停留在其中；在系统状态进入线性控制区域L之后，控制律将确保准确跟踪给定目标。从定理的条件(1)可以看出，当控制量饱和时，扰动d不会改变系统加速的方向。

定义 Lyapunov 函数$V_0(t)=\boldsymbol{z}^{\mathrm{T}}(t)\boldsymbol{P}_{\mathrm{o}}\boldsymbol{z}(t)$，并根据式(6.13)所示的观测器动态方程来计算$V_0(t)$的时间导数：

$$\dot{V}_0 = \dot{\boldsymbol{z}}^{\mathrm{T}}\boldsymbol{P}_{\mathrm{o}}\boldsymbol{z} + \boldsymbol{z}^{\mathrm{T}}\boldsymbol{P}_{\mathrm{o}}\dot{\boldsymbol{z}} = \boldsymbol{z}^{\mathrm{T}}(\boldsymbol{A}_{\mathrm{o}}^{\mathrm{T}}\boldsymbol{P}_{\mathrm{o}} + \boldsymbol{P}_{\mathrm{o}}\boldsymbol{A}_{\mathrm{o}})\boldsymbol{z} = -\boldsymbol{z}^{\mathrm{T}}\boldsymbol{Q}\boldsymbol{z} \leqslant 0$$

从条件(2)可得

$$\begin{aligned}
&\boldsymbol{z}^{\mathrm{T}}(t)\boldsymbol{P}_{\mathrm{o}}\boldsymbol{z}(t) \leqslant \boldsymbol{z}^{\mathrm{T}}(0)\boldsymbol{P}_{\mathrm{o}}\boldsymbol{z}(0) < p_\delta \\
&\Rightarrow \boldsymbol{z}(t) \in \Omega_0(\boldsymbol{P}_{\mathrm{o}},\ p_\delta) \\
&\Rightarrow \left|\boldsymbol{K}\cdot\boldsymbol{z}(t)\right| < \delta \cdot u_{\max},\quad \forall t \geqslant 0
\end{aligned}$$

因此，可推断：$|d+\boldsymbol{K}\boldsymbol{z}| < u_{\max}$。

PTOS 控制律可以改写为

$$u_{\mathrm{p}} = \mathrm{sat}(\overline{u}_{\mathrm{p}})$$

式中

$$\overline{u}_{\mathrm{p}} = k_2\left[f_{\mathrm{p}}(e) - v\right] - (d + \boldsymbol{K}\boldsymbol{z}) \tag{6.20}$$

令$h = \mathrm{sat}(\overline{u}_{\mathrm{p}}) + (d + \boldsymbol{K}\boldsymbol{z})$，根据$\overline{u}_{\mathrm{p}}$的取值范围，$h$可以写成如下三种情况：

$$\begin{cases}
k_2\left[f_{\mathrm{p}}(e)-v\right] < h < 0, & \overline{u}_{\mathrm{p}} < -u_{\max} \\
h = k_2\left[f_{\mathrm{p}}(e)-v\right], & \left|\overline{u}_{\mathrm{p}}\right| \leqslant u_{\max} \\
0 < h < k_2\left[f_{\mathrm{p}}(e)-v\right], & \overline{u}_{\mathrm{p}} > u_{\max}
\end{cases} \tag{6.21}$$

显然，对于所有可能的情况，h都可以表示为

$$h = \mu k_2\left[f_{\mathrm{p}}(e) - v\right]$$

式中，参数$\mu \in (0,1)$，则

$$\mathrm{sat}(u_{\mathrm{p}}) + d = \mathrm{sat}(\overline{u}_{\mathrm{p}}) + d = \mu k_2\left[f_{\mathrm{p}}(e) - v\right] - \boldsymbol{K}\boldsymbol{z}$$

考虑系统的误差动态方程：

$$\begin{cases}\dot{e}=-v\\ \dot{v}=b\cdot(\mathrm{sat}(u_{\mathrm{p}})+d)\end{cases} \tag{6.22}$$

和如下的 Lyapunov 函数：

$$V_{\mathrm{p}}(t)=\frac{v^2(t)}{2bk_2}+\int_0^{e(t)}\mu f_{\mathrm{p}}(\sigma)\mathrm{d}\sigma+\boldsymbol{z}^{\mathrm{T}}(t)\boldsymbol{P}_{\mathrm{o}}\boldsymbol{z}(t) \tag{6.23}$$

沿着由式(6.13)和式(6.22)构成的闭环系统的轨迹，计算 $V_{\mathrm{p}}(t)$ 的时间导数如下：

$$\begin{aligned}\dot{V}_{\mathrm{p}}&=\frac{v\dot{v}}{bk_2}+\mu f_{\mathrm{p}}(e)\dot{e}+\dot{\boldsymbol{z}}^{\mathrm{T}}\boldsymbol{P}_{\mathrm{o}}\boldsymbol{z}+\boldsymbol{z}^{\mathrm{T}}\boldsymbol{P}_{\mathrm{o}}\dot{\boldsymbol{z}}\\
&=\frac{v[\mathrm{sat}(u_{\mathrm{p}})+d]}{k_2}+\mu f_{\mathrm{p}}(e)(-v)+\boldsymbol{z}^{\mathrm{T}}(\boldsymbol{A}_{\mathrm{o}}^{\mathrm{T}}\boldsymbol{P}_{\mathrm{o}}+\boldsymbol{P}_{\mathrm{o}}\boldsymbol{A}_{\mathrm{o}})\boldsymbol{z}\\
&=\frac{\mu k_2 v\left[f_{\mathrm{p}}(e)-v\right]-\boldsymbol{K}\boldsymbol{z}v}{k_2}-\mu v f_{\mathrm{p}}(e)-\boldsymbol{z}^{\mathrm{T}}\boldsymbol{Q}\boldsymbol{z}\\
&=-\mu v^2-\frac{\boldsymbol{K}\boldsymbol{z}v}{k_2}-\boldsymbol{z}^{\mathrm{T}}\boldsymbol{Q}\boldsymbol{z}\\
&=-\begin{bmatrix}v\\ \boldsymbol{z}\end{bmatrix}^{\mathrm{T}}\begin{bmatrix}\mu & \dfrac{\boldsymbol{K}}{2k_2}\\ \dfrac{\boldsymbol{K}^{\mathrm{T}}}{2k_2} & \boldsymbol{Q}\end{bmatrix}\begin{bmatrix}v\\ \boldsymbol{z}\end{bmatrix}\end{aligned}$$

上式中的矩阵 $\boldsymbol{Q}$ 可以被选择满足条件 $\boldsymbol{Q}>\dfrac{\boldsymbol{K}^{\mathrm{T}}\boldsymbol{K}}{4\mu k_2^2}$，从而得到 $\dot{V}_{\mathrm{p}}\leqslant 0$，且等号仅在 $\begin{bmatrix}v\\ \boldsymbol{z}\end{bmatrix}=0$ 所对应的区域内成立。应用 LaSalle 不变性原理可得：$v\to 0$，$\boldsymbol{z}\to\boldsymbol{0}$。根据 $\dot{v}=b\cdot\left[\mathrm{sat}(u_{\mathrm{p}})+d\right]=b\cdot\left[\mu k_2 f_{\mathrm{p}}(e)-\mu k_2 v-\boldsymbol{K}\boldsymbol{z}\right]$，可知 $\dot{v}$ 是一致连续的，利用 Barbalat 引理可得 $\dot{v}\to 0$，从而得到 $f_{\mathrm{p}}(e)\to 0$。基于 $f_{\mathrm{p}}(e)$ 的定义，$f_{\mathrm{p}}(e)=0$ 意味着 $e=0$。因此，PTOS 控制下的闭环系统在原点具有唯一的平衡点，并且渐近稳定。

由于 PTOS 控制的闭环系统是渐近稳定的，其轨迹将在收敛到原点之前进入区域 $\Omega(\bar{\boldsymbol{P}},\ c_\delta)$。接下去，需要证明：一旦系统状态进入 $\Omega(\bar{\boldsymbol{P}},\ c_\delta)$，由 RCNS 控制律代替 PTOS 控制律，受控系统将渐近收敛于原点，即 $(e,v)\to(0,0)$。在控制律切换的时刻：

$$\begin{bmatrix}\tilde{\boldsymbol{x}}\\ \boldsymbol{z}\end{bmatrix}\in\Omega(\bar{\boldsymbol{P}},\ c_\delta)$$

因此$\left|F\tilde{x}+K_{c}z\right|<\delta\cdot u_{\max}$。注意到$|d|\leqslant(1-\delta)u_{\max}$，所以

$$\left|F\tilde{x}+K_{c}z-d\right|\leqslant\left|F\tilde{x}+K_{c}z\right|+|d|<u_{\max}$$

RCNS 控制律可以改写成

$$u_{c}=(F+\rho(e)F_{n})\begin{bmatrix}y-r\\ \hat{v}\end{bmatrix}-\hat{d}=F\tilde{x}+K_{c}z-d+\rho(e)(F_{n}\tilde{x}+K_{n}z)$$

式中，$K_{n}=\begin{bmatrix}f_{n2} & 0\end{bmatrix}$。则 RCNS 控制下的系统可以表示为

$$\begin{aligned}\dot{\tilde{x}}&=Ax+B\cdot(\mathrm{sat}(u_{c})+d)\\&=(A+BF)\tilde{x}+B\cdot[\mathrm{sat}(u_{c})-F\tilde{x}-K_{c}z+d]+BK_{c}z\\&=(A+BF)\tilde{x}+B\cdot\varpi+BK_{c}z\end{aligned}\tag{6.24}$$

式中，$\varpi=\mathrm{sat}(u_{c})-(F\tilde{x}+K_{c}z-d)$。采用与文献[8]类似的推理，可以证明在$u_{c}$的三种取值范围，即$|u_{c}|\leqslant u_{\max}$、$u_{c}>u_{\max}$和$u_{c}<-u_{\max}$，$\varpi$可以改写为

$$\varpi=\kappa\rho(e)(F_{n}\tilde{x}+K_{n}z)$$

式中，$0<\kappa\leqslant1$。

为了分析 RCNS 控制的闭环稳定性，定义 Lyapunov 函数如下：

$$V_{c}(t)=\tilde{x}^{\mathrm{T}}(t)P\tilde{x}(t)+z^{\mathrm{T}}(t)P_{o}z(t)\tag{6.25}$$

沿着由式(6.13)和式(6.24)构成的闭环系统轨迹计算其时间导数：

$$\begin{aligned}\dot{V}_{c}&=\dot{\tilde{x}}^{\mathrm{T}}P\tilde{x}+\tilde{x}^{\mathrm{T}}P\dot{\tilde{x}}+\dot{z}^{\mathrm{T}}P_{o}z+z^{\mathrm{T}}P_{o}\dot{z}\\&=\tilde{x}^{\mathrm{T}}(A+BF)^{\mathrm{T}}P\tilde{x}+\tilde{x}^{\mathrm{T}}P(A+BF)\tilde{x}+2\varpi B^{\mathrm{T}}P\tilde{x}+2\tilde{x}^{\mathrm{T}}PBK_{c}z-z^{\mathrm{T}}Qz\\&=-\tilde{x}^{\mathrm{T}}W\tilde{x}+2\kappa\rho(e)(F_{n}\tilde{x})^{2}+2\kappa\rho(e)\tilde{x}^{\mathrm{T}}PBK_{n}z+2\tilde{x}^{\mathrm{T}}PBK_{c}z-z^{\mathrm{T}}Qz\\&\leqslant-\begin{bmatrix}\tilde{x}\\ z\end{bmatrix}^{\mathrm{T}}\begin{bmatrix}W & M_{\rho}\\ M_{\rho}^{\mathrm{T}} & Q\end{bmatrix}\begin{bmatrix}\tilde{x}\\ z\end{bmatrix}\end{aligned}$$

式中，$M_{\rho}=-PB\left[K_{c}+\kappa\rho(e)K_{n}\right]$。注意到$W>0$，如果$Q-M_{\rho}^{\mathrm{T}}W^{-1}M_{\rho}>0$，则$\dot{V}_{c}$将是负定的。根据式(6.14)对矩阵$Q$的选择，显然存在一个标量值$\bar{\rho}$>0，使得只要$|\rho(e)|\leqslant\bar{\rho}$，$\dot{V}_{c}$就是负定的。因此，$\Omega(\bar{P},\ c_{\delta})$是 RCNS 控制律的一个不变集，闭环系统是渐近稳定的，$\tilde{x}\to0$，$z\to0$。

定理 6.1 证毕。

6.3 离散时域 DMSC 设计

在实际应用中，采用连续时域设计的控制器最终必须离散化才能进行编程实

现。因此，若有可能，应考虑直接在离散时域中对控制器进行设计。此外，离散时域 DMSC 的稳定性分析与连续时域的情形有很大不同。

本节针对以双积分器为特征的典型伺服系统提出一种离散时域的 DMSC 设计方案，所考虑的被控系统可用离散状态空间模型表达如下：

$$\boldsymbol{x}(k+1)=\boldsymbol{A}\cdot\boldsymbol{x}(k)+\boldsymbol{B}\cdot\left[\operatorname{sat}(u(k))+d\right] \tag{6.26}$$

式中

$$\boldsymbol{x}(k)=\begin{bmatrix} y(k)\\ v(k)\end{bmatrix},\quad \boldsymbol{A}=\begin{bmatrix}1 & T\\ 0 & 1\end{bmatrix},\quad \boldsymbol{B}=\begin{bmatrix}\dfrac{1}{2}bT^2\\ bT\end{bmatrix}$$

$\boldsymbol{x}(k)\in\mathbb{R}^2$ 和 $u(k)\in\mathbb{R}$ 分别是系统的状态量和控制量；$y(k)$ 是唯一可测量的输出量(位置)；$v(k)$ 是速度信号；d 是定常或变化缓慢的未知扰动；T 是采样周期；b 是系统的模型参数，为简单起见假设为正数；$\operatorname{sat}:\mathbb{R}\to\mathbb{R}$ 表示执行器的饱和限幅函数，可表示为

$$\operatorname{sat}(u(k))=\operatorname{sign}(u(k))\cdot\min\left\{u_{\max},|u(k)|\right\}$$

式中，$u_{\max}$ 是饱和限幅值；$\operatorname{sign}(\cdot)$ 是符号函数。被控对象的模型(6.26)可改写为

$$\begin{bmatrix}e(k+1)\\ v(k+1)\end{bmatrix}=\begin{bmatrix}1 & -T\\ 0 & 1\end{bmatrix}\begin{bmatrix}e(k)\\ v(k)\end{bmatrix}+\begin{bmatrix}-\dfrac{1}{2}bT^2\\ bT\end{bmatrix}\left[\operatorname{sat}(u(k))+d\right] \tag{6.27}$$

式中，$e(k)=r-y(k)$ 是跟踪误差，r 是目标给定(阶跃信号)。

6.3.1　离散鲁棒 PTOS 控制律

本节将介绍基于观测器的离散时间鲁棒 PTOS 控制律的设计。这种离散时间鲁棒 PTOS 控制律，已在第 2 章中做了介绍。为了方便读者，这里复述如下：

$$u_{\mathrm{p}}(k)=\operatorname{sat}\left(k_2[f(e(k))-v(k)]\right) \tag{6.28}$$

式中

$$f(e)=\begin{cases}\dfrac{k_1}{k_2}e, & |e|\leqslant y_1\\ \operatorname{sign}(e)\left(\sqrt{2b\alpha u_{\max}|e|}-v_{\mathrm{s}}\right), & |e|>y_1\end{cases}$$

式中，k_1 和 k_2 分别是位置和速度的反馈增益；$\alpha\in(0,1]$ 是加速折扣系数；y_1 是线性区域的宽度；v_{s} 是速度信号的偏置量。反馈增益 k_1 和 k_2 可以通过使用线性控制区的共轭极点的阻尼系数 ζ 和自然频率 ω 这两个独立的设计参数来确定：

$$k_1 = \frac{p_1 + p_0 + 1}{bT^2}, \quad k_2 = \frac{p_1 - p_0 + 3}{2bT}$$

式中

$$p_1 = -2\mathrm{e}^{\zeta\omega t}\cos\left(\omega T\sqrt{1-\zeta^2}\right), \quad p_0 = \mathrm{e}^{-2\zeta\omega T}$$

相应地，可确定其他参数为

$$v_{\mathrm{s}} = \frac{b\alpha u_{\max} T}{4}\left(\frac{p_1 - p_0 + 3}{p_1 + p_0 + 1}\right), \quad y_1 = \frac{2v_{\mathrm{s}}^2}{b\alpha u_{\max}}$$

Workman 在文献[1]中证明，只要以下条件得到满足，基于状态反馈的离散时间 PTOS 控制律(6.28)和无扰动(d=0)时的被控对象(6.27)所构成的闭环系统是渐近稳定的：

(1) $bTk_2 \in (0,2)$;

(2) $f(0) = 0$;

(3) $f(e)e > 0, \forall e \neq 0$;

(4) $\lim\limits_{e\to\infty}\int_0^e f(\sigma)\,\mathrm{d}\sigma = \infty$;

(5) $\forall e, \dot{f}(e)$ 存在;

(6) $\forall e, \left|\dot{f}(e)\right| < \dfrac{2}{T}$;

(7) 不饱和区域内的轨迹 (e,v) 满足：$\left|f(e+\Delta e) - (v + \Delta v)\right| < \dfrac{u_{\max}}{k_2}$，其中

$$\begin{cases} \Delta e = -vT - \dfrac{1}{2}bT^2\mathrm{sat}(k_2\left[f(e) - v\right]) \\ \Delta v = bT\mathrm{sat}(k_2\left[f(e) - v\right]) \end{cases}$$

这里应指出的是，条件(6)在文献[1]中被错误地定义为“$\forall e, \left|\dot{f}(e)\right| < \dfrac{1}{2T}$”。Workman 在文献[1]中指出：条件(7)是为了保证系统状态一旦进入不饱和区域后将继续保留在不饱和区域内。Workman 也证明了，从饱和区域开始的闭环系统轨迹最终将在有限时间内进入不饱和区域。

由于速度 v 通常是不直接测量的，需要利用观测器来估计。此外，实际伺服系统中存在的未知干扰也需要适当加以补偿，以减小稳态误差。在这里，未知扰动被假设为分段常数或缓慢变化且出现在输入通道中(作为等效输入干扰)，因此可通过差分方程 $d(k+1) = d(k)$ 进行建模。将该方程与系统模型结合起来，可得到一个增广模型，从而设计一个扩展状态观测器来估计未测量的速度和未知扰动。采

用降阶观测器并把观测器的共轭极点配置成具有阻尼系数 ζ_0 和自然频率 ω_0，对应的特征方程是 $z^2+q_1z+q_0=0$，其中 $q_0=\mathrm{e}^{-2\zeta_0\omega_0T}$，$q_1=-2\mathrm{e}^{-\zeta_0\omega_0T}\cos\left(\omega_0T\sqrt{1-\zeta_0^2}\right)$，则相应的观测器方程为

$$\begin{cases}\boldsymbol{\eta}(k+1)=\boldsymbol{A}_{\mathrm{o}}\cdot\boldsymbol{\eta}(k)+\boldsymbol{B}_{\mathrm{u}}\cdot\mathrm{sat}(u(k))+\boldsymbol{B}_{\mathrm{y}}\cdot y(k)\\ \begin{bmatrix}\hat{v}(k)\\ \hat{d}(k)\end{bmatrix}=\boldsymbol{\eta}(k)+\boldsymbol{L}_{\mathrm{y}}\cdot y(k)\end{cases} \tag{6.29}$$

式中，$\boldsymbol{\eta}(k)$ 是观测器的内部状态量；$\hat{v}(k)$ 和 $\hat{d}(k)$ 分别是速度和扰动的估计值；各系数矩阵如下：

$$\boldsymbol{A}_{\mathrm{o}}=\begin{bmatrix}\dfrac{q_0-q_1-1}{2} & \dfrac{bT}{4}(1+q_0-q_1)\\ -\dfrac{1+q_0+q_1}{bT} & \dfrac{1-q_0-q_1}{2}\end{bmatrix},\quad \boldsymbol{B}_{\mathrm{u}}=\begin{bmatrix}\dfrac{bT}{4}(1+q_0-q_1)\\ -\dfrac{1+q_0+q_1}{2}\end{bmatrix}$$

$$\boldsymbol{B}_{\mathrm{y}}=\begin{bmatrix}-\dfrac{4-4q_0+q_1(q_1-q_0+3)}{2T}\\ -\dfrac{2+2q_0+q_1(q_1+q_0+3)}{bT^2}\end{bmatrix},\quad \boldsymbol{L}_{\mathrm{y}}=\begin{bmatrix}\dfrac{q_1-q_0+3}{2T}\\ \dfrac{1+q_0+q_1}{bT^2}\end{bmatrix}$$

基于观测器(6.29)，得到带有扰动补偿的离散时间 PTOS 控制律如下：

$$u_{\mathrm{p}}(k)=\mathrm{sat}\left(k_2[f(e(k))-\hat{v}(k)]-\hat{d}(k)\right) \tag{6.30}$$

接下来，定义

$$\tilde{v}(k)=\hat{v}(k)-v(k),\quad \tilde{d}(k)=\hat{d}(k)-d(k),\quad \boldsymbol{w}(k)=\begin{bmatrix}\tilde{v}(k)\\ \tilde{d}(k)\end{bmatrix}$$

易证：$\boldsymbol{w}(k+1)=\boldsymbol{A}_{\mathrm{o}}\cdot\boldsymbol{w}(k)$。

选择一个正定对称矩阵 $\boldsymbol{Q}_{\mathrm{v}}\in\mathbb{R}^{2\times2}$，并求解以下离散 Lyapunov 方程：

$$\boldsymbol{P}_{\mathrm{v}}=\boldsymbol{A}_{\mathrm{o}}^{\mathrm{T}}\boldsymbol{P}_{\mathrm{v}}\boldsymbol{A}_{\mathrm{o}}+\boldsymbol{Q}_{\mathrm{v}}$$

因为 $\boldsymbol{A}_{\mathrm{o}}$ 是渐近稳定的，满足上述方程的正定对称矩阵 $\boldsymbol{P}_{\mathrm{v}}$ 总是存在的。

PTOS 控制律(6.30)可以改写为

$$u_{\mathrm{p}}(k)=\mathrm{sat}\left(k_2\left[f\left(e(k)\right)-v(k)\right]-k_2\boldsymbol{K}_{\mathrm{v}}\cdot\boldsymbol{w}(k)-d\right) \tag{6.31}$$

式中，$\boldsymbol{K}_{\mathrm{v}}=\begin{bmatrix}1 & \dfrac{1}{k_2}\end{bmatrix}$。

PTOS 控制律作用下的闭环系统可以写为

$$\begin{cases} e(k+1)=e(k)-v(k)T-\dfrac{1}{2}bT^2\left(u_{\mathrm{p}}(k)+d\right) \\ v(k+1)=v(k)+bT\left(u_{\mathrm{p}}(k)+d\right) \\ \boldsymbol{w}(k+1)=\boldsymbol{A}_{\mathrm{o}}\cdot\boldsymbol{w}(k) \\ u_{\mathrm{p}}(k)=\mathrm{sat}\left(k_2\left[f\left(e(k)\right)-v(k)-\boldsymbol{K}_{\mathrm{v}}\cdot\boldsymbol{w}(k)\right]-d\right) \end{cases} \tag{6.32}$$

显然，从基于状态反馈的 PTOS 控制律(6.28)到基于观测器的 PTOS 控制律(6.31)，多了两个附加项，分别与 $\boldsymbol{w}(k)$ 和 d 相关，而 $\boldsymbol{w}(k)$ 逐渐收敛到零。类似于文献[1]中的状态反馈的情形，如果条件(7)换成下列三个条件，则闭环系统(6.32)从饱和控制区域开始的任何轨迹最终将在有限时间内进入不饱和区域，并将保留在不饱和区域内。

(7) 在不饱和区域内的任一点 $(e,v,\boldsymbol{w})$ 满足：

$$\left|k_2\left[f(e+\Delta e)-(v+\Delta v)-\boldsymbol{K}_{\mathrm{v}}\boldsymbol{A}_{\mathrm{o}}\boldsymbol{w}\right]-d\right|<u_{\max}$$

式中，$\Delta e=-vT-\dfrac{1}{2}bT^2\left(u_{\mathrm{p}}+d\right)$；$\Delta v=bT\left(u_{\mathrm{p}}+d\right)$。

(8) 未知的扰动是有界的，即存在一个正参数 $\delta\in(0,1)$，使得

$$|d|\leqslant\delta\cdot u_{\max}$$

(9) 初始估计误差 $\boldsymbol{w}(0)$ 属于如下定义的二维集合：

$$\Omega:=\left\{\boldsymbol{w}\in\mathbb{R}^2:\boldsymbol{w}^{\mathrm{T}}\boldsymbol{P}_{\mathrm{v}}\boldsymbol{w}<\lambda_\delta\right\}$$

式中，$\lambda_\delta>0$ 是满足如下条件的最大正值：

$$\boldsymbol{w}(k)\in\Omega\Rightarrow\left|\begin{bmatrix}k_2 & 1\end{bmatrix}\boldsymbol{w}(k)\right|<(1-\delta)u_{\max}$$

这里的条件(7)的含义与状态反馈情况下的条件(7)的含义相同。条件(8)和(9)确保当控制量饱和时，干扰和估计误差的存在不改变加速方向。采用与文献[1]类似的推理，可以得出，当控制输入量饱和时，闭环系统(6.32)是稳定的。对于控制输入量不超过饱和限幅值的情形，闭环系统(6.32)可以写成如下形式：

$$\begin{cases} e(k+1)=e(k)-v(k)T-\dfrac{mT}{2}\left[f\left(e(k)\right)-v(k)-\boldsymbol{K}_{\mathrm{v}}\cdot\boldsymbol{w}(k)\right] \\ v(k+1)=v(k)+m\left[f\left(e(k)\right)-v(k)-\boldsymbol{K}_{\mathrm{v}}\cdot\boldsymbol{w}(k)\right] \\ \boldsymbol{w}(k+1)=\boldsymbol{A}_{\mathrm{o}}\cdot\boldsymbol{w}(k) \end{cases} \tag{6.33}$$

式中，$m = bTk_2$。

为了证明闭环系统(6.33)是渐近稳定的，定义以下 Lyapunov 函数：

$$V_{\mathrm{p}}(k) = p_{\mathrm{v}}v^2(k) + \int_0^{e(k)} f(\sigma)\,\mathrm{d}\sigma + \boldsymbol{w}^{\mathrm{T}}(k)\boldsymbol{P}_{\mathrm{v}}\boldsymbol{w}(k) \tag{6.34}$$

式中，p_{v} 是一个合适的正标量。沿着闭环系统(6.33)的轨迹计算上述 Lyapunov 函数的增量(参照定理 2.2 的推导，此处略)，可得

$$\Delta V_{\mathrm{p}}(k) = V_{\mathrm{p}}(k+1) - V_{\mathrm{p}}(k) \leqslant 0 \tag{6.35}$$

类似于连续时域的情形，根据式(6.34)和式(6.35)可得到：$v(k) \to 0$，$\boldsymbol{w}(k) \to \boldsymbol{0}$。进一步可推出：$f(e(k)) \to 0$，从而 $e(k) \to 0$。此即：基于观测器的鲁棒 PTOS 控制律能保证闭环系统的稳定性，且系统的状态渐近收敛于原点。

6.3.2 离散 RCNS 控制律

本节针对被控对象(6.26)设计一个离散时间 RCNS 控制律，它最终将在 DMSC 框架中使用。

首先应指出：这里的 RCNS 控制律将沿用扩展状态观测器(6.29)。采用第 3 章的设计方法，可设计如下的带扰动补偿的 RCNS 控制律：

$$u_{\mathrm{c}}(k) = \boldsymbol{F}\begin{bmatrix} y(k) \\ \hat{v}(k) \end{bmatrix} + f_{\mathrm{r}} \cdot r + \rho(e(k))\boldsymbol{F}_{\mathrm{n}}\begin{bmatrix} y(k) - r \\ \hat{v}(k) \end{bmatrix} - \hat{d}(k) \tag{6.36}$$

式中，$\boldsymbol{F} = [f_1 \quad f_2]$ 是线性反馈增益矩阵，使得 $\boldsymbol{A} + \boldsymbol{BF}$ 的特征值位于期望的稳定区域。目标信号的前馈增益可以确定为 $f_{\mathrm{r}} = -f_1$。

非线性反馈增益矩阵 $\boldsymbol{F}_{\mathrm{n}} = [f_{\mathrm{n}1} \quad f_{\mathrm{n}2}]$ 由下式给出：

$$\boldsymbol{F}_{\mathrm{n}} = \boldsymbol{B}^{\mathrm{T}}\boldsymbol{P}_{\mathrm{x}}(\boldsymbol{A} + \boldsymbol{BF})$$

式中，$\boldsymbol{P}_{\mathrm{x}} > 0$ 是下列 Lyapunov 方程的解：

$$\boldsymbol{P}_{\mathrm{x}} = (\boldsymbol{A} + \boldsymbol{BF})^{\mathrm{T}}\boldsymbol{P}_{\mathrm{x}}(\boldsymbol{A} + \boldsymbol{BF}) + \boldsymbol{W}_{\mathrm{x}}$$

其中，$\boldsymbol{W}_{\mathrm{x}} \in \mathbb{R}^{2\times2}$ 是选定的对称正定矩阵。因为 $\boldsymbol{A} + \boldsymbol{BF}$ 是渐近稳定的，这样的 $\boldsymbol{P}_{\mathrm{x}}$ 总是存在的。增益函数 $\rho(e(k))$ 是 $|e(k)|$ 的平滑和非正函数，用于随着受控输出 $y(k)$ 接近目标参考 r 而动态调整闭环阻尼系数，以提高系统的性能。

定义 $\boldsymbol{x}_{\mathrm{s}} = \begin{bmatrix} r \\ 0 \end{bmatrix}$，$\tilde{\boldsymbol{x}}(k) = \boldsymbol{x}(k) - \boldsymbol{x}_{\mathrm{s}}$。式(6.36)的 RCNS 控制律可以改写成

$$u_{\mathrm{c}}(k)=\left(\begin{bmatrix}\boldsymbol{F} & \boldsymbol{F}_{\mathrm{v}}\end{bmatrix}+\rho\left(e(k)\right)\begin{bmatrix}\boldsymbol{F}_{\mathrm{n}} & \boldsymbol{F}_{\mathrm{nv}}\end{bmatrix}\right)\begin{bmatrix}\tilde{\boldsymbol{x}}(k)\\ \boldsymbol{w}(k)\end{bmatrix}-d \tag{6.37}$$

式中，$\boldsymbol{F}_{\mathrm{v}}=\begin{bmatrix}f_2 & -1\end{bmatrix}$；$\boldsymbol{F}_{\mathrm{nv}}=\begin{bmatrix}f_{\mathrm{n}2} & 0\end{bmatrix}$；$\boldsymbol{w}(k)=\begin{bmatrix}\tilde{v}(k)\\ \tilde{d}(k)\end{bmatrix}$。

接下来，选择一个正定对称矩阵$\boldsymbol{Q}_{\mathrm{v}}\in\mathbb{R}^{2\times 2}$，使其满足如下条件：

$$\boldsymbol{Q}_{\mathrm{v}}>\boldsymbol{F}_{\mathrm{v}}\boldsymbol{B}^{\mathrm{T}}\left[\boldsymbol{P}_{\mathrm{x}}+\boldsymbol{P}_{\mathrm{x}}(\boldsymbol{A}+\boldsymbol{BF})\boldsymbol{W}_{\mathrm{x}}^{-1}(\boldsymbol{A}+\boldsymbol{BF})^{\mathrm{T}}\boldsymbol{P}_{\mathrm{x}}\right]\boldsymbol{BF}_{\mathrm{v}}^{\mathrm{T}} \tag{6.38}$$

并求解离散 Lyapunov 方程$\boldsymbol{P}_{\mathrm{v}}=\boldsymbol{A}_{\mathrm{o}}^{\mathrm{T}}\boldsymbol{P}_{\mathrm{v}}\boldsymbol{A}_{\mathrm{o}}+\boldsymbol{Q}_{\mathrm{v}}$得到正定对称矩阵$\boldsymbol{P}_{\mathrm{v}}$。

现在定义一个四维点集：

$$\bar{\Omega}:=\left\{\begin{bmatrix}\tilde{\boldsymbol{x}}\\ \boldsymbol{w}\end{bmatrix}\in\mathbb{R}^4:\begin{bmatrix}\tilde{\boldsymbol{x}}\\ \boldsymbol{w}\end{bmatrix}^{\mathrm{T}}\begin{bmatrix}\boldsymbol{P}_{\mathrm{x}} & 0\\ 0 & \boldsymbol{P}_{\mathrm{v}}\end{bmatrix}\begin{bmatrix}\tilde{\boldsymbol{x}}\\ \boldsymbol{w}\end{bmatrix}<c_\delta\right\}$$

式中，c_δ是满足如下条件的最大正值：

$$\begin{bmatrix}\tilde{\boldsymbol{x}}\\ \boldsymbol{w}\end{bmatrix}\in\bar{\Omega}\ \Rightarrow\ \left|\begin{bmatrix}\boldsymbol{F} & \boldsymbol{F}_{\mathrm{v}}\end{bmatrix}\begin{bmatrix}\tilde{\boldsymbol{x}}\\ \boldsymbol{w}\end{bmatrix}\right|<(1-\delta)u_{\max}$$

被控对象(6.26)的误差动态方程可以表达为

$$\begin{aligned}\tilde{\boldsymbol{x}}(k+1)&=\boldsymbol{x}(k+1)-\boldsymbol{x}_{\mathrm{s}}\\ &=\boldsymbol{A}\cdot\boldsymbol{x}(k)+\boldsymbol{B}\cdot\left[\mathrm{sat}\left(u_{\mathrm{c}}(k)\right)+d\right]-\boldsymbol{x}_{\mathrm{s}}\\ &=\boldsymbol{A}\cdot\tilde{\boldsymbol{x}}(k)+(\boldsymbol{A}-\boldsymbol{I})\boldsymbol{x}_{\mathrm{s}}+\boldsymbol{B}\cdot\left[\mathrm{sat}\left(u_{\mathrm{c}}(k)\right)+d\right]\\ &=(\boldsymbol{A}+\boldsymbol{BF})\tilde{\boldsymbol{x}}(k)+\boldsymbol{BF}_{\mathrm{v}}\boldsymbol{w}(k)+\boldsymbol{B}\cdot\varpi(k)\end{aligned} \tag{6.39}$$

式中

$$\varpi(k):=\mathrm{sat}\left(u_{\mathrm{c}}(k)\right)-\begin{bmatrix}\boldsymbol{F} & \boldsymbol{F}_{\mathrm{v}}\end{bmatrix}\begin{bmatrix}\tilde{\boldsymbol{x}}(k)\\ \boldsymbol{w}(k)\end{bmatrix}+d \tag{6.40}$$

为简化数学表达式，在下面的推导中，只要不引起混淆，将省略离散时刻(k)，以及非线性函数$\rho\left(e(k)\right)$的变量$e(k)$。

注意到扰动满足$|d|\leqslant\delta\cdot u_{\max}$，当$\begin{bmatrix}\tilde{\boldsymbol{x}}\\ \boldsymbol{w}\end{bmatrix}\in\bar{\Omega}$时，可得

$$\left|\begin{bmatrix}\boldsymbol{F} & \boldsymbol{F}_{\mathrm{v}}\end{bmatrix}\begin{bmatrix}\tilde{\boldsymbol{x}}\\ \boldsymbol{w}\end{bmatrix}-d\right|\leqslant\left|\begin{bmatrix}\boldsymbol{F} & \boldsymbol{F}_{\mathrm{v}}\end{bmatrix}\begin{bmatrix}\tilde{\boldsymbol{x}}\\ \boldsymbol{w}\end{bmatrix}\right|+|d|<u_{\max}$$

因此，根据控制量u_{c}的取值范围，ϖ的值可分别写成以下三种情况：

$$\begin{cases} \rho\begin{bmatrix}\boldsymbol{F}_{\mathrm{n}} & \boldsymbol{F}_{\mathrm{nv}}\end{bmatrix}\begin{bmatrix}\tilde{\boldsymbol{x}}\\ \boldsymbol{w}\end{bmatrix} < \varpi < 0, & u_{\mathrm{c}} < -u_{\max} \\ \varpi = \rho\begin{bmatrix}\boldsymbol{F}_{\mathrm{n}} & \boldsymbol{F}_{\mathrm{nv}}\end{bmatrix}\begin{bmatrix}\tilde{\boldsymbol{x}}\\ \boldsymbol{w}\end{bmatrix}, & |u_{\mathrm{c}}| \leqslant u_{\max} \\ 0 < \varpi < \rho\begin{bmatrix}\boldsymbol{F}_{\mathrm{n}} & \boldsymbol{F}_{\mathrm{nv}}\end{bmatrix}\begin{bmatrix}\tilde{\boldsymbol{x}}\\ \boldsymbol{w}\end{bmatrix}, & u_{\mathrm{c}} > u_{\max} \end{cases} \tag{6.41}$$

显然，对任何可能的情况，总可以把 ϖ 写成

$$\varpi = q\rho\begin{bmatrix}\boldsymbol{F}_{\mathrm{n}} & \boldsymbol{F}_{\mathrm{nv}}\end{bmatrix}\begin{bmatrix}\tilde{\boldsymbol{x}}\\ \boldsymbol{w}\end{bmatrix} \tag{6.42}$$

式中，标量值 $q \in (0,1]$。因此，当 $\begin{bmatrix}\tilde{\boldsymbol{x}}\\ \boldsymbol{w}\end{bmatrix} \in \bar{\Omega}$ 时，由被控对象(6.26)和控制律(6.36)组成的闭环系统可以表示如下：

$$\begin{bmatrix}\tilde{\boldsymbol{x}}(k+1)\\ \boldsymbol{w}(k+1)\end{bmatrix} = \begin{bmatrix}\boldsymbol{A}+\boldsymbol{BF}+q\rho\boldsymbol{BF}_{\mathrm{n}} & \boldsymbol{A}_{\rho}\\ \boldsymbol{0} & \boldsymbol{A}_{\mathrm{o}}\end{bmatrix}\begin{bmatrix}\tilde{\boldsymbol{x}}(k)\\ \boldsymbol{w}(k)\end{bmatrix} \tag{6.43}$$

式中，$\boldsymbol{A}_{\rho} = \boldsymbol{BF}_{\mathrm{v}} + q\rho\boldsymbol{BF}_{\mathrm{nv}}$。

定义一个 Lyapunov 函数：

$$V_{\mathrm{c}}(k) = \begin{bmatrix}\tilde{\boldsymbol{x}}(k)\\ \boldsymbol{w}(k)\end{bmatrix}^{\mathrm{T}}\begin{bmatrix}\boldsymbol{P}_{\mathrm{x}} & \boldsymbol{0}\\ \boldsymbol{0} & \boldsymbol{P}_{\mathrm{v}}\end{bmatrix}\begin{bmatrix}\tilde{\boldsymbol{x}}(k)\\ \boldsymbol{w}(k)\end{bmatrix} \tag{6.44}$$

并沿着闭环系统(6.43)的轨迹计算此 Lyapunov 函数的增量：

$$\begin{aligned}\Delta V_{\mathrm{c}}(k) &= V_{\mathrm{c}}(k+1) - V_{\mathrm{c}}(k)\\ &= -\tilde{\boldsymbol{x}}^{\mathrm{T}}(k)\boldsymbol{W}_{\mathrm{x}}\tilde{\boldsymbol{x}}(k) + \tilde{\boldsymbol{x}}(k)^{\mathrm{T}}\boldsymbol{F}_{\mathrm{n}}^{\mathrm{T}}\left(2q\rho + q^2\rho^2\boldsymbol{B}^{\mathrm{T}}\boldsymbol{P}_{\mathrm{x}}\boldsymbol{B}\right)\boldsymbol{F}_{\mathrm{n}}\tilde{\boldsymbol{x}}(k)\\ &\quad + 2\tilde{\boldsymbol{x}}^{\mathrm{T}}(k)(\boldsymbol{A}+\boldsymbol{BF})^{\mathrm{T}}\left(\boldsymbol{P}_{\mathrm{x}} + q\rho\boldsymbol{P}_{\mathrm{x}}\boldsymbol{BB}^{\mathrm{T}}\boldsymbol{P}_{\mathrm{x}}\right)\boldsymbol{A}_{\rho}\boldsymbol{w}(k)\\ &\quad + \boldsymbol{w}^{\mathrm{T}}(k)\boldsymbol{A}_{\rho}^{\mathrm{T}}\boldsymbol{P}_{\mathrm{x}}\boldsymbol{A}_{\rho}\boldsymbol{w}(k) - \boldsymbol{w}^{\mathrm{T}}(k)\boldsymbol{Q}_{\mathrm{v}}\boldsymbol{w}(k)\end{aligned}$$

如果选择一个非线性增益函数 $\rho \in \left[-2\left(\boldsymbol{B}^{\mathrm{T}}\boldsymbol{P}_{\mathrm{x}}\boldsymbol{B}\right)^{-1}, 0\right]$，则有

$$2q\rho + q^2\rho^2\boldsymbol{B}^{\mathrm{T}}\boldsymbol{P}_{\mathrm{x}}\boldsymbol{B} \leqslant 0$$

因此，可得

$$\begin{aligned}\Delta V_{\mathrm{c}}(k) &\leqslant -\tilde{\boldsymbol{x}}^{\mathrm{T}}(k)\boldsymbol{W}_{\mathrm{x}}\tilde{\boldsymbol{x}}(k)+2\tilde{\boldsymbol{x}}^{\mathrm{T}}(k)(\boldsymbol{A}+\boldsymbol{BF})^{\mathrm{T}}\boldsymbol{P}_{\rho}\boldsymbol{A}_{\rho}\boldsymbol{w}(k)\\ &\quad -\boldsymbol{w}^{\mathrm{T}}(k)\left(\boldsymbol{Q}_{\mathrm{v}}-\boldsymbol{A}_{\rho}^{\mathrm{T}}\boldsymbol{P}_{\mathrm{x}}\boldsymbol{A}_{\rho}\right)\boldsymbol{w}(k)\\ &=-\begin{bmatrix}\tilde{\boldsymbol{x}}_{\mathrm{w}}(k)\\ \boldsymbol{w}(k)\end{bmatrix}^{\mathrm{T}}\begin{bmatrix}\boldsymbol{W}_{\mathrm{x}} & 0\\ 0 & \boldsymbol{Q}_{\mathrm{s}}\end{bmatrix}\begin{bmatrix}\tilde{\boldsymbol{x}}_{\mathrm{w}}(k)\\ \boldsymbol{w}(k)\end{bmatrix}\end{aligned}$$

式中

$$\begin{aligned}&\boldsymbol{P}_{\rho}=\boldsymbol{P}_{\mathrm{x}}+q\rho\boldsymbol{P}_{\mathrm{x}}\boldsymbol{BB}^{\mathrm{T}}\boldsymbol{P}_{\mathrm{x}}\\ &\tilde{\boldsymbol{x}}_{\mathrm{w}}(k)=\tilde{\boldsymbol{x}}(k)-\boldsymbol{W}_{\mathrm{x}}^{-1}(\boldsymbol{A}+\boldsymbol{BF})^{\mathrm{T}}\boldsymbol{P}_{\rho}\boldsymbol{A}_{\rho}\boldsymbol{w}(k)\\ &\boldsymbol{Q}_{\mathrm{s}}=\boldsymbol{Q}_{\mathrm{v}}-\boldsymbol{A}_{\rho}^{\mathrm{T}}\left[\boldsymbol{P}_{\mathrm{x}}+\boldsymbol{P}_{\rho}(\boldsymbol{A}+\boldsymbol{BF})\boldsymbol{W}_{\mathrm{x}}^{-1}(\boldsymbol{A}+\boldsymbol{BF})^{\mathrm{T}}\boldsymbol{P}_{\rho}\right]\boldsymbol{A}_{\rho}\end{aligned}$$

根据式(6.38)给出的矩阵$\boldsymbol{Q}_{\mathrm{v}}$，存在一个标量$\bar{\rho}>0$，使得对于满足$\left|\rho(e(k))\right|\leqslant\bar{\rho}$的任何平滑和非正的非线性增益函数$\rho(e(k))$，有$\boldsymbol{Q}_{\mathrm{s}}>0$。显然，满足假设条件的闭环系统，有$\Delta V_{\mathrm{c}}(k)\leqslant 0$成立，因而是渐近稳定的。所以，可推断：当$k\to\infty$时，$\boldsymbol{x}(k)\to\boldsymbol{x}_{\mathrm{s}}$，输出$y(k)$渐近跟踪目标$r$。由此可见，$\bar{\Omega}$是RCNS控制律作用下的闭环系统的一个不变集。闭环系统的轨迹一旦进入$\bar{\Omega}$，它将保留在$\bar{\Omega}$并收敛到原点。

6.3.3 离散DMSC切换策略

本节采用离散时域DMSC控制方案将PTOS控制律和RCNS控制律以及扩展状态观测器结合起来，其形式如下：

$$u(k)=\begin{cases}u_{\mathrm{p}}(k), & k<k_{\mathrm{s}}\\ u_{\mathrm{c}}(k), & k\geqslant k_{\mathrm{s}}\end{cases}\tag{6.45}$$

式中，k_{s}是控制从PTOS控制律切换到RCNS控制律的时刻，它由下面的模式切换条件来决定：

$$\begin{bmatrix}\tilde{\boldsymbol{x}}(k_{\mathrm{s}})\\ \boldsymbol{w}(k_{\mathrm{s}})\end{bmatrix}\in\bar{\Omega}\ \wedge\ \left|e(k_{\mathrm{s}})\right|\leqslant y_{1}\tag{6.46}$$

式中，y_1是PTOS控制律的线性区域的宽度。PTOS控制量$u_{\mathrm{p}}(k)$和RCNS控制量$u_{\mathrm{c}}(k)$按式(6.47)进行计算：

$$\begin{cases}u_{\mathrm{p}}(k)=\mathrm{sat}\left\{k_2\left[f(e(k))-\hat{v}(k)\right]-\hat{d}(k)\right\}\\ u_{\mathrm{c}}(k)=\left[\boldsymbol{F}+\rho(e(k))\boldsymbol{F}_{\mathrm{n}}\right]\begin{bmatrix}y(k)-r\\ \hat{v}(k)\end{bmatrix}-\hat{d}(k)\end{cases}\tag{6.47}$$

式中，r 是参考目标；$e=r-y(k)$ 是跟踪误差；$\hat{v}(k)$ 和 $\hat{d}(k)$ 的值由观测器(6.29)提供。

RCNS 控制的非线性增益函数 $\rho(e(k))$ 可选为

$$\rho(e(k))=-\beta\times\left[\frac{\pi}{2}-\arctan\left(\lambda\left|e(k)\right|\right)\right] \tag{6.48}$$

式中，参数 β 满足 $0\leqslant\beta\leqslant\frac{4}{\pi}\left(\boldsymbol{B}^{\mathrm{T}}\boldsymbol{P}_{\mathrm{x}}\boldsymbol{B}\right)^{-1}$；$\arctan(\cdot)$ 是反正切函数；参数 $\lambda>0$ 用于调节 $\rho(e(k))$ 的变化速度；为避免在模式切换时控制信号发生跳变，可以选择 λ 的值如下：

$$\lambda=\frac{\cot\left(\left[k_1e(k_{\mathrm{s}})-k_2\hat{v}(k_{\mathrm{s}})+\boldsymbol{F}\,\bar{\boldsymbol{x}}(k_{\mathrm{s}})\right]/\left[\beta\boldsymbol{F}_{\mathrm{n}}\bar{\boldsymbol{x}}(k_{\mathrm{s}})\right]\right)}{|e(k_{\mathrm{s}})|} \tag{6.49}$$

式中，$\bar{\boldsymbol{x}}(k_{\mathrm{s}})=\begin{bmatrix}y(k_{\mathrm{s}})-r\\ \hat{v}(k_{\mathrm{s}})\end{bmatrix}$；$e(k_{\mathrm{s}})=r-y(k_{\mathrm{s}})$，表示控制模式发生切换时的跟踪误差；$\cot(\cdot)$ 表示余切函数。

接着，分析由被控对象(6.26)和离散时间 DMSC 控制律(6.45)构成的闭环系统的稳定性。对于控制输入饱和的情形，其时仅有 PTOS 控制律在工作，前面已经证明了闭环系统是稳定的，从饱和区内任何位置开始的轨迹将在有限时间内进入不饱和区，最终轨迹将保留在不饱和区域内。因此，只需分析 DMSC 控制律(6.45)在不饱和区内的闭环稳定性。对式(6.34)进行泰勒级数展开如下：

$$\begin{aligned}V_{\mathrm{p}}(k)&=p_{\mathrm{v}}v^2(k)+\frac{1}{2}\dot{f}(\tau)e^2(k)+\boldsymbol{w}^{\mathrm{T}}(k)\boldsymbol{P}_{\mathrm{v}}\boldsymbol{w}(k)\\&=\begin{bmatrix}\tilde{\boldsymbol{x}}(k)\\ \boldsymbol{w}(k)\end{bmatrix}^{\mathrm{T}}\begin{bmatrix}\frac{1}{2}\dot{f}(\tau)&0&\boldsymbol{0}\\0&p_{\mathrm{v}}&\boldsymbol{0}\\ \boldsymbol{0}&\boldsymbol{0}&\boldsymbol{P}_{\mathrm{v}}\end{bmatrix}\begin{bmatrix}\tilde{\boldsymbol{x}}(k)\\ \boldsymbol{w}(k)\end{bmatrix}\end{aligned} \tag{6.50}$$

式中，τ 为 0～$e(k)$ 的一个适当的标量值，令

$$\gamma=\frac{\min\left\{\frac{1}{2}\dot{f}(\tau),p_{\mathrm{v}},\lambda_{\min}(\boldsymbol{P}_{\mathrm{v}})\right\}}{\max\left\{\lambda_{\max}(\boldsymbol{P}_{\mathrm{x}}),\lambda_{\max}(\boldsymbol{P}_{\mathrm{v}})\right\}} \tag{6.51}$$

DMSC 控制律作用下的整个闭环系统的 Lyapunov 函数选择如下：

$$V(k)=V_{\mathrm{p}}(k)\left[1-1(k-k_{\mathrm{s}})\right]+\gamma V_{\mathrm{c}}(k)\cdot 1(k-k_{\mathrm{s}}) \tag{6.52}$$

式中，$1(k-k_s)=\begin{cases}0, & k<k_s \\ 1, & k\geqslant k_s\end{cases}$。

容易验证：

$$\Delta V(k)=\Delta V_p(k)\left[1-1(k+1-k_s)\right]+\gamma\Delta V_c(k)\cdot 1(k+1-k_s)$$
$$+\left(\gamma V_c(k)-V_p(k)\right)\left[1(k+1-k_s)-1(k-k_s)\right]$$

前面已经证明了 Lyapunov 函数$V_p(k)$和$V_c(k)$的增量在各自的有效期间内为负半定。鉴于式(6.51)中的定义，$\Delta V(k)$的最后一项总是非正的。因此，$\Delta V(k)\leqslant 0$，最终的闭环系统是渐近稳定的。此外，式(6.46)给出了模式切换的条件。

关于离散域 DMSC 方案中控制器参数的选择，这里有一些建议可供参考。对于 PTOS 控制律，其线性区的极点自然频率ω与期望的闭环伺服带宽一致。加速折扣因子α取值在 0 和 1 之间，较大的取值有助于尽快实现目标跟踪。但是，考虑到系统的不确定性，α的合理范围是[0.9, 0.95]。阻尼系数ζ应保证超调量保持在规定的水平。具体来说，如果 PTOS 控制律作为独立控制器在工作，ζ应不小于 0.8，以确保不超过 2%的超调。对于 DMSC 控制方案，由于最后的控制过程将被 RCNS 接管，所以 PTOS 阻尼系数ζ可以减小到 0.7 左右以便更快地追踪目标。RCNS 控制律的初始阻尼应取较小值(通常为 0.3)，主导极点自然频率也应与所需的伺服带宽一致。矩阵$\boldsymbol{W}_x$可以选择为对角正定矩阵，而参数$\beta\in\left[0,\frac{4}{\pi}\left(\boldsymbol{B}^{\mathrm{T}}\boldsymbol{P}_x\boldsymbol{B}\right)^{-1}\right]$和$\lambda>0$可利用闭环根轨迹、通过期望的稳态闭环极点位置来加以确定(更多细节可参见文献[9])或者通过一些整定方法(参见文献[10]等)。对于 RCNS 不变集的参数c_δ，一个可能是保守的估计如下[20]：

$$c_\delta=\frac{\left[(1-\delta)u_{\max}\right]^2}{\bar{\boldsymbol{F}}\bar{\boldsymbol{P}}_x^{-1}\bar{\boldsymbol{F}}^{\mathrm{T}}} \tag{6.53}$$

式中，$\bar{\boldsymbol{F}}=\left[\boldsymbol{F}\quad \boldsymbol{F}_v\right]$；$\bar{\boldsymbol{P}}_x=\begin{bmatrix}\boldsymbol{P}_x & \boldsymbol{0}\\ \boldsymbol{0} & \boldsymbol{P}_v\end{bmatrix}$。

最后，扩展状态观测器极点的自然频率ω_0应不小于期望的闭环带宽的三倍，而其阻尼ζ_0可以直接选择为$\frac{\sqrt{2}}{2}$(Butterworth 模式)。

DMSC 控制器在每个控制周期的运行流程如图 6.3 所示。其中，状态标志 STS=1 表示系统处于 PTOS 快速追踪阶段，STS=2 表示系统处于 RCNS 平稳着陆阶段。这个流程图也适用于连续时域 DMSC。

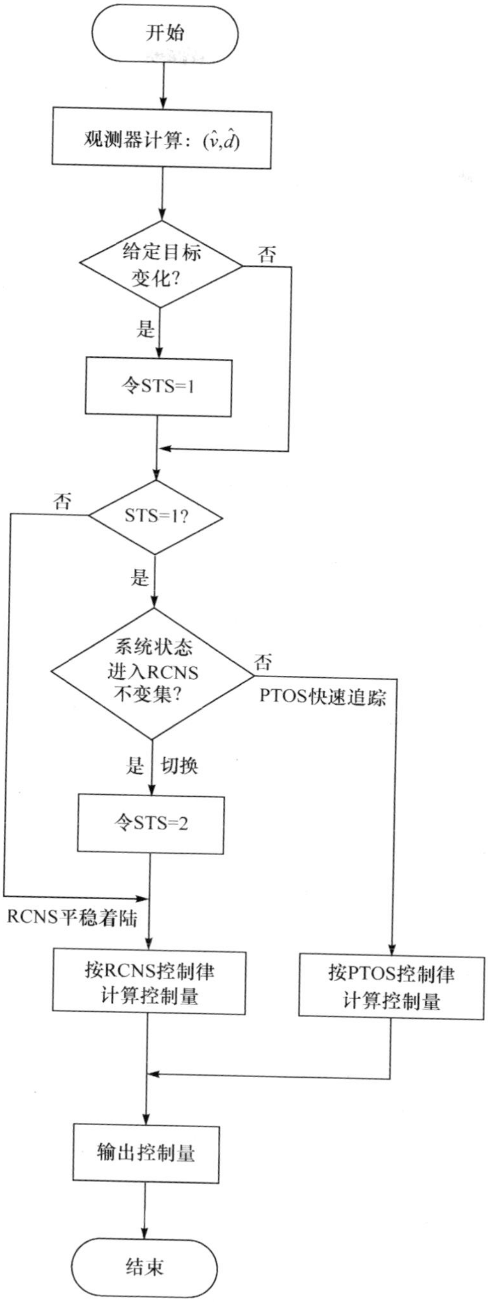

图 6.3　DMSC 的运行流程

6.4 仿真实例

将提出的双模切换控制方法应用于一个典型的伺服定位系统，其数学模型是一个双积分传递函数 $\frac{b}{s^2}$ ，其中模型参数 b=100；控制输入信号(电流)满足 $|u| \leqslant u_{\max} =$ 5A，其输出量 y(位置：rad)可量测，假设在输入通道中存在未知扰动 d。

原则上，既可采用连续时域 DMSC 设计，也可采用离散时域 DMSC 设计。这里不妨以离散时域设计方法为例。首先选择离散采样周期 T=0.002s，得到相应的离散状态空间模型。选取 DMSC 中的 PTOS 控制律设计参数：$\zeta = 0.68$，$\omega =$ 35rad/s，$\alpha = 0.95$；其他参数值计算如下：$k_1 = 11.68$，$k_2 = 0.4657$，$y_1 = 0.3776$rad，$v_s = 9.470$rad/s。选择速度和扰动观测器的一对共轭极点的阻尼系数和自然频率为：$\zeta_0 = 0.707$，$\omega_0 = 100$rad/s，得到相应的扩展状态观测器如下：

$$
\begin{cases}
\boldsymbol{\eta}(k+1) = \begin{bmatrix} 0.7363 & 0.1736 \\ -0.1736 & 0.9826 \end{bmatrix} \cdot \boldsymbol{\eta}(k) + \begin{bmatrix} 0.1736 \\ -0.0174 \end{bmatrix} \cdot \mathrm{sat}(u(k)) + \begin{bmatrix} -19.69 \\ -24.40 \end{bmatrix} \cdot y(k) \\
\begin{bmatrix} \hat{v}(k) \\ \hat{d}(k) \end{bmatrix} = \boldsymbol{\eta}(k) + \begin{bmatrix} 131.8 \\ 86.81 \end{bmatrix} \cdot y(k)
\end{cases}
$$

选择DMSC中的RCNS线性控制律所对应的一对共轭极点的设计参数为：$\zeta =$ 0.3，$\omega = 35$rad/s，则相应的 RCNS 线性反馈增益矩阵为 $\boldsymbol{F} = [-11.99 \quad -0.2176]$，目标参考信号的前馈增益为 $f_r = 11.99$；选取矩阵 $\boldsymbol{W}_x$ 为二阶单位阵，求解对应的离散域 Lyapunov 方程，得到正定对称矩阵 $\boldsymbol{P}_x = \begin{bmatrix} 14612 & 0.5104 \\ 0.5104 & 12.42 \end{bmatrix}$，相应的非线性反馈增益矩阵 $\boldsymbol{F}_n = [-2.941 \quad 2.382]$；采用式(6.48)的非线性增益函数 $\rho(e(k))$，其中 β=0.12。

控制律从 PTOS 切换为 RCNS 的条件为

$$
\bar{\boldsymbol{x}}^{\mathrm{T}}(k_s)\boldsymbol{P}_x\bar{\boldsymbol{x}}(k_s) < c_0 = 1833 \quad \wedge \quad |e(k_s)| \leqslant y_1 = 0.3776\text{rad}
$$

式中，$\bar{\boldsymbol{x}}(k_s) = \begin{bmatrix} y(k_s) - r \\ \hat{v}(k_s) \end{bmatrix}$，$e(k_s) = r - y(k_s)$ 表示切换时刻 k_s 的跟踪误差。在切换时刻，将依照式(6.49)对参数 λ 的值进行设置。但如果控制系统一开始就进入 RCNS 模式(不经历 PTOS 模式)，则可直接按下式来设置 λ 的值：

$$
\lambda = \begin{cases} \dfrac{2.4}{|e(0)|}, & e(0) \neq 0 \\ 2.4, & e(0) = 0 \end{cases}
$$

为进行比较，还设计了一个独立运行的 PTOS 控制器，其设计参数为：$\zeta = 0.8$，$\omega = 35\text{rad/s}$，$\alpha = 0.95$。此控制器与 DMSC 控制器具有相同的闭环伺服带宽，且使用相同的扩展状态观测器。

为验证所设计的控制方案的有效性，在 MATLAB/Simulink 下进行仿真。分别在无扰动和扰动为 −1A 的情况下对目标位置 0.2rad、2rad、5rad 和 10rad 进行跟踪控制，结果如图 6.4 和图 6.5 所示。无论是采用 DMSC 控制器还是独立的 PTOS 控制器，系统对各种目标位置都能实现快速和平稳的定位，其超调量低于 2%，稳态无误差。表 6.1 给出了无扰动时两种控制器的调节时间(2%误差带)的对比。从中可见，DMSC 在与 PTOS 相同的伺服带宽和相近的超调量的条件下，其 2%的调节时间更短，即其瞬态响应更快。虽然从数值上看，其改进的幅度并不大，但考虑到 PTOS 的性能已是近似时间最优的性能，DMSC 在兼具鲁棒性的条件下进一步提高瞬态性能，这是很有价值的。最后，让 RCNS 控制律独立工作，在无扰动的情况下对目标位置 1rad、10rad 和 50rad 分别进行跟踪，仿真结果如图 6.6 所示。可以看出，目标位置偏离 RCNS 的不变集(理论保证的工作范围)的程度变大，控制的性能趋于恶化，甚至有不稳定的风险。

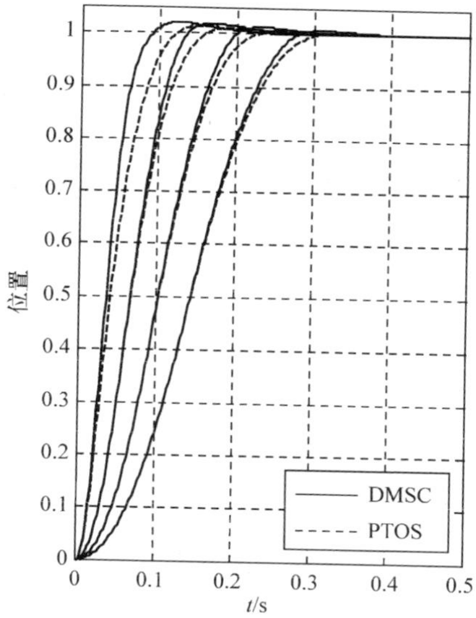

(a) 位置(归一化)

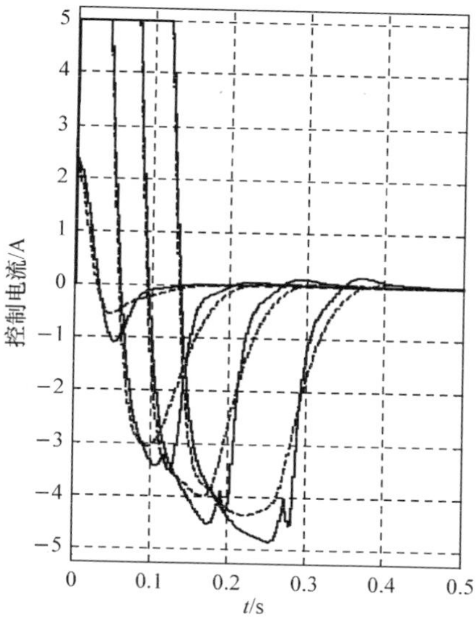

(b) 控制信号

图 6.4　无扰动时四种目标位置的仿真结果比较

从左到右四对曲线依次对应目标位置 0.2rad、2rad、5rad、10rad

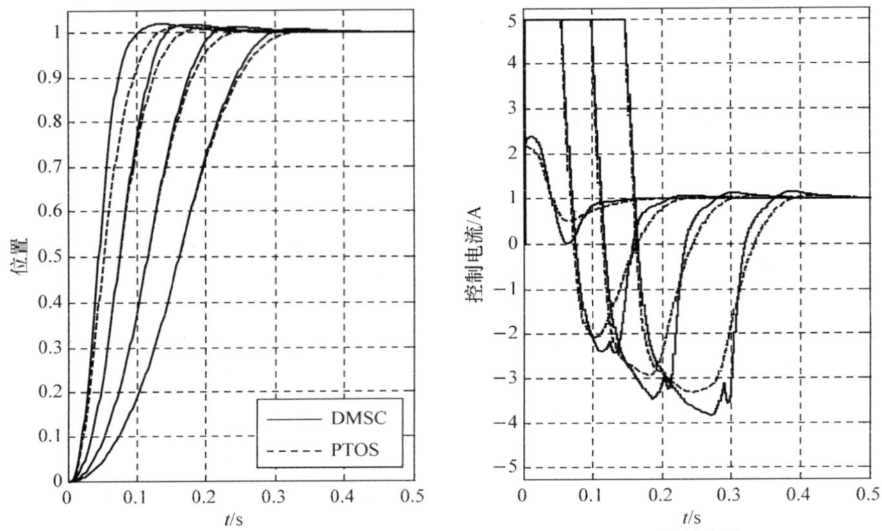

(a) 位置(归一化)　　(b) 控制信号

图 6.5　扰动为–1A 时四种目标位置的仿真结果比较

从左到右四对曲线依次对应目标位置 0.2rad、2rad、5rad、10rad

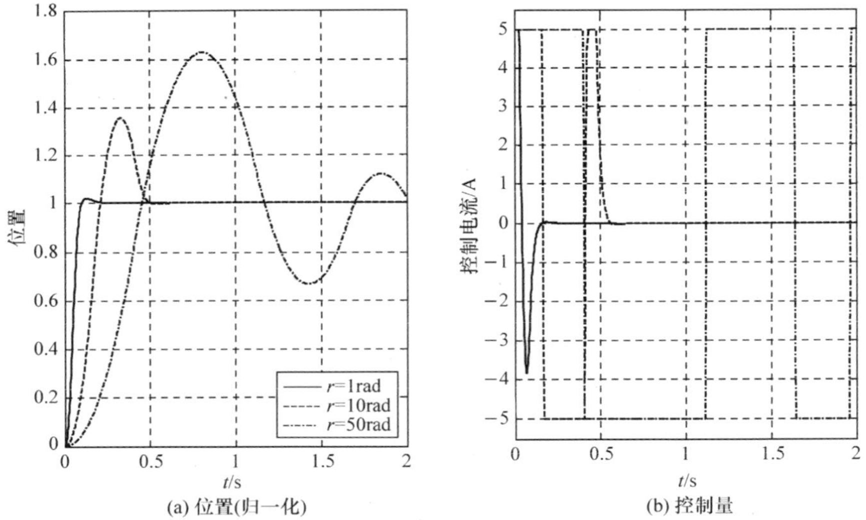

(a) 位置(归一化)　　(b) 控制量

图 6.6　采用独立的 RCNS 控制器对三个目标位置的跟踪效果(无扰动)

表 6.1　无扰动时 2%调节时间比较(仿真结果)

目标位置 r	0.2	2	5	10
PTOS/s	0.082	0.128	0.188	0.262
DMSC/s	0.110	0.144	0.204	0.274
改善效果/%	25.5	11.1	7.8	4.4

6.5 小　结

本章分别在连续时域和离散时域介绍了 DMSC 方案，其主要思想是分别采用 PTOS 控制和 RCNS 控制来执行定点目标的快速追踪和平稳着陆任务，设计了控制律切换策略和用于速度估计和干扰补偿的扩展状态观测器，从理论上分析了闭环系统的稳定性。通过一个仿真案例，验证了该控制方案可以实现快速、精确的目标跟踪，具有改进的调节时间，并且对目标参考和干扰的幅度变化具有一定的鲁棒性。所提出的 DMSC 参数化设计方案可以方便地应用于具有双积分器模型的其他伺服系统。这种 DMSC 框架可扩展到更一般的系统，但是在高阶系统中，PTOS 控制律的设计和控制律的参数化设计会出现一些困难，需要更深入的研究。

采用本章的双模切换控制策略对一个定点目标的跟踪过程中，通常要发生一次从 PTOS 到 RCNS 的控制律切换。这种切换或多或少会影响伺服系统的平稳性。在某些对平稳性有严格要求的应用场合，可以考虑采用一种变通的双模伺服控制方案：仅在系统给定目标发生变化时，判断系统状态是否处于 RCNS 不变集(即允许的工作范围)内，据以选择适用的控制律，然后控制律维持不变直到下一次目标发生变化时。这种控制方案的实质是对远距离的目标采用 PTOS 控制，而对近距离的目标采用 RCNS 控制，它总体上也发挥了 PTOS 控制和 RCNS 控制的优势，但其在中长距离目标的跟踪性能方面将略有损失，但拥有了更好的平稳性，控制器的实现也更简单。

本章介绍的双模切换伺服控制，可看作是切换型混杂动态控制的一种特殊和简化的形式。采用混杂动态控制，可以把一组传统的基于连续变量动态系统的控制律和基于事件逻辑的监督机制结合起来，从而有效地应对系统参考目标变化、突加负载或由于零件故障导致系统参数突变等不确定情况，实现单一控制律无法达到的期望性能。利用混杂动态控制系统这种统一的理论框架，来保障机电伺服系统在复杂和不确定环境下的安全和高效运行，是一个兼具理论价值和现实意义的研究方向。这个研究领域正受到越来越多学者的关注。

参考文献

[1] Workman M L. Adaptive proximate time optimal servomechanisms (PhD dissertation). Palo Alto: Stanford University, 1987.

[2] Dhanda A, Franklin G F. An improved 2-DOF proximate time optimal servomechanism. IEEE Transactions on Magnetics, 2009, 45(5): 2151-2164.

[3] Zhou J, Zhou R, Wang Y, et al. Improved proximate time optimal sliding-mode control of hard disk drives. IEE Proceedings of Control Theory and Applications, 2001, 11(6): 516-522.

[4] Venkataramanan V, Chen B M, Lee T H, et al. A new approach to the design of mode switching control in hard disk drive servo systems. Control Engineering Practice, 2002, 10(9): 925-939.

[5] Choi Y, Jeong J, Gweon D. Modified damping scheduling proximate time optimal servomechanism for improvements in short strokes in hard disk drives. IEEE Transactions on Magnetics, 2008, 44(4): 540-546.

[6] Salton T, Chen Z, Fu M. Improved control design methods for proximate time-optimal servomechanisms. IEEE/ASME Transactions on Mechatronics, 2012, 17(6): 1049-1058.

[7] Lin Z, Pachter M, Banda S. Toward improvement of tracking performance—Nonlinear feedback for linear system. International Journal of Control, 1998, 70(1): 1-11.

[8] Chen B M, Lee T H, Peng K M, et al. Composite nonlinear feedback control for linear systems with input saturation: Theory and an application. IEEE Transactions on Automatic Control, 2003, 48(3): 427-439.

[9] Peng K M, Chen B M, Cheng G Y, et al. Modeling and compensation of nonlinearities and friction in a micro hard disk drive servo system with nonlinear feedback control. IEEE Transactions on Control Systems Technology, 2005, 13(5): 708-721.

[10] Peng K M, Cheng G Y, Chen B M, et al. Improvement of transient performance in tracking control for discrete-time systems with input saturation and disturbances. IET Control Theory & Applications, 2007, 1(1): 65-74.

[11] Lan W Y, Thum C K, Chen B M. A hard disk drive servo system design using composite nonlinear feedback control with optimal nonlinear gain tuning methods. IEEE Transactions on Industrial Electronics, 2010, 57(5): 1735-1745.

[12] Cai G, Chen B M, Peng K, et al. Comprehensive modeling and control of the yaw channel of a UAV helicopter. IEEE Transactions on Industrial Electronics, 2008, 55(9): 3426-3434.

[13] Peng K M, Cai G, Chen B M, et al. Design and implementation of an autonomous flight control law for a UAV helicopter. Automatica, 2009, 45(10): 2333-2338.

[14] Cai G, Chen B M, Dong X, et al. Design and implementation of a robust and nonlinear flight control system for an unmanned helicopter. Mechatronics, 2011, 21(5): 803-820.

[15] Thum C K, Du C L, Chen B M, et al. A unified control scheme for combined seeking and track-following of a hard disk drive servo system. IEEE Transactions on Control Systems Technology, 2010, 18(2): 294-306.

[16] Cheng G Y, Peng K M. Robust composite nonlinear feedback control with application to a servo positioning system. IEEE Transactions on Industrial Electronics, 2007, 54(2): 1132-1140.

[17] Zheng Q, Dong L, Lee D H, et al. Active disturbance rejection control for MEMS gyroscopes. IEEE Transactions on Control Systems Technology, 2009, 17(6): 1432-1438.

[18] Kim K S, Rew K H, Kim S. Disturbance observer for estimating higher order disturbances in time series expansion. IEEE Transactions on Automatic Control, 2010, 55(8): 1905-1911.

[19] Godbole A A, Kolhe J P, Talole S E. Performance analysis of generalized extended state observer in tackling sinusoidal disturbances. IEEE Transactions on Control Systems Technology, 2013, 21(6): 2212-2223.

[20] Khalil H K. Nonlinear Systems. 3rd ed. Upper Saddle River: Prentice Hall, 2002.

第 7 章　伺服控制应用实践

本章将把前面各章介绍的伺服控制技术，应用到具体的电机伺服系统中，实现高性能的位置或速度调节。涉及的电机伺服系统包括永磁交流同步电机、直流伺服电机、无刷直流电机、音圈电机、直线电机两维伺服运动平台等伺服系统，基本覆盖了工业伺服应用中常见的电气传动设备。

7.1　永磁同步电机位置伺服系统的鲁棒 PTOS 控制

永磁同步电机(permanent magnet synchronous motor，PMSM)属于无刷交流电机。由于体积重量小、运行效率高、结构简单、可靠等优点，PMSM 在高性能位置/速度伺服系统中得到了广泛的应用。典型的 PMSM 伺服系统采用磁场导向的矢量控制方案，通过 Clarke 和 Park 变换将三相静止坐标系(a, b, c)转换为两相同步旋转坐标系(d, q)，使得定子电流的转矩和励磁分量解耦，从而实现励磁(d 轴)和转矩(q 轴)的独立控制，得到了类似直流电机的控制结构。本节将展示鲁棒 PTOS 控制方案在 PMSM 位置伺服系统中的应用。

7.1.1　位置伺服控制器的设计

这里考虑常用的面装式永磁同步电机，其数学模型如下[1]：

$$\begin{cases} u_{\mathrm{q}} = R_{\mathrm{s}} i_{\mathrm{q}} + L_{\mathrm{q}} \dfrac{\mathrm{d} i_{\mathrm{q}}}{\mathrm{d} t} + \omega L_{\mathrm{d}} i_{\mathrm{d}} + \omega \psi_{\mathrm{f}} \\ u_{\mathrm{d}} = R_{\mathrm{s}} i_{\mathrm{d}} + L_{\mathrm{d}} \dfrac{\mathrm{d} i_{\mathrm{d}}}{\mathrm{d} t} - \omega L_{\mathrm{q}} i_{\mathrm{q}} \\ T_{\mathrm{e}} = 1.5 n_{\mathrm{p}} \psi_{\mathrm{f}} i_{\mathrm{q}} = J \dfrac{\mathrm{d} \omega_{\mathrm{r}}}{\mathrm{d} t} + k_{\mathrm{f}} \omega_{\mathrm{r}} + T_{\mathrm{L}} \\ \dfrac{\mathrm{d} \theta_{\mathrm{r}}}{\mathrm{d} t} = \omega_{\mathrm{r}} \end{cases} \tag{7.1}$$

式中，u_{d}、u_{q}为 dq 坐标系中直轴和交轴电压；i_{d}、i_{q}为 dq 坐标系中直轴和交轴电流；L_{d}、L_{q}为电机直轴和交轴同步电感；R_{s}为定子电阻；n_{p}为极对数；ψ_{f}为永磁体磁链；ω为电角速度；ω_{r}为机械角速度；θ_{r}为机械转角；T_{e}为电磁转矩；T_{L}为负载转矩；J为电机的转动惯量；k_{f}为黏性摩擦系数。

在典型的 PMSM 伺服系统中，一般采用多环串级 PID 控制的结构。在这里，电流环的控制沿用常规的 PID 控制方式，而对电机速度和位置环则合在一起进行一体化设计：以电机转角θ_r(单位 rad)作为系统的受控输出量y(可测量)，交轴电流i_q作为控制输入量u(其值将作为电流环的给定信号)，则其模型可转化为如下所示的双积分系统：

$$\begin{cases}\dot{\boldsymbol{x}}=\boldsymbol{A}\cdot\boldsymbol{x}+\boldsymbol{B}\cdot(\mathrm{sat}(u)+d)\\ y=\boldsymbol{C}\cdot\boldsymbol{x}\end{cases} \tag{7.2}$$

式中，$\boldsymbol{x}=\begin{bmatrix}\theta_r\\ \omega_r\end{bmatrix}$；$\boldsymbol{A}=\begin{bmatrix}0&1\\0&0\end{bmatrix}$；$\boldsymbol{B}=\begin{bmatrix}0\\b\end{bmatrix}$，其中，参数$b=1.5n_p\psi_f/J$；$\boldsymbol{C}=[1\quad 0]$；扰动$d=-(T_L+k_f\omega_r)/(1.5n_p\psi_f)$，表示由负载转矩和摩擦力矩折算而成的等价未知输入扰动。

这里所用的永磁同步电机型号为 60CB020C，其物理参数如表 7.1 所示。该电机配备了一个磁粉制动器来提供负载(图 7.1)。电机的q轴电流最大值限定为 1.5A，即$u_{\max}=1.5\mathrm{A}$。经实验辨识，系统模型参数值为$b=1120$。

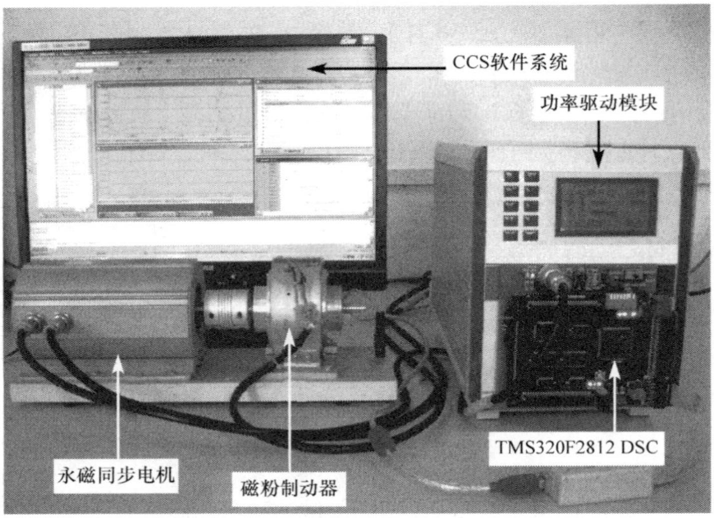

图 7.1　PMSM 伺服系统实验装置

表 7.1　PMSM 的参数

参数	单位	数值
额定电压	V	220
额定功率	W	200
额定电流	A	1.27
额定转速	r/min	3000

续表

参数	单位	数值
额定转矩	N · m	0.64
额定惯量	kg · cm^2	0.17
定子电阻	Ω	13
定子电感	mH	31.87
转矩常数	N · m/A	0.712
极对数	—	4
光学编码器	P/R	2500

选用 TMS320F2812 DSC 作为电机控制的主芯片，采用基于空间矢量脉宽调制(space vector pulse width modulation, SVPWM)的磁场定向控制方式，系统整体结构如图 7.2 所示。利用鲁棒 PTOS 控制律，对电机进行位置控制(速度+位置环)，控制的采样周期为 T=0.002s。设计速度和扰动的观测器如下：

$$\begin{cases}\dot{\boldsymbol{\eta}} = \boldsymbol{A}_{\mathrm{o}} \cdot \boldsymbol{\eta} + \boldsymbol{B}_{\mathrm{o}} \cdot \begin{bmatrix} \mathrm{sat}(u) \\ y \end{bmatrix} \\ \begin{bmatrix} \hat{\omega}_{\mathrm{r}} \\ \hat{d} \end{bmatrix} = \boldsymbol{\eta} + \boldsymbol{L}_{\mathrm{o}} \cdot y \end{cases}$$

式中，$\boldsymbol{\eta}$ 是观测器的内部状态量；

$$\boldsymbol{A}_{\mathrm{o}} = \begin{bmatrix} -2\zeta_0\omega_0 & b \\ -\dfrac{\omega_0^2}{b} & 0 \end{bmatrix},\quad \boldsymbol{B}_{\mathrm{o}} = \begin{bmatrix} b & (1-4\zeta_0^2)\omega_0^2 \\ 0 & -\dfrac{2\zeta_0\omega_0^3}{b} \end{bmatrix},\quad \boldsymbol{L}_{\mathrm{o}} = \begin{bmatrix} 2\zeta_0\omega_0 \\ \dfrac{\omega_0^2}{b} \end{bmatrix}$$

$\zeta_0 = 0.707$ 和 ω_0=110rad/s 分别是观测器的一对共轭极点的阻尼系数和自然频率。

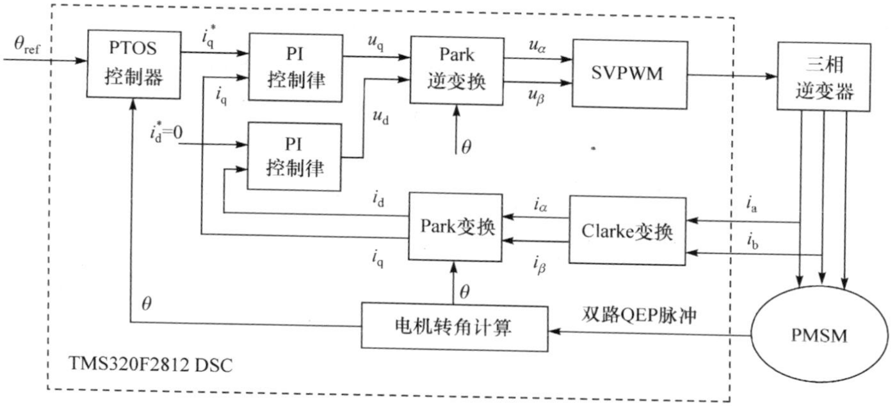

图 7.2　PMSM 位置伺服系统的结构图

为了进行实时控制，需对观测器方程进行离散化。这里采用前向差分的离散化方法，得到如下离散时域观测器方程：

$$\begin{cases} \boldsymbol{\eta}(k+1) = (\boldsymbol{I} + T\boldsymbol{A}_{\mathrm{o}}) \cdot \boldsymbol{\eta}(k) + T\boldsymbol{B}_{\mathrm{o}} \cdot \begin{bmatrix} \mathrm{sat}\big(u(k)\big) \\ y(k) \end{bmatrix} \\ \begin{bmatrix} \hat{\omega}_{\mathrm{r}}(k) \\ \hat{d}(k) \end{bmatrix} = \boldsymbol{\eta}(k) + \boldsymbol{L}_{\mathrm{o}} \cdot y(k) \end{cases} \tag{7.3}$$

电机位置控制的鲁棒 PTOS 控制律如下：

$$u(k) = \mathrm{sat}\Big(k_2\big[f_{\mathrm{p}}(e(k)) - \hat{\omega}_{\mathrm{r}}(k)\big] - \hat{d}(k)\Big) \tag{7.4}$$

式中，$e = \theta_{\mathrm{r}}^* - \theta_{\mathrm{r}}$，$\theta_{\mathrm{r}}^*$ 为目标角位置(rad)；

$$f_{\mathrm{p}}(e) = \begin{cases} \dfrac{k_1}{k_2} e, & |e| \leqslant y_1 \\ \mathrm{sign}(e)\left(\sqrt{2b\alpha \cdot u_{\max}|e|} - v_{\mathrm{s}}\right), & |e| > y_1 \end{cases} \tag{7.5}$$

PTOS 参数为：$\zeta = 0.8$，$y_1 = 1\mathrm{rad}$，$\alpha = 0.9$；相应地，其他参数计算如下：

$$k_1 = \frac{2\alpha\zeta^2 u_{\max}}{y_1} = 1.728,\quad k_2 = 2\zeta\sqrt{\frac{k_1}{b}} = 0.0628,\quad v_{\mathrm{s}} = \frac{k_1 y_1}{k_2} = 27.50\mathrm{rad/s}$$

电流环采用抗饱和(遇限削弱积分法)的数字式 PI 控制律，其表达式如下：

$$u_{\mathrm{pi}}(k) = k_{\mathrm{p}} \times e_{\mathrm{i}}(k) + u_{\mathrm{i}}(k) \tag{7.6}$$

$$u_{\mathrm{i}}(k) = \begin{cases} u_{\mathrm{i}}(k-1), & |u_{\mathrm{pi}}(k-1)| > \bar{u}_{\max} \wedge u_{\mathrm{pi}}(k-1)e_{\mathrm{i}}(k) > 0 \\ u_{\mathrm{i}}(k-1) + k_{\mathrm{i}} \times e_{\mathrm{i}}(k), & \text{其他} \end{cases}$$

式中，$e_{\mathrm{i}}(k)$ 表示 i_{d} 或 i_{q} 的跟踪误差；$\bar{u}_{\max}$=180V 是电压量 u_{d} 和 u_{q} 的饱和限幅值。比例和积分增益参数的值在表 7.2 中列出。选择 20kHz 的采样频率来实现电流环的 PI 控制和进行空间矢量调制(space vector modulation，SVM)。

表 7.2　电流环的 PI 参数

电流环	k_{p}	k_{i}
I_{q}	19.053	0.1905
I_{d}	43.301	0.1443

7.1.2　仿真分析

为验证所提出的控制方案的有效性，首先在 MATLAB/Simulink 下进行仿真。仿真中的被控对象是双积分模型(忽略电流环的影响)。分别在无扰动和扰动为

−0.5A 的情况下对各种目标位置进行跟踪控制，结果如图 7.3 和图 7.4 所示。在各种情况下系统都能实现快速和平稳的定位，其超调量低于 2%，稳态无误差。表 7.3 给出了位置控制的 2%调节时间。当目标位置较小时，本控制方案的性能与 TOC 理论性能的差距较明显，这是因为线性工作区的 PD 控制律起了主要作用，从而牺牲了快速性，但换取了系统鲁棒性；随着目标位置的增大，系统的调节时间逼近并最终优于 TOC 精确定位的理论最优时间。在有负载扰动的情况下，控制系统的位置响应整体趋缓，但仍保持平稳性和稳态准确性。图 7.5 给出了当模型参数 b 出现偏差时(控制器仍按标称值设计)目标位置为 2π 且扰动为−0.5A 的仿真结果。显然，在对象参数 b 偏移 30%的情况下系统仍有较好的控制性能，说明控制系统具有一定的性能鲁棒性。

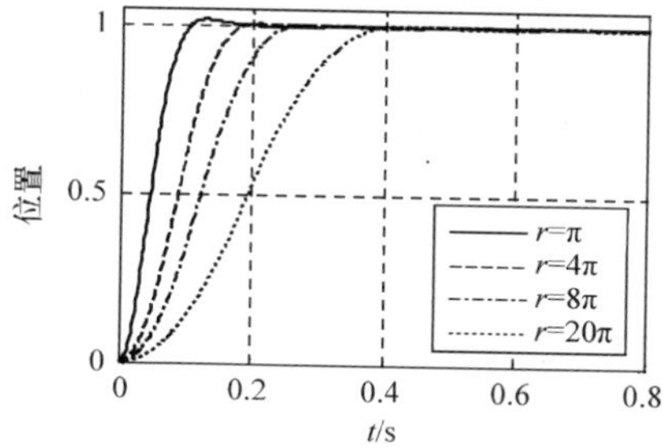

(a) 位置(归一化)

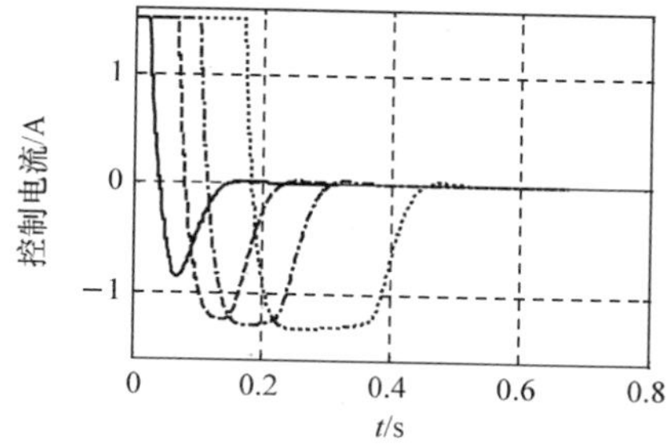

(b) 控制信号

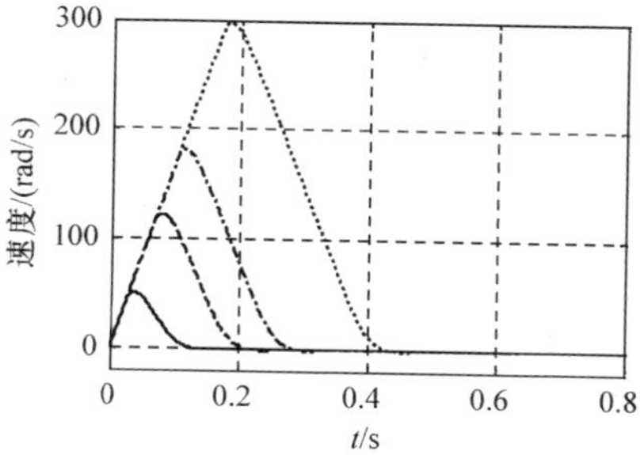

(c) 速度

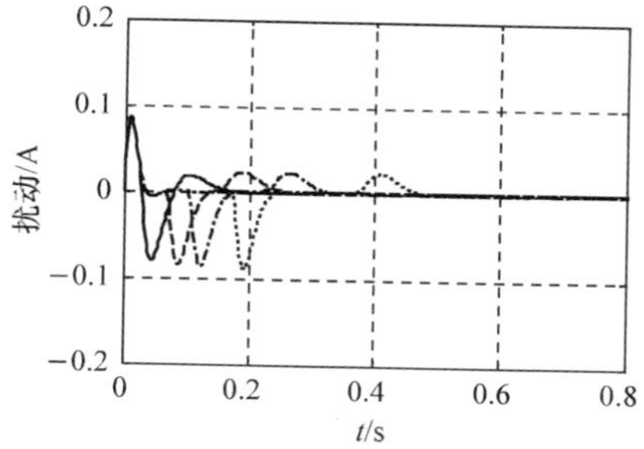

(d) 扰动(估计)

图 7.3　无扰动时各种目标位置的仿真结果

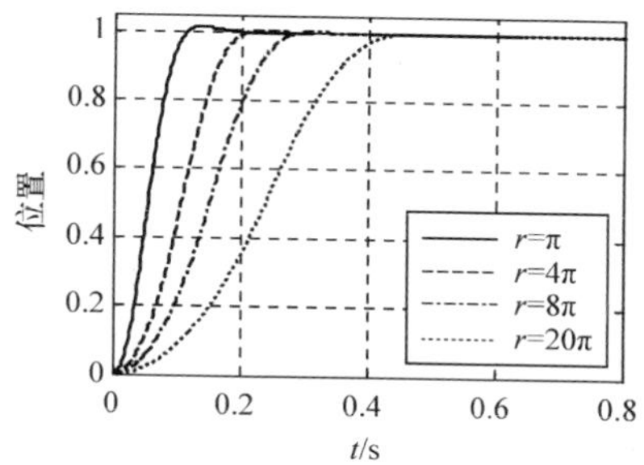

(a) 位置(归一化)

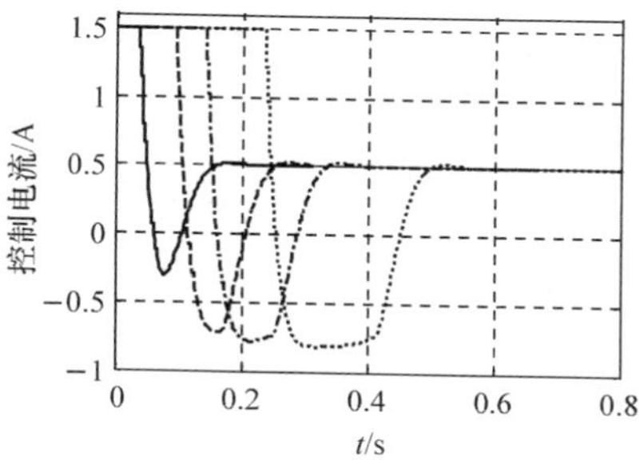

(b) 控制信号

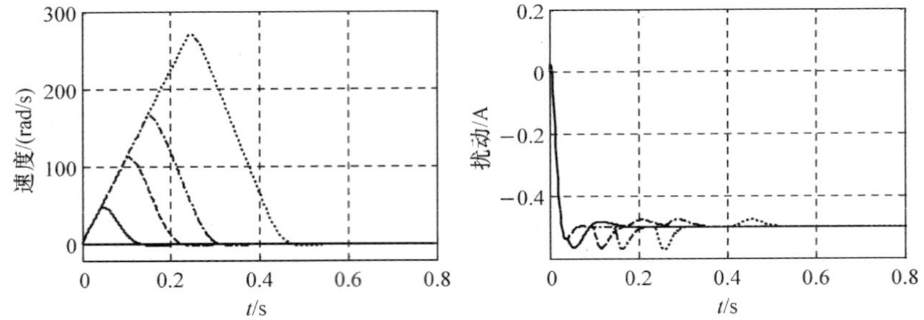

(c) 速度 (d) 扰动(估计)

图 7.4 扰动 $d = -0.5A$ 时各种目标位置的仿真结果

表 7.3 位置控制仿真的 2%调节时间(单位：s)

目标位置 r	π	4π	8π	20π
TOC 精确定位所需时间 $\left(2\sqrt{r/(bu_{max})}\right)$	0.087	0.173	0.245	0.387
鲁棒 PTOS($d = 0A$)	0.098	0.170	0.234	0.364
鲁棒 PTOS($d = -0.5A$)	0.106	0.190	0.262	0.408

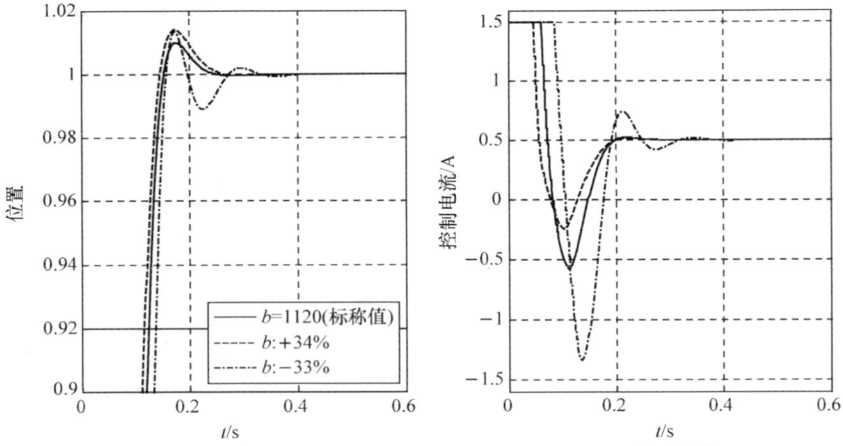

(a) 位置(归一化) (b) 控制信号

图 7.5 模型参数 b 值发生偏差的仿真结果(目标位置 2π，$d=-0.5A$)

考虑到速度曲线的峰值随着目标位置(距离)的增大而增大，而电机的运行速度不宜过大，否则会影响安全性。接下来研究速度受限条件下的 PTOS 位置控制。采用第 2 章的限速 PTOS 方法，在系统的速度超过限值 v_m 且有继续增大的趋势时，将控制转换为速度调节：

$$u_v(k) = k_v[\text{sign}(e(k)) \cdot v_m - \hat{\omega}_r(k)] - \hat{d}(k) \tag{7.7}$$

式中，$k_v=0.1$。随后，当位置误差的幅值小于e_m时，则恢复为 PTOS 控制。这里的门槛值e_m按如下方式计算：

$$e_m(v_m)=\begin{cases}\dfrac{k_2}{k_1}v_m, & |v_m|\leqslant v_s\\ \dfrac{(v_m+v_s)^2}{2b\alpha u_{max}}, & |v_m|>v_s\end{cases} \tag{7.8}$$

图 7.6 和图 7.7 给出了速度限制条件下的 PMSM 位置控制的仿真结果。从图中可以看出，当目标位置增大到一定程度，其速度可能超过限值，这时采用速度调节将使得速度曲线出现一个平台(类似梯形波的曲线)；当速度限值越小，这个平台的宽度将越大，系统的位置响应性能将减缓。

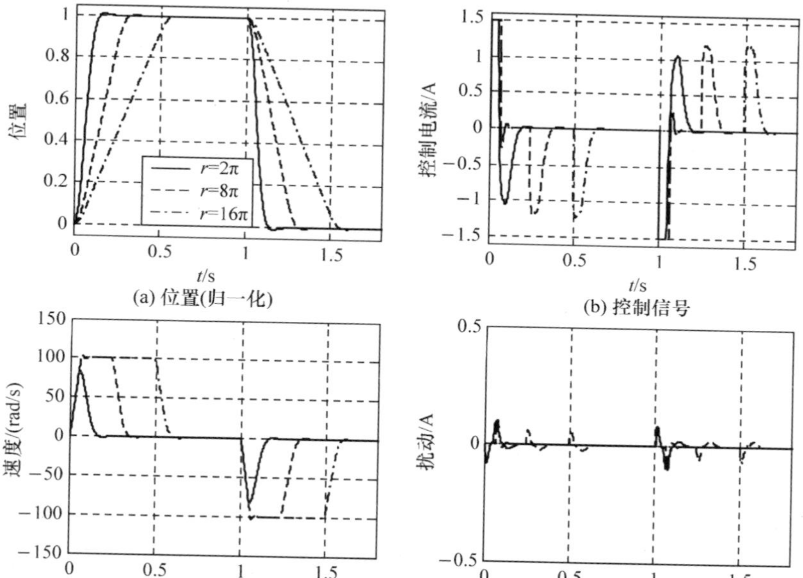

(a) 位置(归一化)　(b) 控制信号　(c) 速度　(d) 扰动(估计)

图 7.6　无扰动情况下三种目标位置在速度限值为 100rad/s 的仿真结果

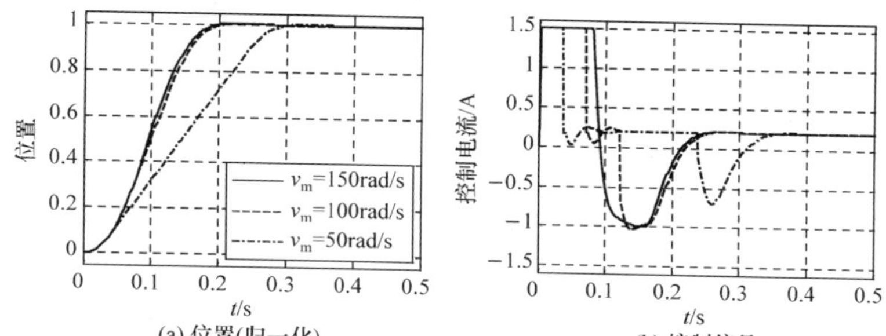

(a) 位置(归一化)　(b) 控制信号

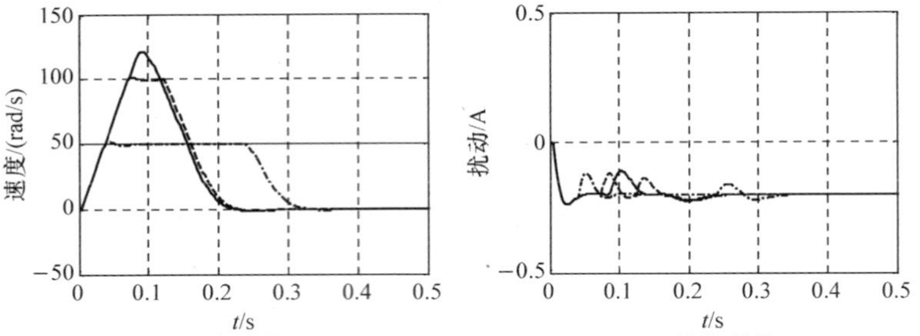

(c) 速度　　(d) 扰动(估计)

图 7.7　各种不同速度限值的仿真结果(目标位置 4π， $d=-0.2$A)

7.1.3　实验研究

在实际的永磁同步电机上进行实时控制实验。利用 Texas Instruments(TI)公司的 Code Composer Studio(CCS)软件系统进行数据采集，再转换到 MATLAB 进行绘图。为便于实验的连续进行，把电机的目标位置设置为方波，方波的上下限之差即为电机的角位移，首先在空载条件下(但系统中仍有其他扰动因素)分别对三种目标位置(π 、2π 和 4π)进行了控制实验，结果如图 7.8 所示，图中分别给出了电机位置(归一化显示)、转速(rad/s)、控制电流(i_q 环给定值)和扰动估值的波形。可以看出，系统对给定目标能快速且准确地跟踪，其 2%调节时间分别是 0.106s、0.134s 和 0.176s。实验性能与仿真结果基本吻合。图 7.9 给出了目标位置为 π 、负载为 0.12N · m(20%额定负载转矩)下的实验位置响应、控制电流和实测 dq 电流波形。图 7.10 对各种负载转矩条件下，目标位置为 2π 的输出响应曲线加以比较，虽然负载扰动的增大使得系统的响应性能有所趋缓，但总体控制效果仍有很好的一致性，负载扰动的影响受到了有效的抑制。图 7.11 给出了目标位置为 4π 在负载转矩为 0.24N · m(相当于 40%额定转矩)和三种不同速度限值下的实验结果，其中当速度限值为 150rad/s 时对位置控制性能没有产生影响，因为目标位置为 4π 时电机的速度根本达不到这个限值。

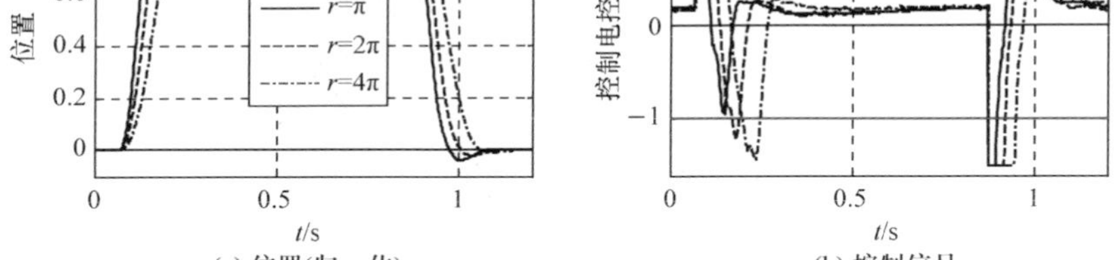

(a) 位置(归一化)　　(b) 控制信号

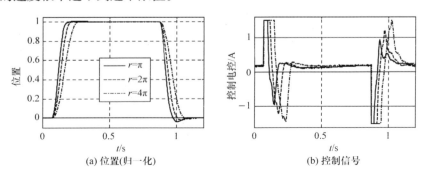

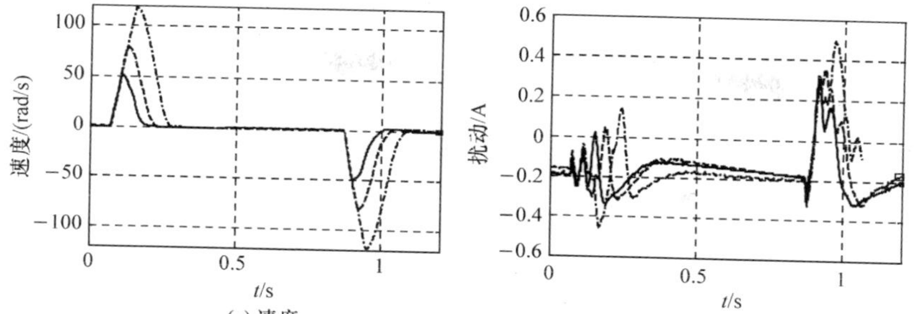

(c) 速度　　(d) 扰动(估计)

图 7.8　三种目标位置(π, 2π, 4π)的实验结果(空载)

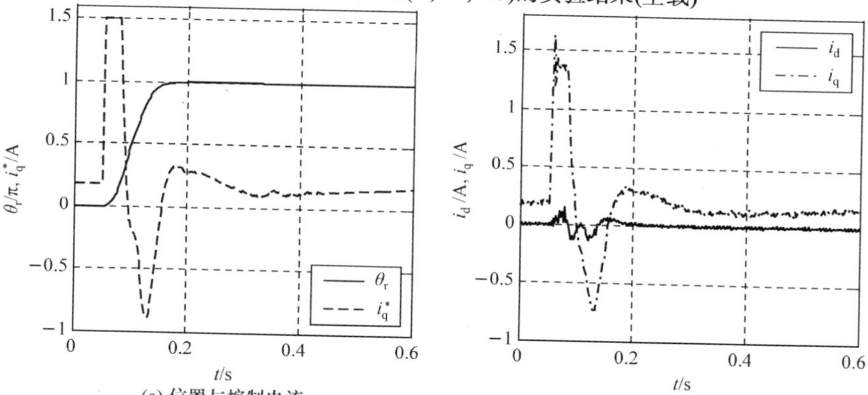

(a) 位置与控制电流　　(b) 实际dq电流

图 7.9　目标位置为π在负载 0.12N · m 下的实验结果

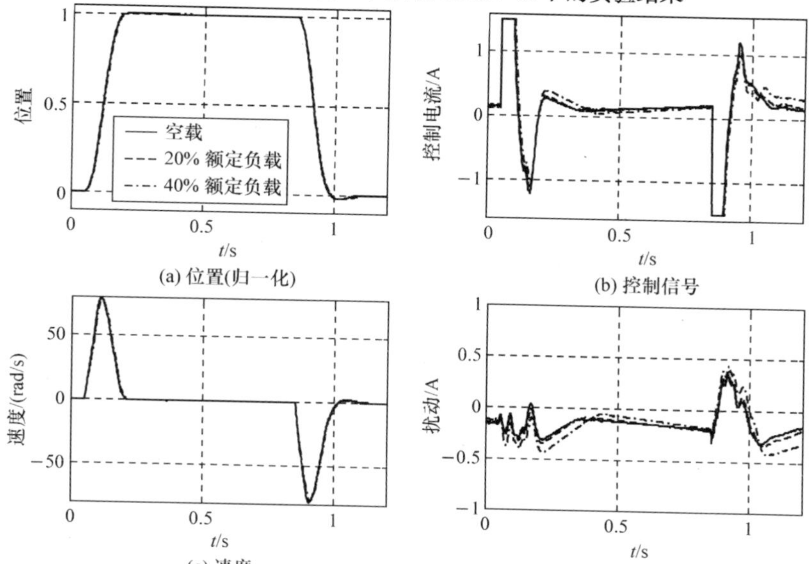

(c) 速度　　(d) 扰动(估计)

图 7.10　目标位置为 2π 在不同负载下的实验结果

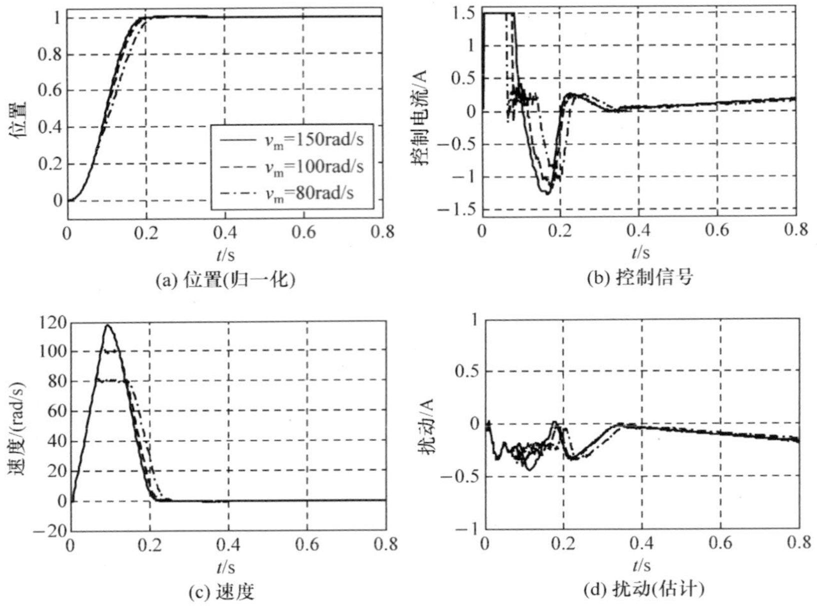

(a) 位置(归一化)　　(b) 控制信号

(c) 速度　　(d) 扰动(估计)

图 7.11　目标位置为 4π 在各种不同速度限值下的实验结果(负载 0.24N · m)

最后，为考察系统参数发生变化后的控制性能，让控制律中参数 b 分别取值 750 和 1500(其他可调参数的值不变)，在目标位置为 2π 和负载转矩为 0.12N · m 的条件下进行定位控制，并与标称情况(b =1120)比较，如图 7.12 所示，发现系统性能略有恶化，特别是 b =1500 时超调量接近 3%，但总体控制性能仍较好。可见本控制方案对参数变化有一定的鲁棒性。由于参数 b 在电机伺服系统中主要取决于转动惯量的值，若要进一步改善瞬态性能，可考虑对参数 b 值在线辨识，从而构成具有自校正功能的鲁棒近似时间最优控制方案。

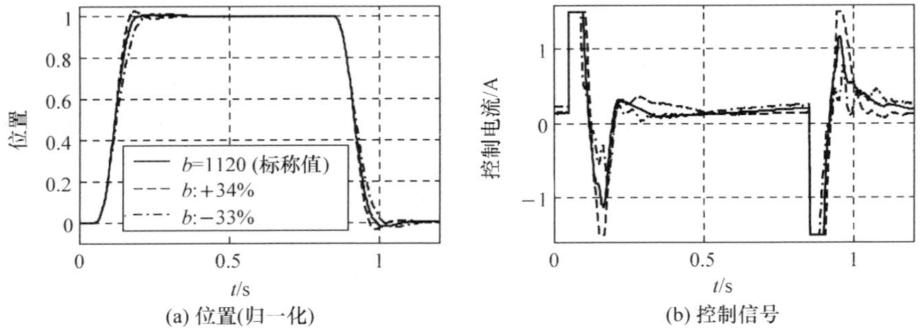

(a) 位置(归一化)　　(b) 控制信号

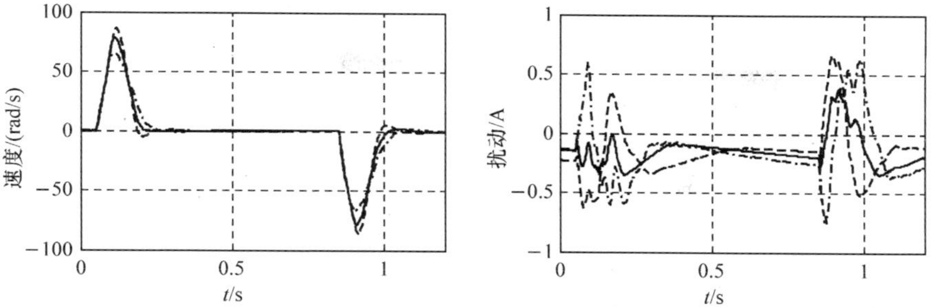

(c) 速度　　(d) 扰动(估计)

图 7.12　参数发生偏移后的实验结果(目标位置 2π 、负载 0.12N · m)

7.2　直流伺服电机位置的扩展 PTOS 控制

直流伺服电机是自动控制系统中一类具有特殊用途的直流电动机，它具有良好的线性调速特性、较高的效率、优异的动态特性和简单的控制结构，因而成为伺服执行机构的首要选择。特别是，采用永磁材料替代励磁机构的永磁直流伺服电机，由于结构紧凑、体积小、能耗低，目前已在中小功率的场合中得到广泛应用。直流伺服电机通常被用于位置伺服控制或速度调节。本节介绍一个直流伺服电机位置伺服系统的设计方案，采用扩展近似时间最优伺服控制技术。

7.2.1　位置伺服控制器的设计

这里的被控对象是型号为 Pittman 9393A006-R8 的永磁直流伺服电机，其额定电压是 12V，通过改变电枢电压，可以对电机的位置或转速进行调节。此电机带有 500 线的双路正交脉冲信号的光电码盘，提供转角位置和转速的反馈信息。首先，根据物理定律，可得到电机的动态数学模型为

$$\begin{cases} J\cdot\dfrac{\mathrm{d}^2\theta_{\mathrm{r}}(t)}{\mathrm{d}t^2}+k_{\mathrm{f}}\cdot\dfrac{\mathrm{d}\theta_{\mathrm{r}}(t)}{\mathrm{d}t}+T_{\mathrm{L}}=k_{\mathrm{t}}\cdot i_{\mathrm{s}}(t) \\ u(t)=R\cdot i_{\mathrm{s}}(t)+L\cdot\dfrac{\mathrm{d}i_{\mathrm{s}}(t)}{\mathrm{d}t}+k_{\mathrm{e}}\cdot\dfrac{\mathrm{d}\theta_{\mathrm{r}}(t)}{\mathrm{d}t} \end{cases} \tag{7.9}$$

式中，J 为转动惯量；θ_{r} 为电机的机械转角；k_{f} 为黏性阻尼系数；T_{L} 为负载转矩，k_{t} 为电磁转矩系数；$u(t)$ 和 $i_{\mathrm{s}}(t)$ 分别为输入电压和电枢电流；R 和 L 分别为电枢的电阻和电感；k_{e} 是反电动势系数。由于电路的响应速度通常比机械子系统的响应快得多，所以可忽略电路响应的瞬态过程，从而得到如下简化的模型：

$$J\cdot\frac{\mathrm{d}^2\theta_{\mathrm{r}}(t)}{\mathrm{d}t^2}+\left(k_{\mathrm{f}}+\frac{k_{\mathrm{t}}k_{\mathrm{e}}}{R}\right)\cdot\frac{\mathrm{d}\theta_{\mathrm{r}}(t)}{\mathrm{d}t}+T_{\mathrm{L}}=\frac{k_{\mathrm{t}}}{R}\cdot u(t)$$

以上模型可转化为如下的连续域状态空间模型：

$$\begin{cases}\dot{\boldsymbol{x}} = \boldsymbol{A}\cdot\boldsymbol{x} + \boldsymbol{B}\cdot(\text{sat}(u)+d) \\ y = \boldsymbol{C}\cdot\boldsymbol{x}\end{cases} \tag{7.10}$$

式中，$\boldsymbol{x} = \begin{bmatrix}\theta_{\text{r}} \\ \dot{\theta}_{\text{r}}\end{bmatrix}$；$\boldsymbol{A} = \begin{bmatrix}0 & 1 \\ 0 & a\end{bmatrix}$，其中 $a = -(k_{\text{f}}R + k_{\text{t}}k_e)/(JR)$；$\boldsymbol{B} = \begin{bmatrix}0 \\ b\end{bmatrix}$，其中 $b = k_{\text{t}}/(JR)$；$\boldsymbol{C} = [1 \quad 0]$；$d = -RT_{\text{L}}/k_{\text{t}}$，表示由负载和其他不确定因素折算而成的等价输入扰动(分段恒定或慢变化)；$\text{sat}(u)$ 代表饱和限幅函数，其饱和上限为 $u_{\max} = 12\text{V}$。经实验辨识，系统模型的参数值为：$b = 430$，$a = -10$。显然，此电机从输入电压(V)到转角(rad)输出量的动态模型是一个带阻尼的双积分伺服系统，可以采用扩展 PTOS 控制技术来进行位置控制。

按照第 2 章介绍的扩展 PTOS 设计方法，首先选择线性控制区的闭环极点阻尼系数 $\zeta = 0.8$ 和自然频率 $\omega = 33\text{rad/s}$，从而确定 k_1 和 k_2 的值如下：

$$k_1 = \frac{\omega^2}{b} = 2.5326\text{，}\quad k_2 = -\frac{a + 2\zeta\omega}{b} = -0.0995$$

进一步，可计算其他参数值：

$$\begin{cases}v_1 = \dfrac{bu_{\max}(a+2\zeta\omega)}{a(a+2\zeta\omega)+\omega^2} = 334.112\text{rad/s} \\ y_{\text{s}} = \dfrac{bu_{\max}}{a^2}\ln\left(1 - \dfrac{av_1}{bu_{\max}}\right) - \dfrac{bu_{\max}v_1}{a(av_1 - bu_{\max})} = 5.482\text{rad}\end{cases}$$

接着设计扩展状态观测器，来估计速度信号和扰动：

$$\begin{cases}\dot{\boldsymbol{\eta}} = \begin{bmatrix}-\sqrt{2}\omega_0 & b \\ -\dfrac{\omega_0^2}{b} & 0\end{bmatrix}\boldsymbol{\eta} + \begin{bmatrix}b & -\omega_0(\omega_0+\sqrt{2}a) \\ 0 & -\dfrac{(a+\sqrt{2}\omega_0)\omega_0^2}{b}\end{bmatrix}\cdot\begin{bmatrix}\text{sat}(u) \\ y\end{bmatrix} \\ \begin{bmatrix}\hat{v} \\ \hat{d}\end{bmatrix} = \boldsymbol{\eta} + \begin{bmatrix}a+\sqrt{2}\omega_0 \\ \dfrac{\omega_0^2}{b}\end{bmatrix}y\end{cases} \tag{7.11}$$

式中，$\boldsymbol{\eta}$ 是观测器的内部状态量；观测器的一对极点被配置成具有阻尼系数 $\dfrac{\sqrt{2}}{2}$ 和自然频率 $\omega_0 = 99\text{rad/s}$。

基于观测器的鲁棒扩展 PTOS 控制律如下：

$$u = \text{sat}(k_1[e + f_{\text{ep}}(\hat{v})] - k_{\text{c}}\cdot\hat{d}) \tag{7.12}$$

其中

$$f_{\mathrm{ep}}(v)=\begin{cases}\dfrac{k_2}{k_1}v, & |v|\leqslant v_1\\ \mathrm{sign}(v)\cdot\left(\dfrac{bu_{\max}}{a^2}\ln\left|1-\dfrac{a|v|}{bu_{\max}}\right|-y_{\mathrm{s}}\right)+\dfrac{v}{a}, & |v|>v_1\end{cases}$$

扰动补偿系数采用动态值：$k_{\mathrm{c}}(t)=1-2^{-500t}$。这样可以降低观测器初始估计误差造成的影响。

7.2.2　仿真与实验验证

为评价所设计的控制器的性能，首先在 MATLAB/Simulink 下进行仿真。仿真中，扰动初始值为 0，然后在 0.3s 后跳变为–4V。图 7.13 给出了三种目标位置的跟踪控制效果。图中分别给出了电机位置(归一化显示)、转速(rad/s)、控制电压和扰动估值的波形。显然，在各种情况下系统都能实现快速和平稳的定位，其超调量低于 2%，稳态无误差，而且在负载扰动发生跳变之后，系统输出位置能快速回归到目标值。表 7.4 给出了位置控制的 2%调节时间。图 7.14 和图 7.15 给出了当模型参数出现偏差时(控制器仍按标称值设计)对目标位置 6π 的跟踪控制结果。虽然，在对象参数摄动时，扰动估计出现了较明显的波动(模型不确定性被归入扰动进行估计)，但系统的位置输出响应仍有较好的性能，说明伺服系统具有一定的性能鲁棒性。

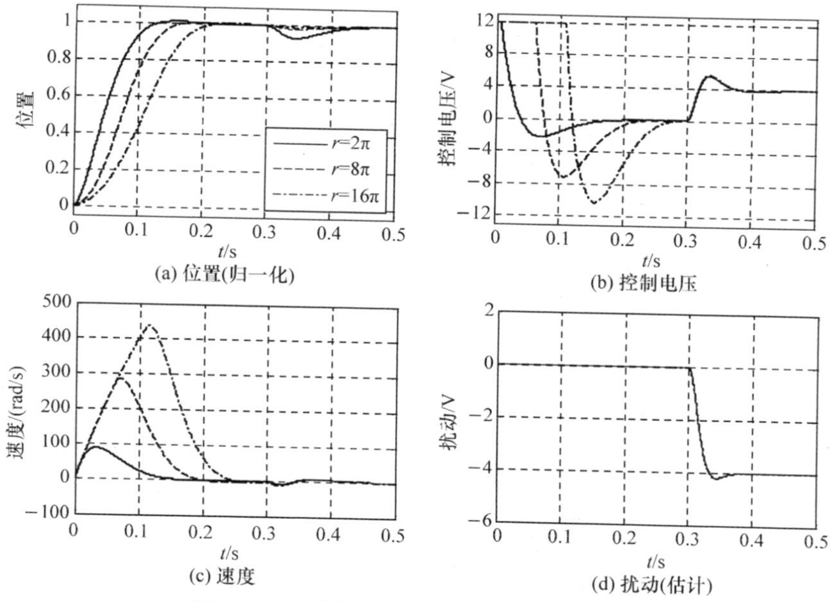

(a) 位置(归一化)　(b) 控制电压

(c) 速度　(d) 扰动(估计)

图 7.13　三种目标位置的跟踪控制仿真结果

表 7.4　位置控制的 2%调节时间

目标位置 r	2π	4π	8π	16π
仿真/s	0.115	0.127	0.156	0.210
实验/s	0.116	0.126	0.148	N/A

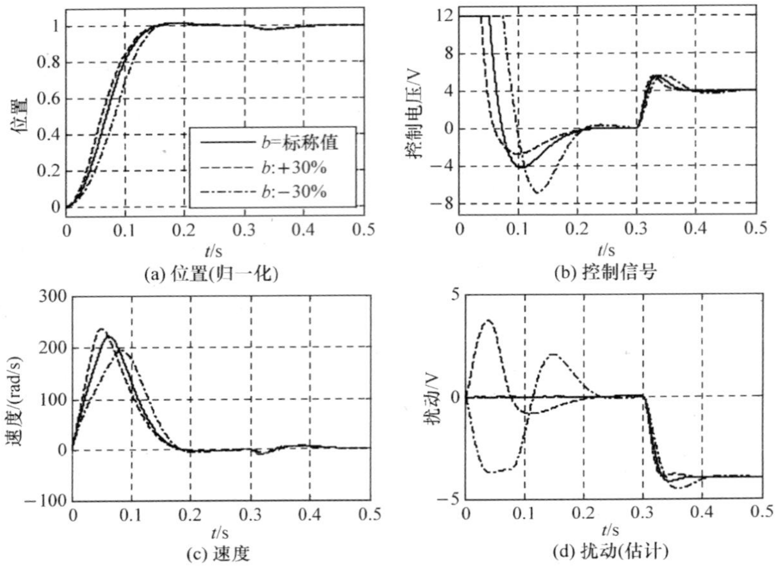

图 7.14　模型参数 b 值发生偏差的仿真结果(目标位置 6π)

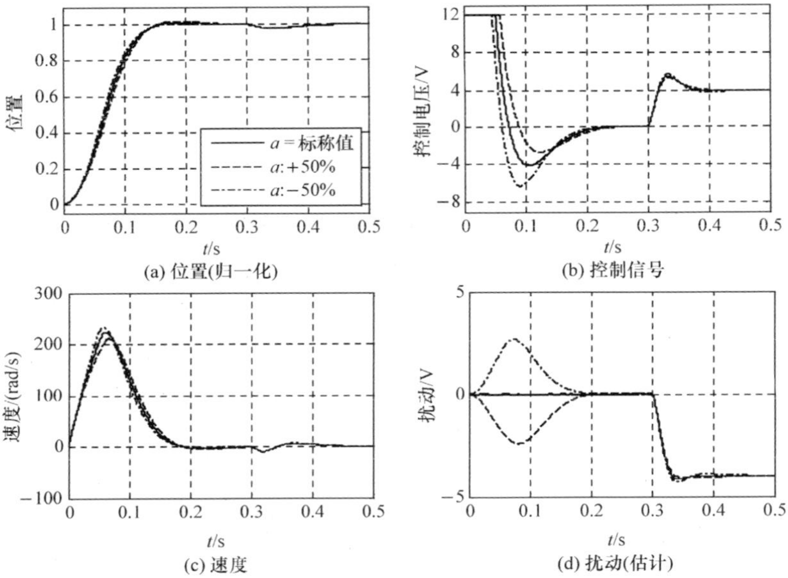

图 7.15　模型参数 a 值发生偏差的仿真结果(目标位置 6π)

接着，在实际的永磁直流伺服电机上进行实时控制实验。采用 TI 公司的 TMS 320F28335 DSC 作为电机控制的主芯片，进行控制算法编程。采用基于 L298N 的功率驱动模块和 12V 稳压直流电源。伺服电机的光电编码器的双路正交编码信号由 DSC 的 eQEP 模块进行解码处理，然后计算出角位置；控制器输出的控制量转换为对应占空比的 PWM 信号，去驱动 L298N 的功率开关。整个伺服系统的配置如图 7.16 所示。位置控制算法的离散采样周期为 1ms，而 PWM 调制的频率为 5kHz。实验中利用 CCS 软件系统进行数据采集，再转换到 MATLAB 进行绘图。分别对三种目标位置(2π 、 4π 和 8π)进行了控制实验(在空载条件下，但系统中有其他扰动因素)，结果如图 7.17 所示。可以看出，系统对给定目标能快速且准确地跟踪，其 2%调节时间分别是 0.116s、0.126s 和 0.148s。实验性能与仿真结果基本吻合。最后，为考察参数摄动后的控制性能，让控制律中参数 b 分别变化 ±20% (其他可调参数的值不变)，在目标位置为 8π 的条件下进行定位控制，并与标称情况比较，如图 7.18 所示，发现系统位置的跟踪性能仅略有差异，控制性能保持在理想范围内。可见本控制方案对参数变化的确有一定的鲁棒性。

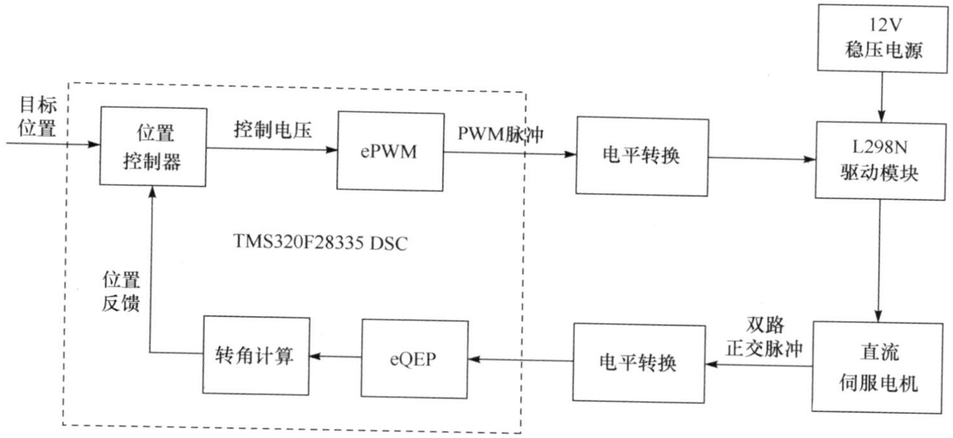

图 7.16　直流伺服电机位置控制系统的结构图

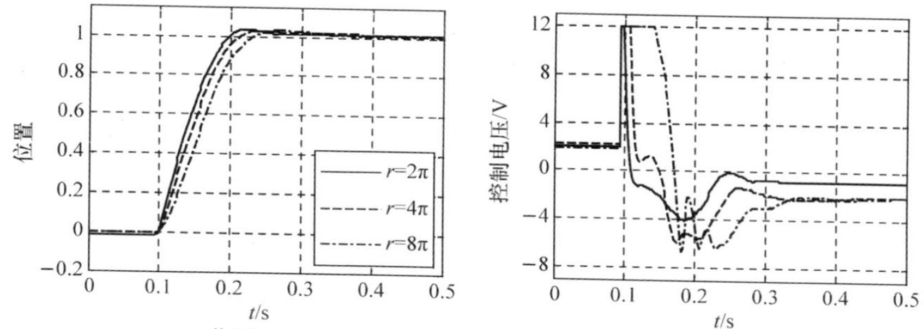

(a) 位置(归一化)　(b) 控制信号

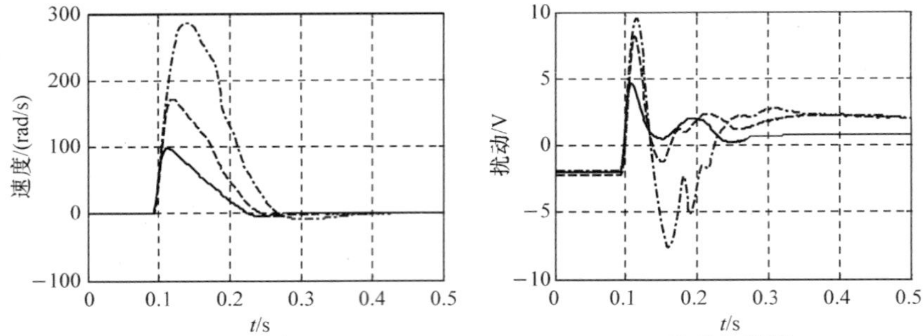

(c) 速度　　(d) 扰动(估计)

图 7.17　三种目标位置的跟踪控制实验结果

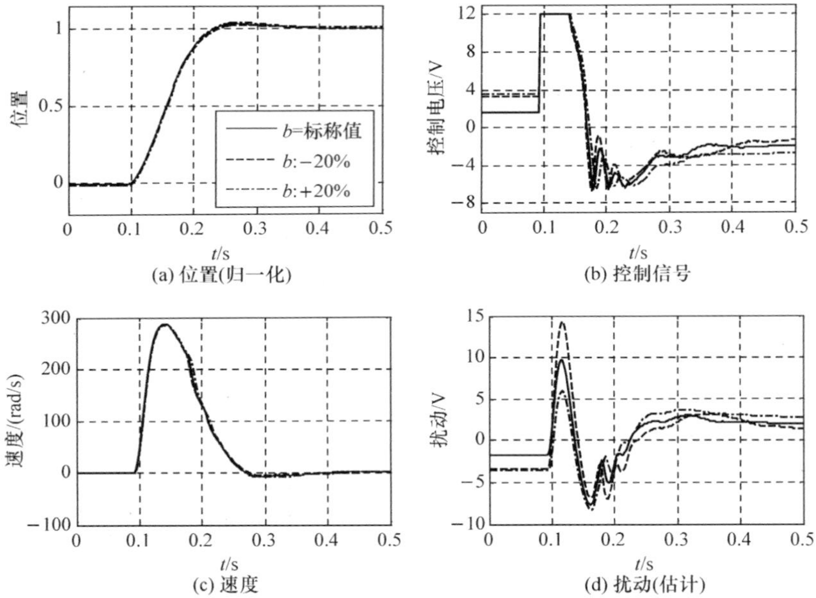

(a) 位置(归一化)　　(b) 控制信号

(c) 速度　　(d) 扰动(估计)

图 7.18　参数 b 值发生偏差的位置控制实验结果(目标位置 8π)

7.3　无刷直流电机调速系统的 RCNS 控制

无刷直流(brushless DC，BLDC)电机是利用电子换相技术代替传统直流电动机的电刷换向的一种新型电动机，具有结构简单、运行可靠、动态响应好等优点，因而得到广泛的应用和研究。目前，BLDC 电机调速系统普遍采用速度和电流双闭环串级控制结构。本节将采用鲁棒复合非线性伺服控制技术，对 BLDC 电机的速度和电流环进行一体化控制，实现高性能调速。

7.3.1　无刷直流电机调速系统的数学模型

这里考虑的无刷直流电机采用最常见的三相桥式星形连接结构和转矩效率较高的两两导通方式，其数学模型如下[1]：

$$\begin{cases}\dfrac{\mathrm{d}\omega_{\mathrm{r}}}{\mathrm{d}t}=-\dfrac{k_{\mathrm{f}}\omega_{\mathrm{r}}}{J}+\dfrac{k_{\mathrm{t}}i_{\mathrm{s}}}{J}-\dfrac{T_{\mathrm{L}}}{J}\\ \dfrac{\mathrm{d}i_{\mathrm{s}}}{\mathrm{d}t}=-\dfrac{Ri_{\mathrm{s}}}{L-M}-\dfrac{k_{\mathrm{e}}\omega_{\mathrm{r}}}{2(L-M)}+\dfrac{U}{2(L-M)}\end{cases} \tag{7.13}$$

式中，i_{s} 为导通相的绕组电流(A)；U 为加在导通绕组上的线电压(V)；R 为定子相绕组电阻；L 为每相绕组的自感(H)；M 为每两相绕组间的互感(H)；k_{f} 为摩擦阻尼系数 $(\mathrm{N\cdot m\cdot s/rad})$；$k_{\mathrm{t}}$ 为电磁转矩系数 $(\mathrm{N\cdot m/A})$；k_{e} 为反电动势系数 $(\mathrm{V\cdot s/rad})$；ω_{r} 为电机机械转速(rad/s)；J 为电机的转动惯量 $(\mathrm{kg\cdot m^2})$；T_{L} 为负载转矩$(\mathrm{N\cdot m})$。

以转速 ω_{r} 作为系统输出量，令 $u=U-k_{\mathrm{e}}\omega_{\mathrm{r}}$ 作为控制输入量，则模型(7.13)可转换为如下状态空间模型：

$$\begin{cases}\dot{\boldsymbol{x}}=\boldsymbol{A}\cdot\boldsymbol{x}+\boldsymbol{B}\cdot\mathrm{sat}(u)+\boldsymbol{E}\cdot d\\ y=\boldsymbol{C}\cdot\boldsymbol{x}\end{cases} \tag{7.14}$$

对应的状态变量和模型参数为

$$\boldsymbol{x}=\begin{bmatrix}\omega_{\mathrm{r}}\\ i_{\mathrm{s}}\end{bmatrix},\ \boldsymbol{A}=\begin{bmatrix}a_{11} & a_{12}\\ 0 & a_{22}\end{bmatrix},\ \boldsymbol{B}=\begin{bmatrix}0\\ b\end{bmatrix},\ \boldsymbol{E}=\begin{bmatrix}\varepsilon_1\\ 0\end{bmatrix},\ \boldsymbol{C}=\begin{bmatrix}1 & 0\end{bmatrix}$$

$$a_{11}=-\frac{k_{\mathrm{f}}}{J},\ a_{12}=\frac{k_{\mathrm{t}}}{J},\ a_{22}=\frac{-R}{L-M},\ b=\frac{1}{2(L-M)},\ \varepsilon_1=-\frac{1}{J}$$

式中，y 是可量测的被控输出量(通过检测霍尔信号加以测量)；d 是由负载转矩和其他因素组成的未知扰动(常值或慢变化的)；$\mathrm{sat}(u)$ 是饱和限幅函数，其限幅值为 $u_{\max}=2Ri_{\mathrm{m}}$，其中 i_{m} 是电机绕组的额定电流。

7.3.2　速度伺服控制器的设计

本节针对模型(7.14)给出基于 RCNS 控制技术的速度伺服控制器的设计。控制的任务是使输出 y 快速准确地跟踪给定的目标速度 r。首先设计一个线性伺服控制律：

$$u_{\mathrm{L}}=\boldsymbol{F}\cdot\boldsymbol{x}+f_{\mathrm{r}}\cdot r+f_{\mathrm{d}}\cdot d \tag{7.15}$$

式中，f_{r} 和 f_{d} 是待定的前馈增益系数(标量)；$\boldsymbol{F}$ 是状态反馈增益矩阵，使($\boldsymbol{A}$+$\boldsymbol{BF}$)具有期望的特征值 $-\zeta\omega\pm\mathrm{j}\omega\sqrt{1-\zeta^2}$，按照极点配置算法，可得

$$F = -\begin{bmatrix} \dfrac{a_{11}^2 + 2a_{11}\zeta\omega + \omega^2}{a_{12}b} & \dfrac{a_{11} + a_{22} + 2\zeta\omega}{b} \end{bmatrix} \tag{7.16}$$

在控制律(7.15)作用下，系统闭环稳定，则当 $t \to \infty$ 时，有 $\dot{\boldsymbol{x}}(t) \to \boldsymbol{0}$，$\boldsymbol{x}(t) \to \boldsymbol{x}_{\mathrm{s}}$。其中 $\boldsymbol{x}_{\mathrm{s}}$ 是状态量 $\boldsymbol{x}$ 的稳态值。从式(7.14)和式(7.15)可推导出：

$$\boldsymbol{x}_{\mathrm{s}} = \boldsymbol{G}_{\mathrm{r}} \cdot r + \boldsymbol{G}_{\mathrm{d}} \cdot d$$

式中

$$\boldsymbol{G}_{\mathrm{r}} = -(\boldsymbol{A} + \boldsymbol{B}\boldsymbol{F})^{-1}\boldsymbol{B}f_{\mathrm{r}}, \quad \boldsymbol{G}_{\mathrm{d}} = -(\boldsymbol{A} + \boldsymbol{B}\boldsymbol{F})^{-1}(\boldsymbol{E} + \boldsymbol{B}f_{\mathrm{d}})$$

系统输出 y 的稳态值为

$$y_{\mathrm{s}} = \boldsymbol{C}\boldsymbol{x}_{\mathrm{s}} = -\boldsymbol{C}(\boldsymbol{A} + \boldsymbol{B}\boldsymbol{F})^{-1}\boldsymbol{B}f_{\mathrm{r}} \cdot r - [\boldsymbol{C}(\boldsymbol{A} + \boldsymbol{B}\boldsymbol{F})^{-1}\boldsymbol{E} + \boldsymbol{C}(\boldsymbol{A} + \boldsymbol{B}\boldsymbol{F})^{-1}\boldsymbol{B}f_{\mathrm{d}}] \cdot d$$

由于控制的目标是使输出 y 在存在扰动的情况下能准确跟踪给定目标 r，即 $y_{\mathrm{s}} \equiv r, \forall (r, d)$，于是有

$$\begin{cases} -\boldsymbol{C}(\boldsymbol{A} + \boldsymbol{B}\boldsymbol{F})^{-1}\boldsymbol{B}f_{\mathrm{r}} = 1 \\ \boldsymbol{C}(\boldsymbol{A} + \boldsymbol{B}\boldsymbol{F})^{-1}\boldsymbol{E} + \boldsymbol{C}(\boldsymbol{A} + \boldsymbol{B}\boldsymbol{F})^{-1}\boldsymbol{B}f_{\mathrm{d}} = 0 \end{cases}$$

从上式可解得

$$\begin{cases} f_{\mathrm{r}} = -1 / [\boldsymbol{C}(\boldsymbol{A} + \boldsymbol{B}\boldsymbol{F})^{-1}\boldsymbol{B}] = \dfrac{\omega^2}{a_{12}b} \\ f_{\mathrm{d}} = f_{\mathrm{r}} \cdot \boldsymbol{C}(\boldsymbol{A} + \boldsymbol{B}\boldsymbol{F})^{-1}\boldsymbol{E} = -\dfrac{(a_{11} + 2\zeta\omega)\varepsilon_1}{a_{12}b} \end{cases} \tag{7.17}$$

从而可得

$$\boldsymbol{G}_{\mathrm{r}} = \begin{bmatrix} 1 \\ -\dfrac{a_{11}}{a_{12}} \end{bmatrix}, \quad \boldsymbol{G}_{\mathrm{d}} = \begin{bmatrix} 0 \\ -\dfrac{\varepsilon_1}{a_{12}} \end{bmatrix} \tag{7.18}$$

下一步是设计非线性反馈律，其作用是通过动态改变系统的闭环阻尼来抑制超调量，从而提高控制系统的瞬态性能。选择一个正定的加权对角矩阵 $\boldsymbol{W}$ 为

$$\boldsymbol{W} = \begin{bmatrix} \dfrac{2\zeta\omega^4}{a_{12}^2 b^2} & 0 \\ 0 & \dfrac{2\zeta\omega^4}{(a_{11}^2 + \omega^2)b^2} \end{bmatrix}$$

求解 Lyapunov 方程 $(\boldsymbol{A} + \boldsymbol{B}\boldsymbol{F})^{\mathrm{T}}\boldsymbol{P} + \boldsymbol{P}(\boldsymbol{A} + \boldsymbol{B}\boldsymbol{F}) = -\boldsymbol{W}$，得到一个对称正定矩阵 $\boldsymbol{P}$：

$$\boldsymbol{P}=\begin{bmatrix}\dfrac{\omega}{(a_{12}b)^2}\left[(a_{11}+2\zeta\omega)^2+\omega^2\left(1-\dfrac{2\zeta^2\omega^2}{a_{11}^2+\omega^2}\right)\right] & * \\ \dfrac{\omega}{a_{12}b^2}\left(a_{11}+\zeta\omega+\dfrac{\zeta\omega a_{11}^2}{a_{11}^2+\omega^2}\right) & \dfrac{\omega}{b^2}\end{bmatrix}$$

式中，* 代表矩阵的对称元素。则非线性反馈增益矩阵为

$$\boldsymbol{F}_{\mathrm{n}}=\boldsymbol{B}^{\mathrm{T}}\boldsymbol{P}=\begin{bmatrix}\dfrac{\omega}{a_{12}b}\left(a_{11}+\zeta\omega+\dfrac{\zeta\omega a_{11}^2}{a_{11}^2+\omega^2}\right) & \dfrac{\omega}{b}\end{bmatrix} \tag{7.19}$$

选取一个平滑的非线性增益函数 $\rho(e)\leqslant 0$，它的绝对值随着跟踪误差 $e=r-y$ 的绝对值的减少而增大，如：

$$\rho(e)=\beta\cdot\left[\arctan(\alpha\alpha_0\cdot|e|)-\frac{\pi}{2}\right] \tag{7.20}$$

式中，α、β 都为非负的可调参数；α_0 与初始误差 $e(0)$ 相关，用于对误差 $e(t)$ 进行归一化：

$$\alpha_0=\begin{cases}\dfrac{1}{|e(0)|}, & e(0)\neq 0\\ 1, & e(0)=0\end{cases}$$

则非线性反馈律如下：

$$u_{\mathrm{N}}=\rho(e)\boldsymbol{F}_{\mathrm{n}}(\boldsymbol{x}-\boldsymbol{x}_{\mathrm{s}}) \tag{7.21}$$

接着设计扩展状态观测器，来对系统未量测的状态 i_{s} 和未知扰动 d 进行估计。考虑到扰动是分段常值或慢变化的，可用微分方程描述为 $\dot{d}=0$。将此方程与系统模型结合起来，可得到一个增广模型，从而设计扩展观测器。采用降阶观测器的设计，并把观测器的一对极点选择为 $-\zeta_0\omega_0\pm \mathrm{j}\omega_0\sqrt{1-\zeta_0{}^2}$，则可得到如下的扩展状态观测器：

$$\begin{cases}\dot{\boldsymbol{\eta}}=\boldsymbol{A}_{\mathrm{o}}\cdot\boldsymbol{\eta}+\boldsymbol{B}_{\mathrm{u}}\cdot\mathrm{sat}(u)+\boldsymbol{B}_{\mathrm{y}}\cdot y\\ \begin{bmatrix}\hat{i}_{\mathrm{s}}\\ \hat{d}\end{bmatrix}=\boldsymbol{\eta}-\boldsymbol{L}_{\mathrm{y}}\cdot y\end{cases} \tag{7.22}$$

式中，$\boldsymbol{\eta}$ 是观测器的内部状态向量；$\hat{i}_{\mathrm{s}}$ 和 $\hat{d}$ 分别为状态 i_{s} 和扰动 d 的估计值。观测器方程中的各系数矩阵为

$$\boldsymbol{A}_{\mathrm{o}} = \begin{bmatrix} -\left(2\zeta_0\omega_0 + \dfrac{\omega_0^2}{a_{22}}\right) & -\dfrac{\varepsilon_1(a_{22}^2 + 2\zeta_0\omega_0 a_{22} + \omega_0^2)}{a_{12}a_{22}} \\ \dfrac{a_{12}\omega_0^2}{a_{22}\varepsilon_1} & \dfrac{\omega_0^2}{a_{22}} \end{bmatrix}$$

$$\boldsymbol{B}_{\mathrm{u}} = \begin{bmatrix} 0 \\ b \end{bmatrix}, \quad \boldsymbol{B}_{\mathrm{y}} = \begin{bmatrix} -\dfrac{(a_{11} + 2\zeta_0\omega_0)(a_{22}^2 + 2\zeta_0\omega_0 a_{22} + \omega_0^2)}{a_{12}a_{22}} \\ \dfrac{\omega_0^2(a_{11} + a_{22} + 2\zeta_0\omega_0)}{a_{22}\varepsilon_1} \end{bmatrix}$$

$$\boldsymbol{L}_{\mathrm{y}} = \begin{bmatrix} -\dfrac{a_{22}^2 + 2\zeta_0\omega_0 a_{22} + \omega_0^2}{a_{12}a_{22}} \\ \dfrac{\omega_0^2}{a_{22}\varepsilon_1} \end{bmatrix}$$

基于状态观测器(7.22)，把线性控制律和非线性控制律合并起来，得到最终的 RCNS 控制律为

$$u = \boldsymbol{F} \cdot \hat{\boldsymbol{x}} + f_{\mathrm{r}} \cdot r + f_{\mathrm{d}} \cdot \hat{d} + \rho(e)\boldsymbol{F}_{\mathrm{n}}\left(\hat{\boldsymbol{x}} - \hat{\boldsymbol{x}}_{\mathrm{s}}\right) \tag{7.23}$$

式中，$\hat{\boldsymbol{x}} = \begin{bmatrix} y \\ \hat{i}_{\mathrm{s}} \end{bmatrix} = \begin{bmatrix} \omega_{\mathrm{r}} \\ \hat{i}_{\mathrm{s}} \end{bmatrix}$；$\hat{\boldsymbol{x}}_{\mathrm{s}}$是对状态量$\boldsymbol{x}$稳态值的估计，即

$$\hat{\boldsymbol{x}}_{\mathrm{s}} = \boldsymbol{G}_{\mathrm{r}} \cdot r + \boldsymbol{G}_{\mathrm{d}} \cdot \hat{d} \tag{7.24}$$

则 BLDC 电机导通绕组的输入电压为

$$U = \mathrm{sat}(u) + k_{\mathrm{e}}\omega_{\mathrm{r}} \tag{7.25}$$

控制律的参数值可按以下经验规则来选择：$\zeta \in [0.3, 0.5]$，ω=预期的闭环带宽；$\zeta_0 \in [0.6, 0.8]$，$\omega_0 \in [2\omega, 5\omega]$；非负参数$\alpha$、$\beta$可通过仿真来整定，其中$\beta$可从0开始逐步增大至控制性能满意为止。上述参数化控制律可方便地应用于具体系统中，且有利于在线参数调优。

7.3.3　仿真分析

本节利用 7.3.2 节设计的 RCNS 速度控制律来实现对无刷直流电机的转速闭环控制。所用的电机是时代超群的 24V 三相 BLDC 电机，型号为 57BL52-230。其物理参数如表 7.5 所示。对照模型(7.14)，可得各参数值如下：

$J = 1.15\times10^{-5}\,\mathrm{kg\cdot m^2}$，$R = 0.55\Omega$，$L = 7.5\times10^{-4}\,\mathrm{H}$，$M \approx 0\,\mathrm{H}$，$k_{\mathrm{t}} = 0.06\,\mathrm{N\cdot m/s}$，$k_{\mathrm{f}} \approx 0.0001\,\mathrm{N\cdot m\cdot s/rad}$，$k_{\mathrm{e}} = 0.0351\,\mathrm{V\cdot s/rad}$

表 7.5　BLDC 电机的参数

参数	单位	数值
额定电压	V	24
额定功率	W	60
额定电流	A	3.3
额定转速	r/min	3000
额定转矩	N · m	0.18
额定惯量	kg · cm^2	115
相电阻	Ω	0.55
相电感	mH	0.75
相互感	mH	0.0
转矩常数	N · m/A	0.06
黏性摩擦系数	N · m/(rad/s)	0.0001
反电动势系数	V/(kr/min)	3.68
极对数	—	2
霍尔传感器(三相)	—	—

选取 RCNS 控制律的可调参数值如下:

$$\zeta = 0.3 ,\quad \omega = 600\text{rad/s} ,\quad \zeta_0 = 1 ,\quad \omega_0 = 1500\text{rad/s} ,\quad \alpha = 20\pi ,\quad \beta = 2$$

在 MATLAB/Simulink 中进行仿真研究。仿真时，初始目标转速设为 $r = 100\pi$ rad/s (等价于 3000r/min)，随后在 0.1s 时变为 20π rad/s (折算为 600r/min)；负载转矩 T_L 设置为一个分段阶跃信号：初始值为零，在 0.05s 时变为 0.06N · m(相当于额定转矩的三分之一)，在 0.15s 时降为零。得到的仿真结果如图 7.19 和图 7.20 所示。图中显示了电机转速(r/min)、控制电压(V)、导通相的电流(A)和扰动(负载)转矩(N · m)的估值。图中对 RCNS 控制、鲁棒线性控制(不加入非线性反馈)、无补偿的复合非线性控制三种控制方案的调速性能进行了比较。可以看出：RCNS 控制的伺服系统对各种目标转速都能实现快速平稳且准确的跟踪，而且在负载转矩跳变后也能很快地恢复到原先的速度，即负载扰动的影响受到了有效的抑制。特别重要的是，导通电流的幅值保持在额定值 3.3A 以下，确保了电机运行的安全性。

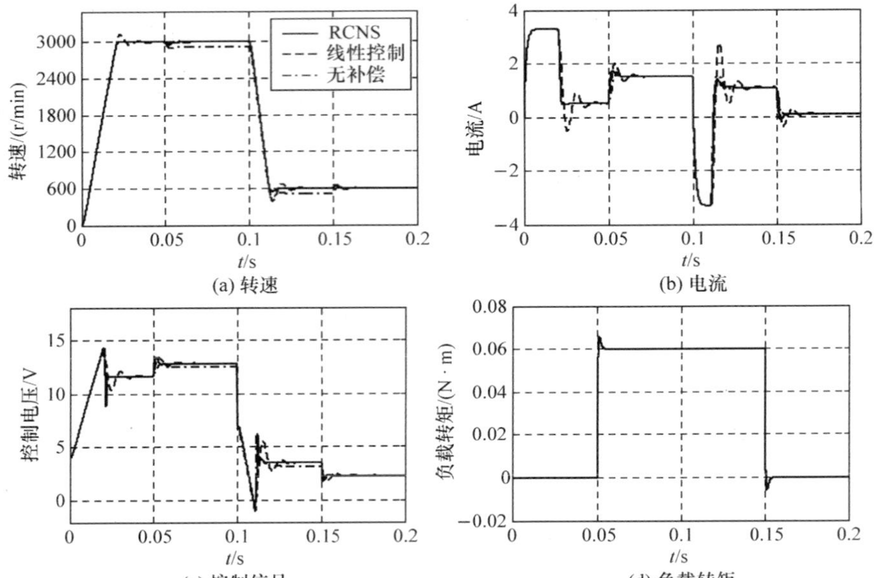

(a) 转速　(b) 电流　(c) 控制信号　(d) 负载转矩

图 7.19　三种控制器的调速性能比较(仿真结果)

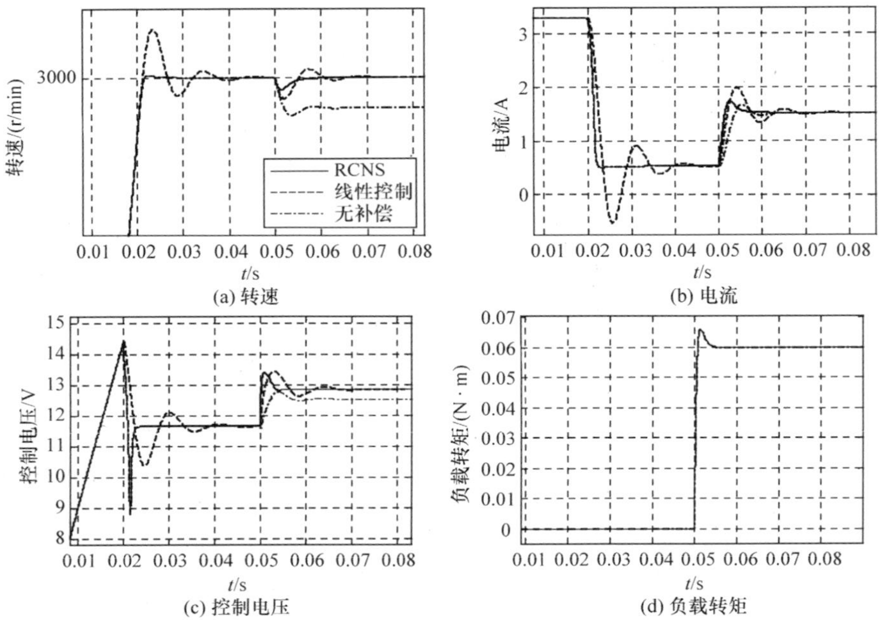

(a) 转速　(b) 电流　(c) 控制电压　(d) 负载转矩

图 7.20　三种控制器的调速性能比较(仿真结果)的局部放大显示

接着，为研究 RCNS 控制器对系统参数摄动的鲁棒性，使电机模型中的转动惯量 J 和相电阻 R 分别摄动 $\pm 50\%$，而控制器的设计仍采用标称值。图 7.21 给出

了惯量 J 摄动时的仿真结果，可以看出，扰动转矩的估计出现了一些波动(这是由于系统模型的不确定性被归入扰动的一部分)，但速度响应仍能平稳地趋向目标值，尽管在惯量 J 变大时速度响应有所减缓。超调量在三种情况下都保持在较低值，而且电流也维持在其额定值范围内。图 7.22 给出了电阻 R 摄动 ±50% 时的仿真结果，可以看出电机的速度都能准确和平稳地跟踪目标值，但在电阻值偏大的情况下，速度响应变慢。需要注意的是，当电阻值偏小，电流将超过其额定值，其峰值在这里达到了额定值的两倍，刚好与电阻值减小到标称值的 1/2 相对应。对实际的无刷直流电机调速系统，其导通电流不应超过其额定值的三倍，这意味着电机的相电阻值不能低于其标称值的 1/3，否则电机的绕组可能被熔断。

以上仿真结果表明：基于 RCNS 的 BLDC 电机调速系统可以实现准确的速度控制，而且对负载扰动和模型不确定性具有一定的鲁棒性。

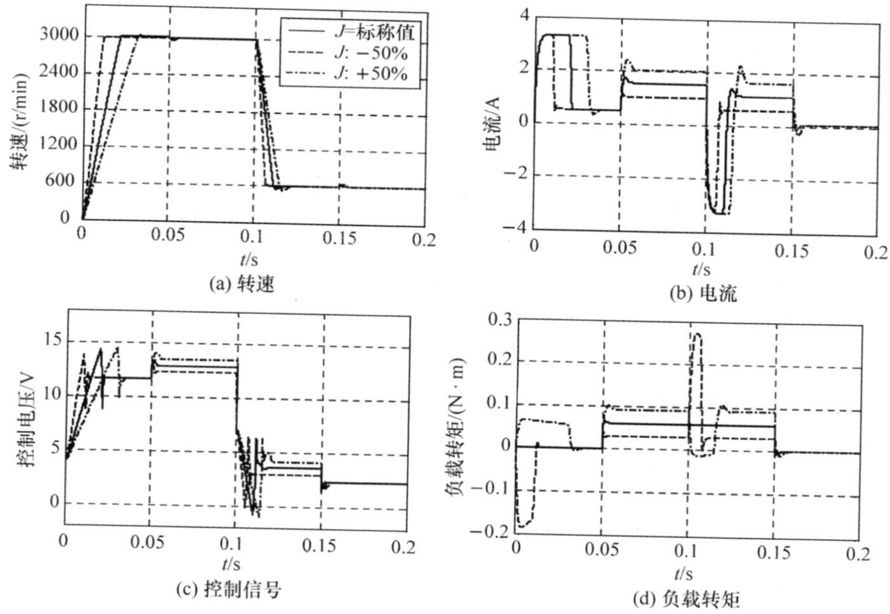

图 7.21　转动惯量发生摄动时的调速性能(仿真结果)

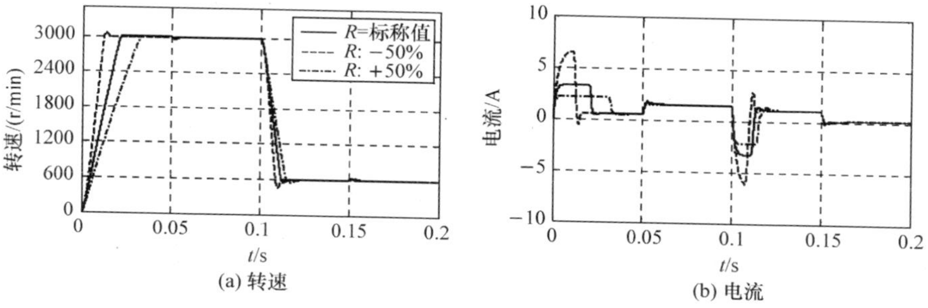

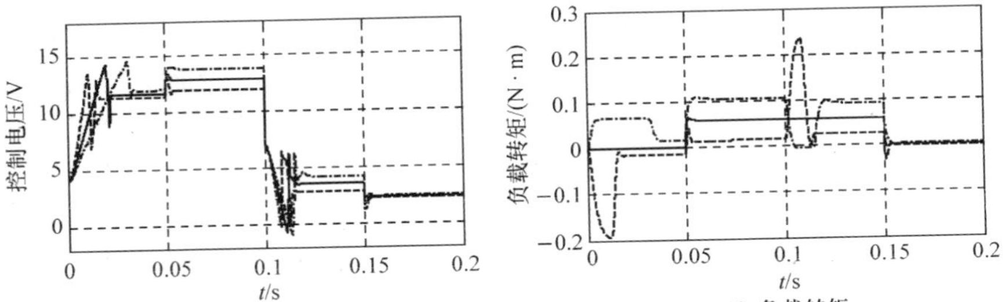

(c) 控制信号　　(d) 负载转矩

图 7.22　相电阻发生摄动时的调速性能(仿真结果)

7.3.4　实验研究

在 BLDC 电机速度伺服系统实验装置上进行了测试(图 7.23)。利用 TI 公司的 TMS320F28335 DSC 芯片进行电子换相和速度控制算法的编程，其产生的六路 PWM 控制信号输出到一个三相 MOSFET 驱动模块，驱动一个 24V 无刷直流电机。

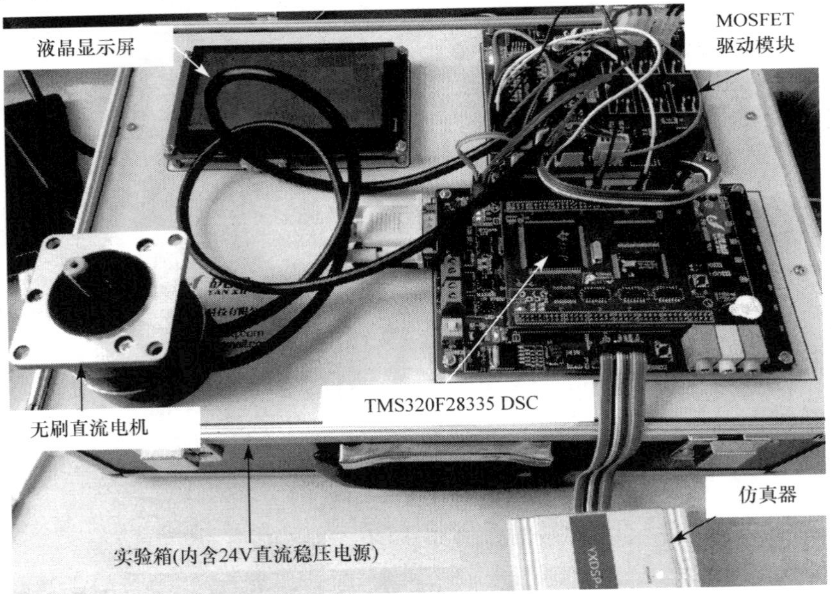

图 7.23　BLDC 电机伺服系统实验装置

为了实现准确的速度调节，需要得到准确的瞬时速度值。在 BLDC 电机伺服系统中，主要利用霍尔传感器来检测电机转子位置，据此进行电子换相和速度估计。通常，可采用 M 法、T 法、M/T 法或其他改进方法来计算电机转速。但这些方法得到的是对应时间段的平均转速，而不是瞬时速度。当电机转速较慢，且传感器的分辨率较低时，检测的速度存在较大的误差。这里采用多项式插值的方法来估计转速信号。考虑把电机的位置轨迹近似成一个以时间 t 为自变量的 2 阶函数，其对应的 2 阶 Lagrange 插值多项式[2]为

$$\tilde{f}(t)=\frac{(t-t_1)(t-t_2)}{(t_0-t_1)(t_0-t_2)}f(t_0)+\frac{(t-t_0)(t-t_2)}{(t_1-t_0)(t_1-t_2)}f(t_1)+\frac{(t-t_0)(t-t_1)}{(t_2-t_0)(t_2-t_1)}f(t_2) \quad (7.26)$$

其关于时间 t 的导数如下：

$$\dot{\tilde{f}}(t)=\frac{2t-t_0-t_2}{(t_1-t_0)(t_1-t_2)}[f(t_1)-f(t_0)]+\frac{2t-t_0-t_1}{(t_2-t_0)(t_2-t_1)}[f(t_2)-f(t_0)] \quad (7.27)$$

式中，t_0、t_1、t_2 和 $f(t_0)$、$f(t_1)$、$f(t_2)$ 分别为距当前时刻 t 最近的 3 个位置事件对应的时刻和位置。假定 t_0、t_1、t_2 这 3 个时刻对应的位置增量相等，即 $f(t_1)-f(t_0)=f(t_2)-f(t_1)=N$，其中 N 为一个位置事件所对应的传感器脉冲数。令 $\Delta t_1=t_1-t_0$，$\Delta t_2=t_2-t_1$，$\Delta t_3=t-t_2$，则可利用式(7.27)来估计当前时刻 t 的瞬时转速(rad/s)：

$$\hat{\omega}(t)=\frac{2\pi N}{N_0}\cdot\left[-\frac{2\Delta t_3+\Delta t_2+\Delta t_1}{\Delta t_1\cdot\Delta t_2}+\frac{2(2\Delta t_3+2\Delta t_2+\Delta t_1)}{(\Delta t_1+\Delta t_2)\cdot\Delta t_2}\right] \quad (7.28)$$

式中，N_0 是电机旋转一圈所产生的脉冲数(对 BLDC 电机，$N_0=6p$，其中 p 为极对数)。利用 TMS320F28335 DSC 的 eCAP 模块可以准确地获得霍尔传感器的脉冲(即位置事件)对应的时间。式(7.28)中的 Δt_1、Δt_2 为位置事件发生时，捕获寄存器的值对应的时间(s)，Δt_3 为当前时刻捕获的定时器值对应的时间。电机瞬时速度的准确估计，为高性能的速度控制提供了有利条件。

上述的瞬时速度估计方法与 RCNS 控制器相配合，在 TMS320F28335 DSC 进行了编程实现，其中速度控制的离散采样周期是 0.5ms，而 PWM 调制的频率是 20kHz。利用 CCS 软件系统进行实验调试，实验结果从 CCS 系统导出，在 MATLAB 中进行绘图处理，图 7.24 给出了目标转速从 600r/min 跳变到 2400r/min 的实验结果。显然，速度伺服系统的响应既快又准确。由于实验装置的条件限制，无法测试在不同负载下的调速性能。

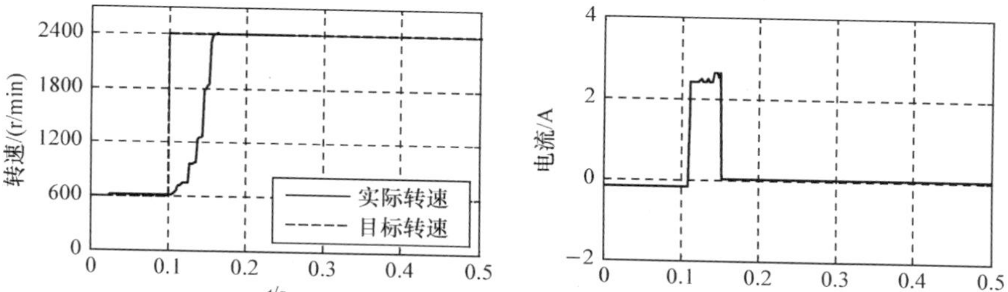

(a) 转速　(b) 电流

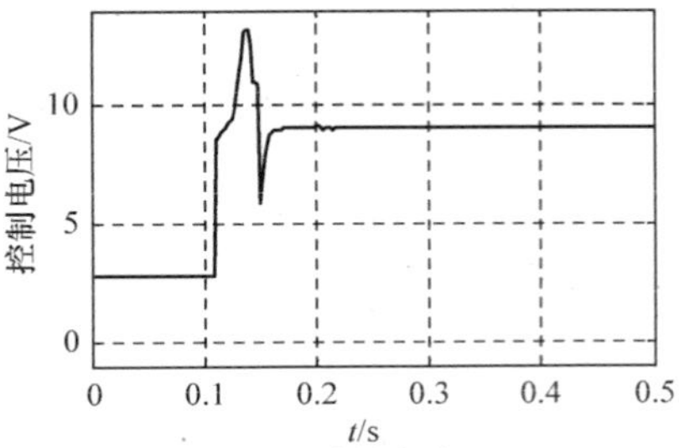

(c) 控制信号

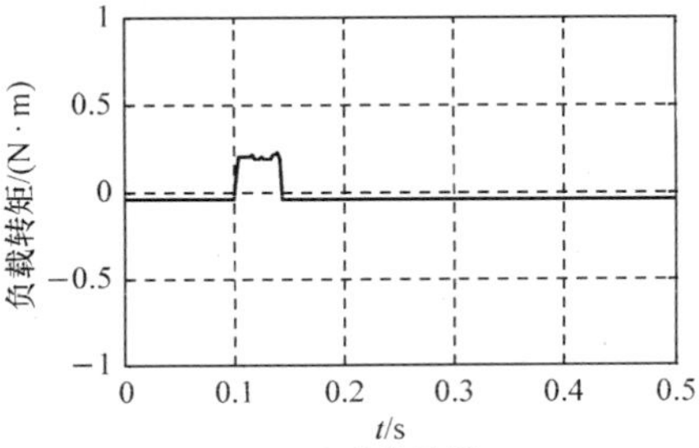

(d) 负载转矩

图 7.24　采用 RCNS 控制的 BLDC 电机速度伺服系统性能(实验结果)

7.4　硬盘音圈电机伺服系统的离散 RCNS 控制

音圈电机因其结构类似于喇叭的音圈而得名。音圈电机是一种将电能转化为机械能的装置，可实现直线型或有限摆角的运动。音圈电机的控制简单可靠，无须换向装置，寿命长，具有高频响、高精度的特点。因为音圈电机是一种非换流型动力装置，其定位精度主要取决于测量反馈及控制系统。音圈电机可做高速往复运动，特别适合用于短行程的闭环伺服控制系统。音圈电机目前已应用在医疗、半导体、航空、汽车、仪表等领域，包括硬盘驱动器、阀门制动器、小型精密测量仪、振动平台以及主动式减振系统等。

7.4.1　位置伺服控制器的设计

本节将介绍硬盘驱动器(hard disk drive，HDD)内部的音圈电机伺服系统的控制器设计。硬盘是计算机系统上主要的大容量数据存储设备，也应用在消费类电子产品，如数码录像机和监控装置。在硬盘里有一个或多个圆盘片(磁盘)，这些磁盘套在一个转轴电机上，在工作中它们以恒定速度旋转(如 7200r/min)，在磁盘的表面刻有一个个同心圆圈即磁道，数据就保存在磁道上。为了在磁道上读写数据，每个盘面配有一个专门的读写磁头，而读写磁头安装在一个音圈电机转动臂的末端，如图 7.25 所示。硬盘中的音圈电机伺服系统是一个包括转动臂、中枢轴承、线圈绕组和永磁磁铁等的组合体，磁头在音圈电机的驱动下沿磁盘的半径方向移动，从而定位到对应的磁道(寻道)。为了提高硬盘数据访问速度和读写的可靠性，要求磁头寻道时间尽量短，且离目标磁道的偏差不超过磁道间隙的 5%。例如，对于一个磁道密度为 25KTPI 的硬盘，其磁道间隙约为 1μm，则寻道误差不能超过 0.05μm(或 50nm)。为了实现快速和精确的磁头寻道，需要引入闭环控制，从而构成磁头寻道伺服系统。随着硬盘走向小型化和高容量，磁道密度越来越高，对磁头定位伺服控制系统的设计提出了新的挑战，业界为此投入了大量的研究[3]。

图 7.25　硬盘驱动器的内部结构

本节采用第 3 章介绍的离散 RCNS 控制技术，为一个 1 英寸微硬盘(IBM DMDM10340)的音圈电机伺服系统设计磁头定位控制器。此硬盘的音圈电机模型可通过实验测定其频率响应特性来辨识。其线性模型如下[4]：

$$G_{\mathrm{p}}(s)=\frac{2.35\times10^{8}}{s^{2}+282.6s}\cdot\frac{0.8709s^{2}+1726s+1.369\times10^{9}}{s^{2}+1480s+1.369\times10^{9}}\cdot\frac{0.9332s^{2}-805.8s+1.739\times10^{9}}{s^{2}+125.1s+1.739\times10^{9}}\cdot\frac{1.072s^{2}+925.1s+1.997\times10^{9}}{s^{2}+536.2s+1.997\times10^{9}}\cdot\frac{0.9594s^{2}+98.22s+2.514\times10^{9}}{s^{2}+1805s+2.514\times10^{9}}\cdot\frac{7.877\times10^{9}}{s^{2}+6212s+7.877\times10^{9}} \tag{7.29}$$

其输入 u 是电压信号(V)，且 $|u|\leqslant 3\mathrm{V}$；输出 y 是磁头的位移(μm)。

上面的模型实际上是一个二阶线性系统串接了几个高频的谐振模态，但它不包括低频区域的非线性扰动。在控制设计中，为了简化设计和兼顾鲁棒性(同一控制器适用于一大类控制对象，其高频模态可能有所偏移)，需要使用简化的对象模型。此外，在正常的工作频带内，高频谐振模态并不会被激活(若有必要，也可引入适当的带阻滤波器来抑制谐振模态)。据此，这里暂时忽略传递函数中的高频模态，而只保留二阶模型，并采用状态空间表示如下：

$$\begin{cases}\dot{\boldsymbol{x}}=\begin{bmatrix}0 & 1\\ 0 & -282.6\end{bmatrix}\boldsymbol{x}+\begin{bmatrix}0\\ 2.35\times10^{8}\end{bmatrix}[\mathrm{sat}(u)+d]\\ y=\begin{bmatrix}1 & 0\end{bmatrix}\boldsymbol{x}\end{cases} \tag{7.30}$$

式中，d 代表由中枢轴承的摩擦力矩和信号电缆的偏置力矩所构成的未知扰动。$\mathrm{sat}(u)$ 表示饱和限幅函数，其饱和上限为 $u_{\max}=3\mathrm{V}$。选择离散采样周期 $T=1\times10^{-4}\,\mathrm{s}$，把上述模型按零阶保持器的方式进行离散化，得到相应的离散状态空间模型：

$$\begin{cases}\boldsymbol{x}(k+1)=\boldsymbol{A}\cdot\boldsymbol{x}(k)+\boldsymbol{B}\cdot[\mathrm{sat}(u(k))+d]\\ y(k)=\boldsymbol{C}\cdot\boldsymbol{x}(k)\end{cases} \tag{7.31}$$

式中，$\boldsymbol{A}=\begin{bmatrix}1 & 9.86\times10^{-5}\\ 0 & 9.7214\times10^{-1}\end{bmatrix}$；$\boldsymbol{B}=\begin{bmatrix}1.164\\ 2.3171\times10^{4}\end{bmatrix}$；$\boldsymbol{C}=\begin{bmatrix}1 & 0\end{bmatrix}$。

下面针对上述离散化模型，采用第 3 章介绍的离散域 RCNS 控制技术，设计一个离散域 RCNS 控制器，实现对定点位置 r 的伺服控制。首先设计线性控制律的状态反馈矩阵 $\boldsymbol{F}$，使得 $\boldsymbol{A}+\boldsymbol{BF}$ 的一对共轭特征值在离散域(z 平面)具有阻尼系数 $\zeta=0.3$ 和自然频率 $\omega=4000\mathrm{rad/s}$。利用离散域极点配置算法，可得

$$\boldsymbol{F}=-\begin{bmatrix}6.0577\times10^{-2} & 1.1021\times10^{-5}\end{bmatrix}$$

相应地，前馈增益系数可计算如下：

$$\begin{cases}f_{\mathrm{r}}=\left[\boldsymbol{C}(\boldsymbol{I}-\boldsymbol{A}-\boldsymbol{BF})^{-1}\boldsymbol{B}\right]^{-1}=6.0577\times10^{-2}\\ f_{\mathrm{d}}=-f_{\mathrm{r}}\left[\boldsymbol{C}(\boldsymbol{I}-\boldsymbol{A}-\boldsymbol{BF})^{-1}\boldsymbol{B}\right]=-1\end{cases}$$

选择一个正定对角矩阵 $\boldsymbol{W}=\begin{bmatrix}10^{-2} & 0\\ 0 & 10^{-9}\end{bmatrix}$，求解离散域 Lyapunov 方程 $\boldsymbol{P}=(\boldsymbol{A}+\boldsymbol{BF})^{\mathrm{T}}\boldsymbol{P}(\boldsymbol{A}+\boldsymbol{BF})+\boldsymbol{W}$，得到一个正定对称矩阵 $\boldsymbol{P}$，则对应的非线性反馈增益矩阵如下：

$$\boldsymbol{F}_{\mathrm{n}}=\boldsymbol{B}^{\mathrm{T}}\boldsymbol{P}(\boldsymbol{A}+\boldsymbol{BF})=\begin{bmatrix}1.0989\times10^{-2} & 8.0744\times10^{-5}\end{bmatrix}$$

接着设计一个降阶的扩展状态观测器来估计速度信号和未知扰动。选择观测器的一对共轭极点(离散域)的阻尼系数和自然频率分别为 $\zeta_0=0.707$ 和 ω_0 =8000rad/s，得到相应的观测器方程如下：

$$
\begin{cases}
\boldsymbol{\eta}(k+1)=\begin{bmatrix}1.4169\times10^{-1} & 1.3367\times10^{4}\\ -1.5474\times10^{-5} & 8.1733\times10^{-1}\end{bmatrix}\cdot\boldsymbol{\eta}(k)\\
\qquad+\begin{bmatrix}1.3367\times10^{4}\\ -1.8267\times10^{-1}\end{bmatrix}\cdot\mathrm{sat}(u(k))+\begin{bmatrix}-5.1313\times10^{3}\\ -1.5899\times10^{-1}\end{bmatrix}\cdot y(k)\\
\begin{bmatrix}\hat{v}(k)\\ \hat{d}(k)\end{bmatrix}=\boldsymbol{\eta}(k)+\begin{bmatrix}8.4224\times10^{3}\\ 1.5693\times10^{-1}\end{bmatrix}\cdot y(k)
\end{cases}
\tag{7.32}
$$

式中，$\boldsymbol{\eta}$ 是观测器的内部状态量；$\hat{v}$ 和 $\hat{d}$ 分别是速度和扰动的估计值。

选取一个平滑的非线性函数：

$$
\rho(e)=\beta\cdot\arctan(\alpha\left|\alpha_0\cdot|e|-1\right|)
\tag{7.33}
$$

式中，参数 $\alpha=1.6$，$\beta=0.2$；α_0 用于对初始跟踪误差 $e(0)=r-y(0)$ 进行归一化：

$$
\alpha_0=\begin{cases}\dfrac{1}{|e(0)|}, & e(0)\neq 0\\ 1, & e(0)=0\end{cases}
$$

则最终的离散域 RCNS 控制律如下：

$$
u(k)=\boldsymbol{F}\begin{bmatrix}y(k)\\ \hat{v}(k)\end{bmatrix}+f_{\mathrm{r}}\cdot r-\hat{d}(k)+\rho(e(k))\boldsymbol{F}_{\mathrm{n}}\begin{bmatrix}y(k)-r\\ \hat{v}(k)\end{bmatrix}
\tag{7.34}
$$

为进行分析比较，又设计了一个带低通滤波的数字式 PID 控制器如下：

$$
u(k)=\left(k_{\mathrm{p}}+\frac{k_{\mathrm{d}}N(z-1)}{T[(N+1)z-1]}+\frac{k_{\mathrm{i}}Tz}{z-1}\right)\cdot[r-y(k)]
\tag{7.35}
$$

其中各参数取值为：$k_{\mathrm{p}}=0.034$，$k_{\mathrm{d}}=2.4063\times10^{-5}$，$k_{\mathrm{i}}=40$，$N=10$。

7.4.2　仿真与实验验证

为了评估设计的伺服控制系统的性能，进行了数字仿真和控制实验。数字仿真是在 MATLAB 下完成的。在仿真中，使用了包含高频谐振模态的完整模型，并假定扰动为 $d=-0.008\mathrm{V}$。实验是在德国 dSPACE1104 控制板和配套的 ControlDesk 软件包上进行的，采样频率是 10kHz。实验中使用的硬盘已经剥离了外壳，并放置在一个抗震平台上。磁头的位移则用一个激光多普勒振动计来测量。

首先进行 1μm(相当于 1 或 2 个磁道)的寻道跟踪，这个性能指标特别重要，因为硬盘的大部分读写操作只涉及 1 个磁道的定位。控制系统应保证磁头能快速而平稳地进入目标磁道的 0.03μm 邻域(假定硬盘磁道密度为 40KTPI)。图 7.26 和图 7.27 分别是硬盘伺服系统在 1μm 定点跟踪的仿真和实验结果。从图中可以看出：仿真结果与实验结果基本吻合；采用 RCNS 控制的磁头可以快速且准确地定位到目标磁道；而不带扰动补偿的 CNF 控制(即常规 CNF)的磁头定位出现明显的静态误差；

PID 控制产生了较大超调，磁头经过一番来回摆动，最终才定位到目标磁道上。接着，进行了 10μm 的定位跟踪，其仿真和实验结果如图 7.28 和图 7.29 所示。从图中可以看出，采用 PID 控制的伺服系统出现了严重的超调，而采用 RCNS 控制的系统响应虽然也有少量的超调，但系统仍旧可以较快地稳定到目标位置的邻域。最后，分析 RCNS 控制系统的频率特性。图 7.30 为稳态(即输出量逼近目标值)的开环传递函数的伯德图，从中可以得到系统的相角和幅值稳定裕度分别是 26.9°和 6.6dB，其中相角裕度略为偏低，但考虑到离散系统的零阶保持器所带来的相位滞后，这个相角裕度相当于连续时域的 40°相位，所以从工程应用的角度来看，还是可以接受的。

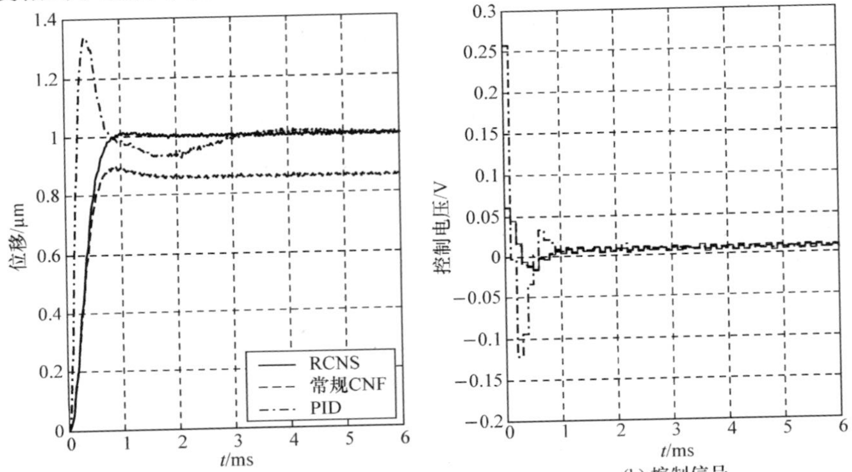

(a) 位移　　(b) 控制信号

图 7.26　定位 1μm 的仿真结果

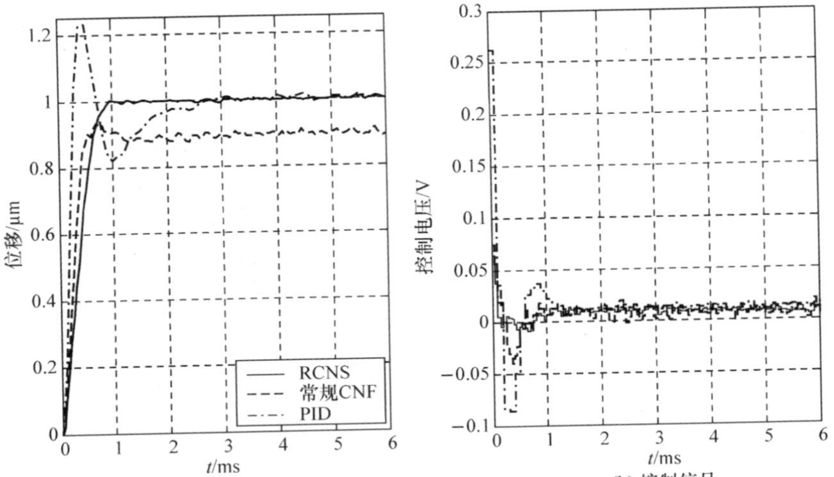

(a) 位移　　(b) 控制信号

图 7.27　定位 1μm 的实验结果

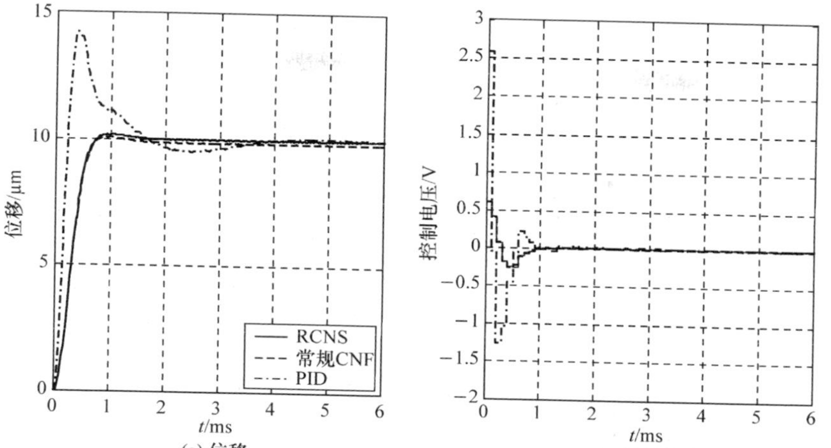

(a) 位移　　(b) 控制信号

图 7.28　定位 10μm 的仿真结果

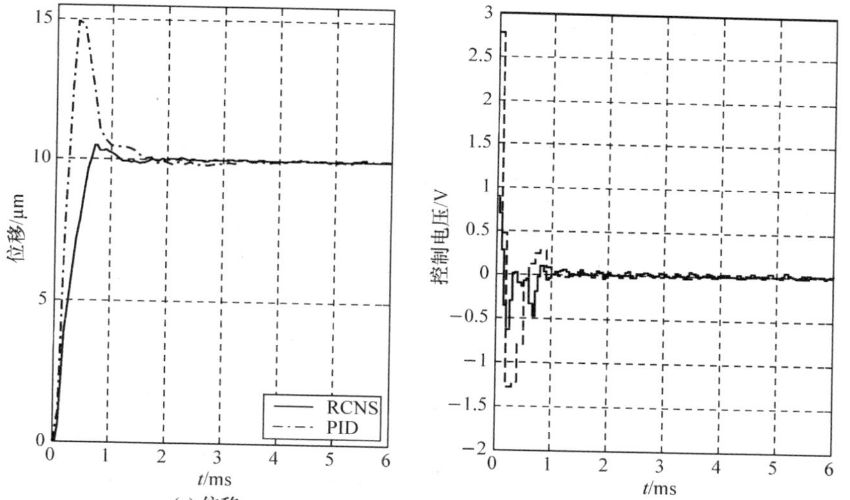

(a) 位移　　(b) 控制信号

图 7.29　定位 10μm 的实验结果

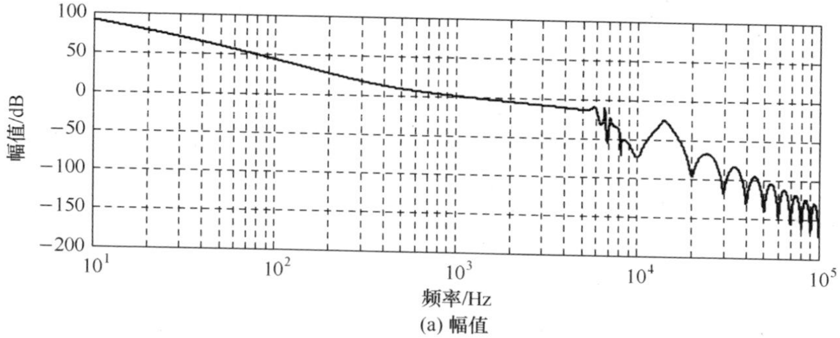

(a) 幅值

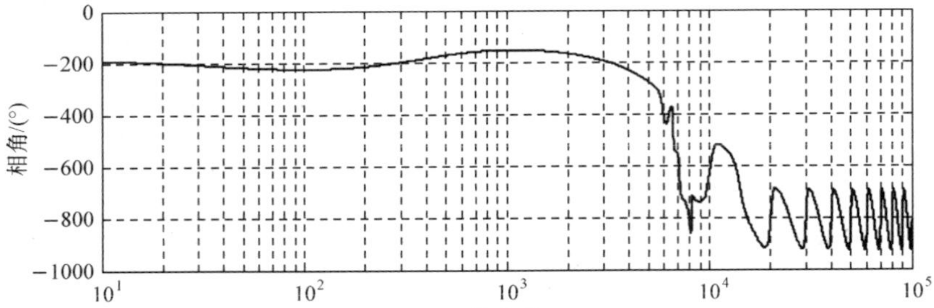

(b) 相角

图 7.30　音圈电机伺服控制系统的开环频率特性

7.5　永磁同步电机位置伺服系统的 DMSC 控制

本节介绍 DMSC 方案在 PMSM 位置伺服系统的应用。

7.5.1　位置伺服控制器的设计

本节所用的电机是一个面装式永磁同步电机，其数学模型如下：

$$\begin{cases} \dfrac{\mathrm{d}\theta_{\mathrm{r}}}{\mathrm{d}t} = \omega_{\mathrm{r}} \\ T_{\mathrm{e}} = 1.5 n_{\mathrm{p}} \psi_{\mathrm{f}} i_{\mathrm{q}} = J \dfrac{\mathrm{d}\omega_{\mathrm{r}}}{\mathrm{d}t} + k_{\mathrm{f}} \omega_{\mathrm{r}} + T_{\mathrm{L}} \\ u_{\mathrm{q}} = R_{\mathrm{s}} i_{\mathrm{q}} + L_{\mathrm{q}} \dfrac{\mathrm{d}i_{\mathrm{q}}}{\mathrm{d}t} + n_{\mathrm{p}} \omega_{\mathrm{r}} L_{\mathrm{d}} i_{\mathrm{d}} + n_{\mathrm{p}} \omega_{\mathrm{r}} \psi_{\mathrm{f}} \\ u_{\mathrm{d}} = R_{\mathrm{s}} i_{\mathrm{d}} + L_{\mathrm{d}} \dfrac{\mathrm{d}i_{\mathrm{d}}}{\mathrm{d}t} - n_{\mathrm{p}} \omega_{\mathrm{r}} L_{\mathrm{q}} i_{\mathrm{q}} \end{cases} \tag{7.36}$$

式中，ω_{r} 为机械角速度；θ_{r} 为机械转角；T_{e} 为电磁转矩；T_{L} 为负载转矩；J 为电机轴惯量；k_{f} 为黏性摩擦系数；u_{d}、u_{q} 分别为 dq 坐标系中 d、q 轴电压；i_{d}、i_{q} 分别为 d、q 轴电流，即励磁电流和转矩电流；L_{d}、L_{q} 分别为电机 d、q 轴同步电感；R_{s} 为定子电阻；n_{p} 为极对数；ψ_{f} 为永磁体磁链。

所用的 PMSM 电机型号为 60CB020C，其额定转速为 3000r/min，额定转矩为 0.64N · m，极对数为 4；带有 2500 线的光电码盘，利用磁粉制动器来提供负载。本研究中，电流环的控制沿用常规 PID 控制方式，而对电机速度和位置环则合在一起进行一体化控制：以电机转角 θ_{r} (rad)作为系统的受控输出量(记为 y)，交轴电流 i_{q} 作为控制输入量 u(其值将作为电流内环的给定信号)，则可得到如下的双积分系统模型：

$$\begin{cases} \dot{\boldsymbol{x}} = \boldsymbol{A}\cdot\boldsymbol{x} + \boldsymbol{B}\cdot(\text{sat}(u)+d) \\ y = \boldsymbol{C}\cdot\boldsymbol{x} \end{cases} \tag{7.37}$$

式中，$\boldsymbol{x}=\begin{bmatrix}\theta_{\mathrm{r}}\\ \omega_{\mathrm{r}}\end{bmatrix}$；$\boldsymbol{A}=\begin{bmatrix}0 & 1\\ 0 & 0\end{bmatrix}$；$\boldsymbol{B}=\begin{bmatrix}0\\ b\end{bmatrix}$，其中参数$b=\dfrac{1.5n_{\mathrm{p}}\psi_{\mathrm{f}}}{J}$；$\boldsymbol{C}=[1\quad 0]$；$d$为由负载和摩擦转矩折算而成的等价输入扰动；sat(u)为饱和限幅函数，由于电流i_{q}的最大值限定为 1.5A，则$u_{\max}=1.5\mathrm{A}$。PMSM 的黏性摩擦系数通常具有较小的值(许多电机制造商在其产品数据表中标出了该参数约为零)，并且在定点位置控制任务中电动机转速最终下降到零，所以黏性摩擦对整个系统动态的影响是非常有限的。因此，这里可假定扰动d是分段恒定或缓慢变化的(对某些高精度伺服系统，微观摩擦行为的影响或许不能直接忽视，则需要更精确的摩擦建模和补偿方案)。经实验辨识，系统的模型参数值$b=1120$。

采用 DMSC 方案进行位置控制，其设计可按如下四个步骤进行。

第 1 步　设计扩展状态观测器：

$$\begin{cases} \dot{\boldsymbol{\eta}} = \begin{bmatrix} -\sqrt{2}\omega_0 & b \\ -\dfrac{\omega_0^2}{b} & 0 \end{bmatrix}\cdot\boldsymbol{\eta} + \begin{bmatrix} b & -\omega_0^2 \\ 0 & -\dfrac{\sqrt{2}\omega_0^3}{b} \end{bmatrix}\cdot\begin{bmatrix}\text{sat}(u)\\ y\end{bmatrix} \\ \begin{bmatrix}\hat{\omega}_{\mathrm{r}}\\ \hat{d}\end{bmatrix} = \boldsymbol{\eta} + \begin{bmatrix}\sqrt{2}\omega_0\\ \dfrac{\omega_0^2}{b}\end{bmatrix}\cdot y \end{cases} \tag{7.38}$$

式中，$\boldsymbol{\eta}$是观测器的内部状态量；$\hat{\omega}_{\mathrm{r}}$和$\hat{d}$分别是转速$\omega_{\mathrm{r}}$和扰动$d$的估计；$\omega_0$是观测器带宽，其值为 110rad/s。

第 2 步　设计 PTOS 控制律。

把 PTOS 的可调参数选择为$\zeta=0.7$，$y_1=1.5\mathrm{rad}$，$\alpha=0.95$。相应地，其他参数值计算如下：

$$k_1=\frac{2\alpha\zeta^2u_{\max}}{y_1}=0.931,\quad k_2=2\zeta\sqrt{\frac{k_1}{b}}=0.0404,\quad v_{\mathrm{s}}=\frac{k_1y_1}{k_2}=34.6\mathrm{rad/s}$$

则基于观测器的鲁棒 PTOS 控制律如下：

$$u_{\mathrm{p}}=\text{sat}\left(k_2\left[f_{\mathrm{p}}(e)-\hat{\omega}_{\mathrm{r}}\right]-\hat{d}\right) \tag{7.39}$$

式中，$e=r-y=\theta_{\mathrm{r}}^*-\theta_{\mathrm{r}}$；$r=\theta_{\mathrm{r}}^*$代表目标位置(rad)；

$$f_{\mathrm{p}}(e)=\begin{cases}\dfrac{k_1}{k_2}e, & |e|\leqslant y_1\\ \text{sign}(e)\left(\sqrt{2b\alpha\cdot u_{\max}|e|}-v_{\mathrm{s}}\right), & |e|>y_1\end{cases}$$

第 3 步 设计 RCNS 控制律。

选取 RCNS 的线性控制律的可调参数：$\zeta_1 = 0.3$，$\omega_1 = 40\text{rad/s}$。相应地，RCNS 线性反馈增益矩阵为

$$\boldsymbol{F} = -\begin{bmatrix} \dfrac{\omega_1^2}{b} & \dfrac{2\zeta_1\omega_1}{b} \end{bmatrix} = -\begin{bmatrix} 1.429 & 0.02143 \end{bmatrix}$$

其他相关矩阵计算如下：

$$\boldsymbol{P} = \begin{bmatrix} \dfrac{\omega_1^3(1+2\zeta_1^2)}{b^2\zeta_1} & \dfrac{\omega_1^2}{b^2} \\ \dfrac{\omega_1^2}{b^2} & \dfrac{\omega_1}{b^2\zeta_1} \end{bmatrix} = \begin{bmatrix} 0.2007 & 1.276\times10^{-3} \\ 1.276\times10^{-3} & 1.063\times10^{-4} \end{bmatrix}$$

$$\boldsymbol{F}_{\text{n}} = \boldsymbol{B}^{\text{T}}\boldsymbol{P} = \begin{bmatrix} \dfrac{\omega_1^2}{b} & \dfrac{\omega_1}{b\zeta_1} \end{bmatrix} = \begin{bmatrix} 1.429 & 0.1191 \end{bmatrix}$$

则基于观测器的 RCNS 控制律为

$$u_{\text{c}} = \left[\boldsymbol{F} + \rho(e(t))\cdot\boldsymbol{F}_{\text{n}}\right]\bar{\boldsymbol{x}} - \hat{d} \tag{7.40}$$

式中，$\bar{\boldsymbol{x}} = \begin{bmatrix} y-r \\ \hat{\omega}_{\text{r}} \end{bmatrix}$，而非线性函数 $\rho(e(t))$ 选为

$$\rho(e(t)) = \begin{cases} -\lambda\cdot \mathrm{e}^{-\gamma\left|\frac{e(t)}{e(t_1)}\right|}, & e(t_1)\neq 0 \\ -\lambda\cdot \mathrm{e}^{-\gamma|e(t)|}, & e(t_1) = 0 \end{cases}$$

其中可调参数值为：$\lambda = 0.5$，$\gamma = 1.2$。t_1 表示 RCNS 控制律开始工作的时刻，将由切换条件来确定。

第 4 步 设计 DMSC 切换策略。

假设在切换时观测器的估计误差已收敛到可忽略的范围，则可把控制律切换的条件设置为

$$\bar{\boldsymbol{x}}^{\text{T}}(t)\boldsymbol{P}\bar{\boldsymbol{x}}(t) < c_\delta \tag{7.41}$$

式中，参数 c_δ 值为

$$c_\delta = \frac{(u_{\max})^2}{\boldsymbol{F}\boldsymbol{P}^{-1}\boldsymbol{F}^{\text{T}}} = 0.1919$$

满足上述切换条件的第 1 个时刻被记为 t_1，相应的 DMSC 控制律为

$$u(t) = \begin{cases} u_{\text{p}}(t), & t < t_1 \\ u_{\text{c}}(t), & t \geqslant t_1 \end{cases} \tag{7.42}$$

7.5.2　实验研究

采用 TI 公司的 TMS320F2812 DSC 作为主控芯片，在矢量控制框架下构建 PMSM 位置伺服系统，系统结构如图 7.31 所示(参见图 7.1 的实验装置)。其中电流内环采用数字式抗饱和 PI 控制(参见 7.1 节)，其采样频率为 20kHz，这也是 SVPWM 的频率。外环(速度-位置统一环)采用 DMSC 控制律，其采样频率选择 500Hz 进行位置的数字控制。

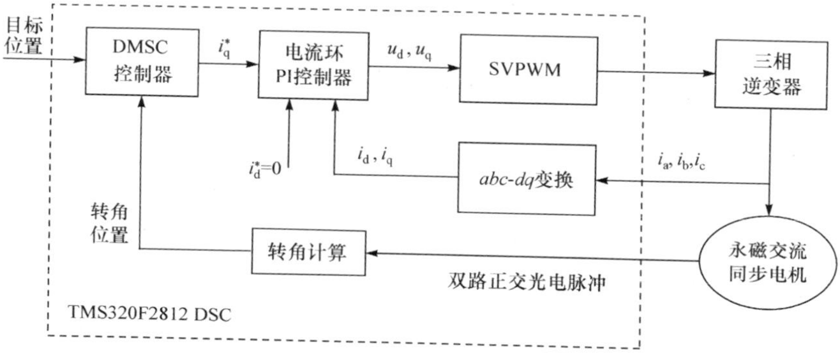

图 7.31　PMSM 位置伺服系统示意图

利用 CCS 软件系统进行实验测试，采集的数据转换到 MATLAB 进行绘图。图 7.32～图 7.35 显示了无负载转矩情况下对各种目标位置的跟踪结果(但系统中存在其他干扰)。在图中，对设计的 DMSC 控制器和独立运行的 PTOS 控制器(参数 $\zeta = 0.8$，$y_1 = 1.5\text{rad}$，$\alpha = 0.95$；采用与 DMSC 相同的观测器)的跟踪性能进行比较。由于 RCNS 控制具有有限的工作区域(即不变集)，所以在 DMSC 控制和 RCNS 控制之间进行比较是没有必要的。由于这里考虑的是利用有界控制量(功率限制)执行快速定点跟踪的问题，主要关注的性能指标是调节时间和超调量。从图中可以看出，DMSC 和 PTOS 这两种控制方案都能实现快速且平稳的位置跟踪，其超调量保持在 2%以内，几乎没有稳态误差。表 7.6 总结了其调节时间(2%误差带)。显然，DMSC 控制在所有跟踪任务中实现了更好的性能。有趣的是，PTOS 控制下目标位置为 0.5π 的调节时间甚至比目标为 π 时的调节时间更长。这是因为 0.5π 的目标位置几乎被 PTOS 的线性工作区域覆盖，导致未能充分利用最大幅值的加速。由于 RCNS 控制在这种情况下起主要作用，对于较小的目标位置，DMSC 控制对 PTOS 控制的改进较为显著。随着目标位置幅度的增大，整体性能主要取决于 PTOS 控制快速追踪阶段，则性能差距变得不太明显。目标位置为 π 和负载转矩为 0.1N · m 的 DMSC 实验结果如图 7.36 所示。其中给出了目标位置、控制电流(i_q 回路的给定)和实际电流 i_q 和 i_d。很明显，励磁电流 i_d 被调节为零，而转矩电流 i_q 在控制作用下跟踪指令电流(即位置控制器的输出)并且稳定在一个非零值以补偿负载扰动。图 7.37 显示了 DMSC 在各种负载转矩下对目标位置 π 的跟踪结果。其总体性能令人满意，但系统输出位置在负载转矩较大的情况下出现了跟踪误差，但误差的幅度很小，仅仅是在放大视图中才能被注意到。这种误差可能与静态摩擦阻力有关。摩擦现象在机械运动系统中普遍存在并表现出迟滞(hysteresis)、黏滑(stick-slip)等效应。观测器可能需要运行一段时间后才能产生一个适当的扰动估计(包括摩擦和负载转矩)来加以补偿，从而消除误差。如果实际应用中对稳态性能有更严格的规范要求，应考虑采用更完善的摩擦补偿方案。最后，为了研究系统参数摄动时的控制性能，将 DMSC 控制器中的 b 值先后改变为 840 和 1400(其他可调参数保持不变)进行目标位置 2π 的跟踪实验测试(负载转矩为 0.1N · m)，并将结果与标称情况(b=1120)进行对比，如图 7.38 所示，可以观察到系统性能出现一些微小的恶化，但是总体性能在 ±25 %的参数摄动范围内仍是可以接受的。所设计的 DMSC 控制器对于模型不确定性具有一定的性能鲁棒性。

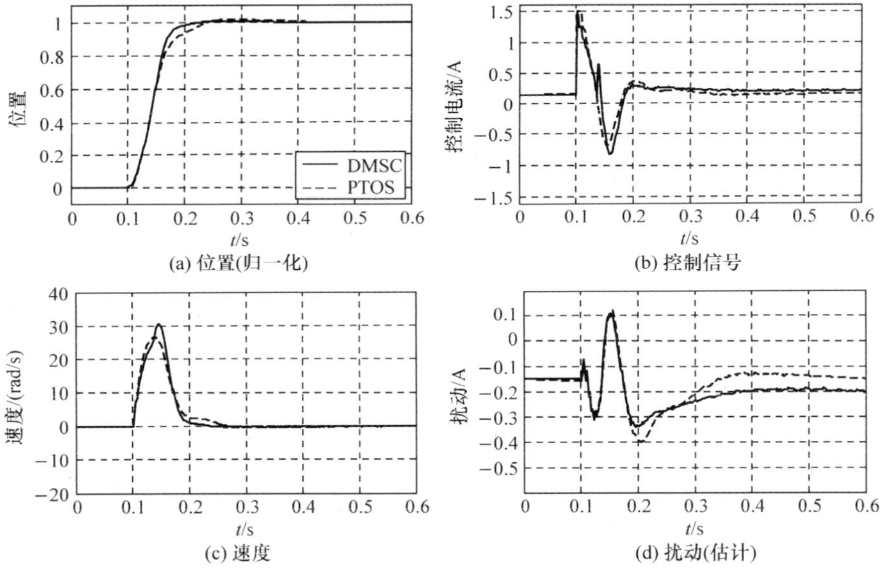

图 7.32　目标位置为 0.5π 时 DMSC 和 PTOS 之间的跟踪性能比较

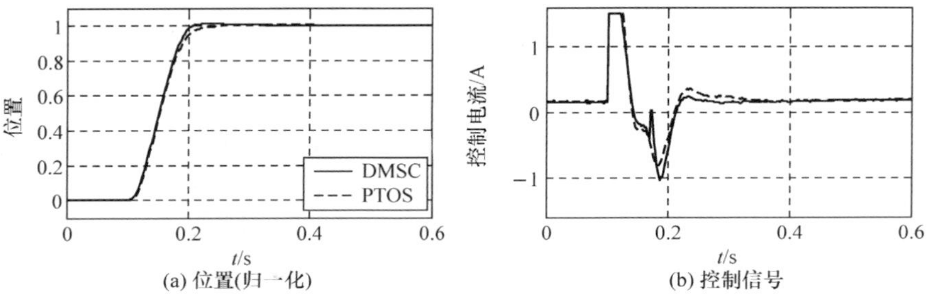

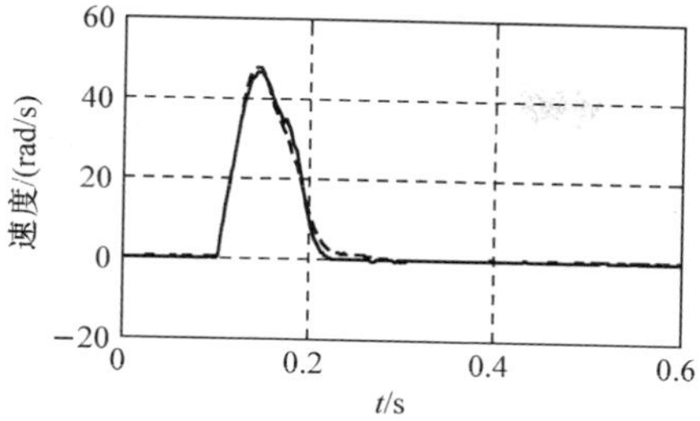

(c) 速度

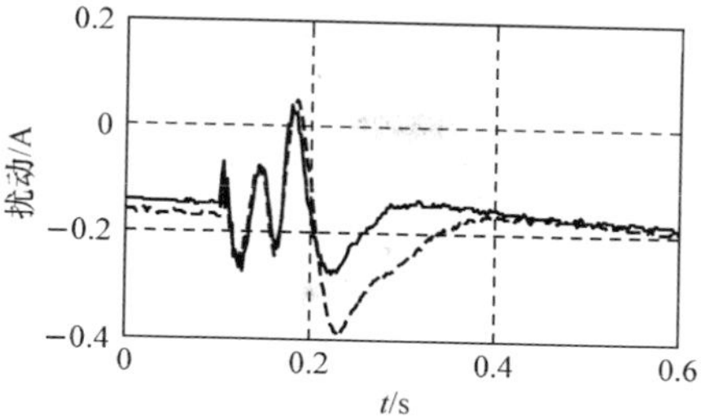

(d) 扰动(估计)

图 7.33　目标位置为 π 时 DMSC 和 PTOS 之间的跟踪性能比较

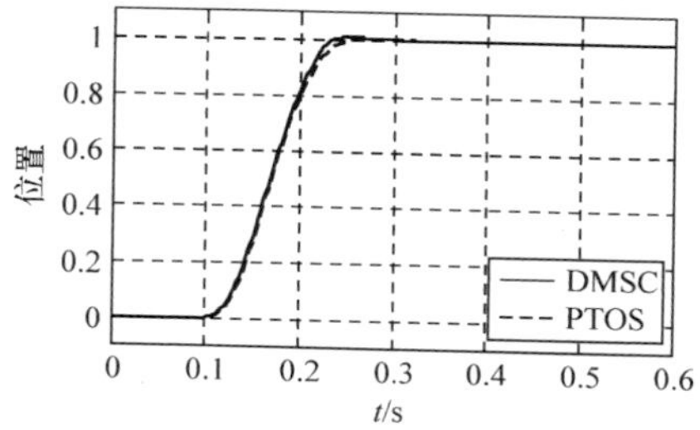

(a) 位置(归一化)

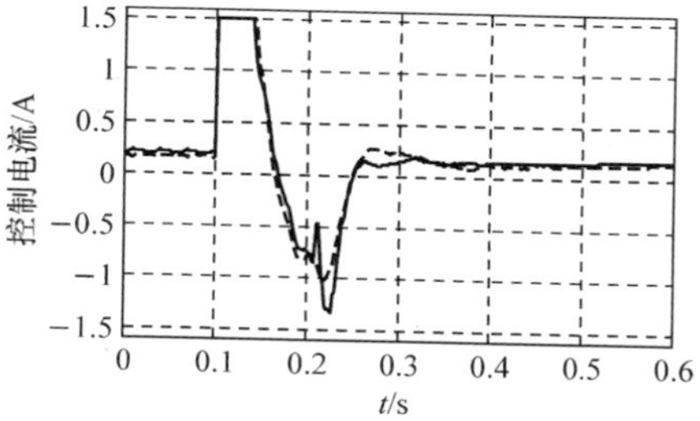

(b) 控制信号

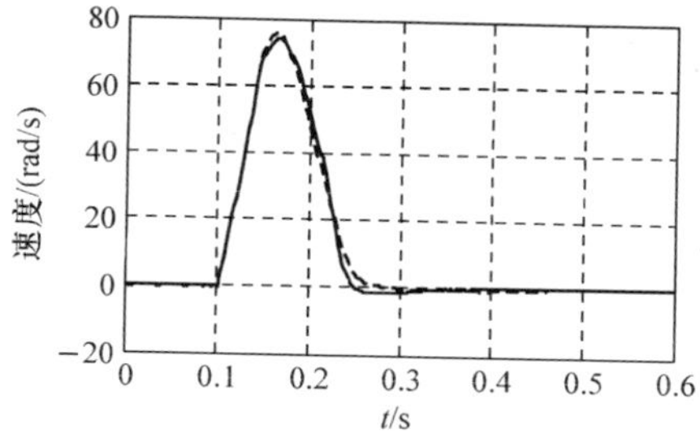

(c) 速度

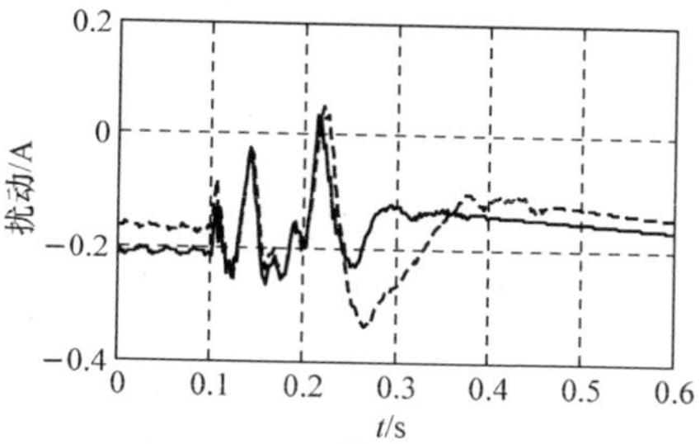

(d) 扰动(估计)

图 7.34　目标位置为 2π 时 DMSC 和 PTOS 之间的跟踪性能比较

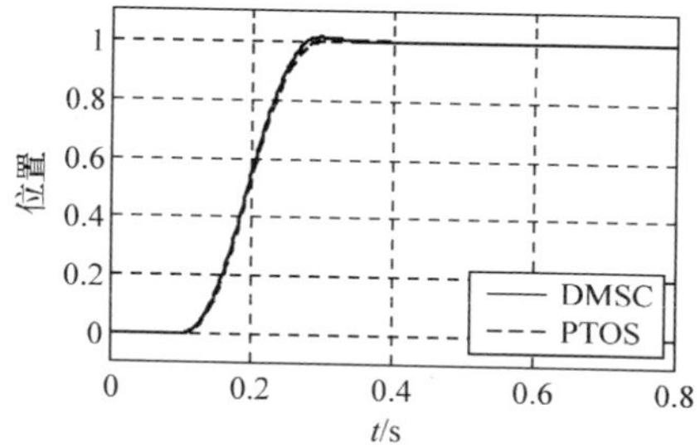

(a) 位置(归一化)

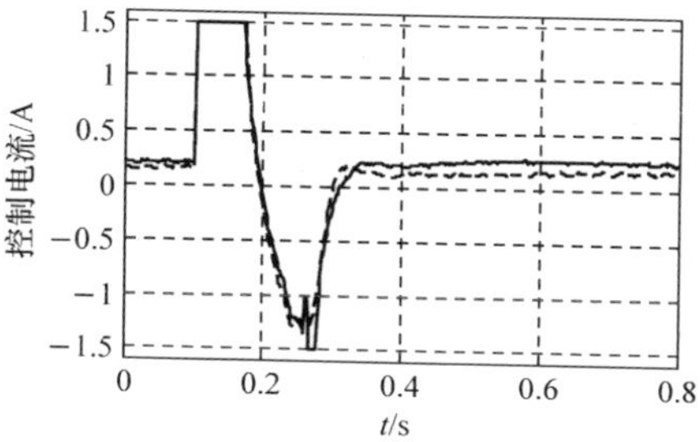

(b) 控制信号

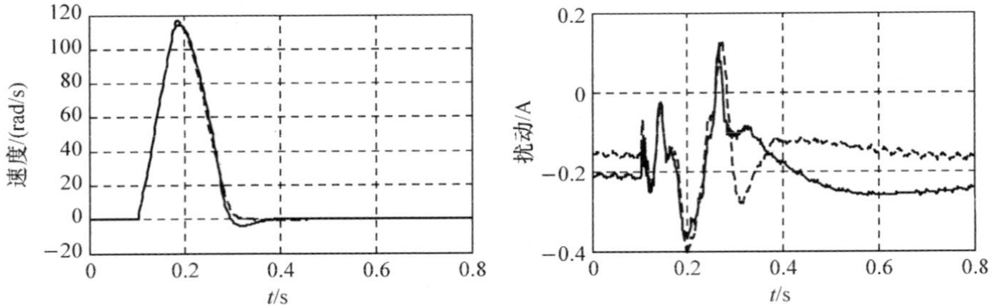

(c) 速度　　(d) 扰动(估计)

图 7.35　目标位置为 4π 时 DMSC 和 PTOS 之间的跟踪性能比较

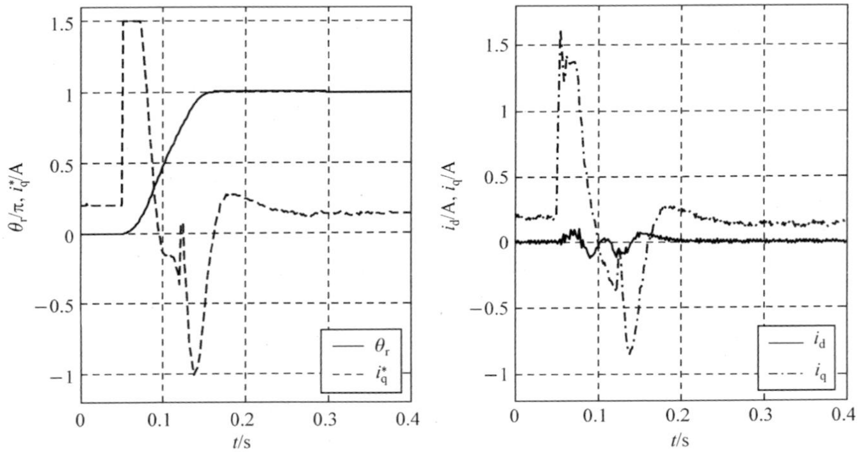

(a) 位置与控制电流　　(b) 实际电流

图 7.36　DMSC 用于目标位置 π 和 0.1N · m 负载转矩的实验结果

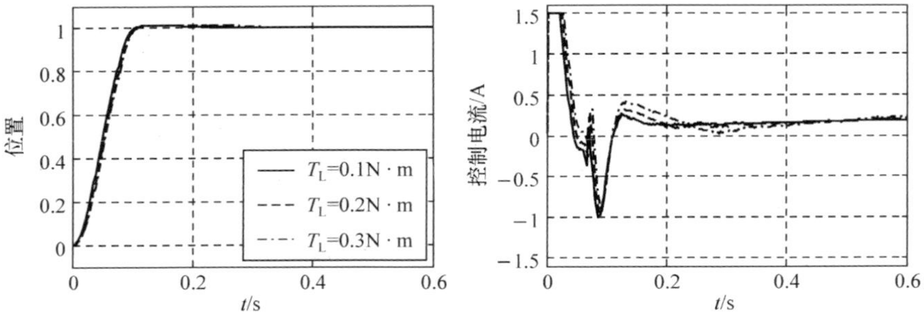

(a) 位置(归一化)　　(b) 控制信号

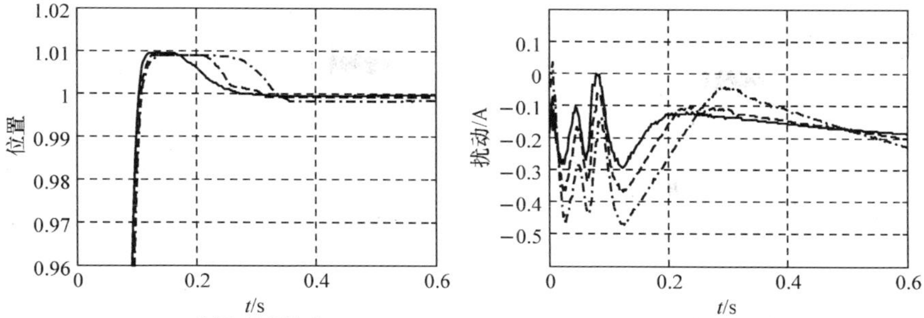

(c) 位置(局部放大)　　(d) 扰动(估计)

图 7.37　DMSC 在各种负载转矩下对目标位置 π 的跟踪实验结果(放大视图)

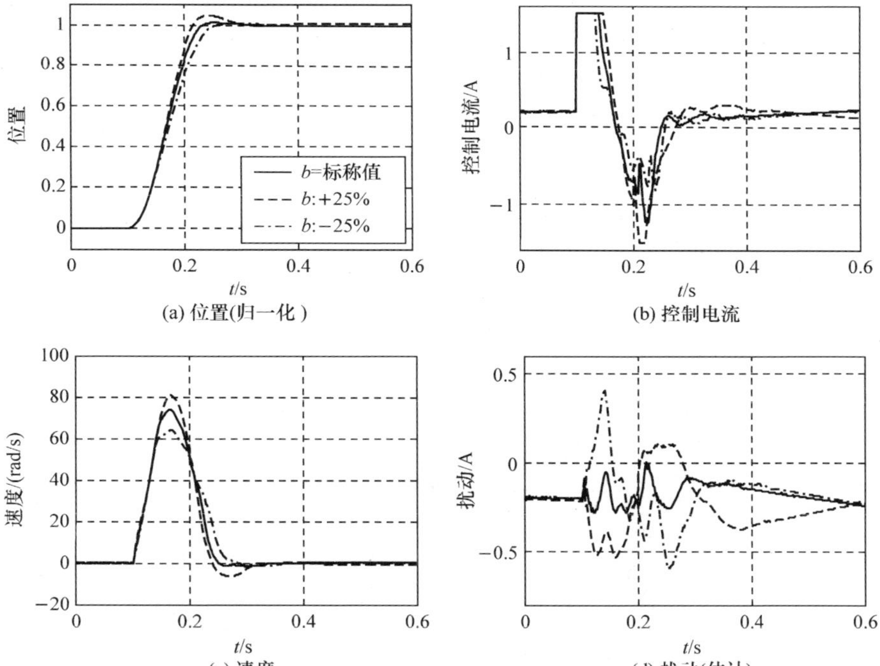

(a) 位置(归一化)　　(b) 控制电流

(c) 速度　　(d) 扰动(估计)

图 7.38　DMSC 在参数摄动时对目标位置 2π 的跟踪实验效果

表 7.6　位置跟踪的调节时间比较

目标位置	0.5π	π	2π	4π
PTOS/s	0.124	0.116	0.136	0.178
DMSC/s	0.094	0.098	0.126	0.168
改善效果/%	24.2	15.5	7.4	5.6

7.6　直线电机二维伺服平台轮廓轨迹的 RCNT 控制

直线电机是一种将电能直接转换成直线运动机械能而不需要中间转换机构的传动装置。它可以看成是一台旋转电机按径向剖开，并展成平面而成。直线电机与旋转电机相比，主要有如下几个特点：一是结构简单。由于直线电机不需要把旋转运动变成直线运动的附加装置，结构大为简化，重量和体积大大减小。二是定位精度高。直线电机可以实现直接传动，消除了中间环节所带来的各种定位误差，故定位精度高。三是反应速度快、灵敏度高、随动性好。直线电机容易做到其动子用磁悬浮支撑，这就消除了定、动子间的接触摩擦阻力，因而大大地提高了系统的灵敏度、快速性和随动性。四是工作安全可靠、寿命长。直线电机可以实现无接触传递力，机械摩擦损耗几乎为零，所以故障少、工作安全可靠、寿命长。目前直线电机越来越多地应用在高速高精度的伺服应用系统中。本节将把第 4 章的 RCNT 控制技术应用于一个直线电机龙门伺服平台，进行二维轮廓轨迹的跟踪控制。

7.6.1　二维伺服平台的数学模型

本节涉及的伺服平台由 Inoservo 公司制造，它包含两台轴向相互垂直的永磁直线同步伺服电机，如图 7.39 所示。

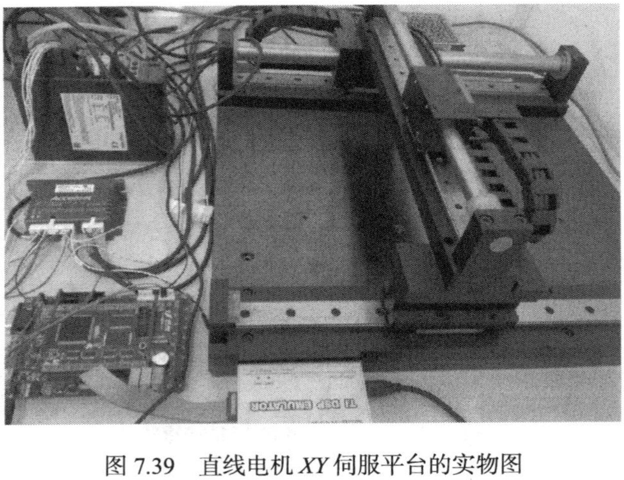

图 7.39　直线电机 *XY* 伺服平台的实物图

伺服平台的两个运动轴都采用永磁直线同步伺服电机，为建立每一轴的直线电机伺服运动的数学模型，做如下的简化假设：

(1) 定子表面永磁体排列均匀；

(2) 电机铁心的涡流损耗可忽略；

(3) 初级的齿槽效应可忽略；

(4) 初级上没有阻尼绕组。

基于上述假设，可借鉴旋转电机 dq 坐标系分析方法，来实现直线电机的矢量控制。首先得到如下的电压方程与磁链方程。

电压方程：

$$\begin{cases} u_{\mathrm{q}} = R_{\mathrm{s}} i_{\mathrm{q}} + \dot{\psi}_{\mathrm{q}} + \omega_1 \psi_{\mathrm{d}} \\ u_{\mathrm{d}} = R_{\mathrm{s}} i_{\mathrm{d}} + \dot{\psi}_{\mathrm{d}} - \omega_1 \psi_{\mathrm{q}} \end{cases}$$

磁链方程：

$$\begin{cases} \psi_{\mathrm{q}} = L_{\mathrm{q}} i_{\mathrm{q}} \\ \psi_{\mathrm{d}} = L_{\mathrm{d}} i_{\mathrm{d}} + \psi_{\mathrm{f}} \end{cases}$$

式中，u_{d}、u_{q} 分别为 d、q 轴电压；i_{d}、i_{q} 分别为 d、q 轴电流；R_{s} 为动子相电阻；ψ_{d}、ψ_{q} 分别为 d、q 轴磁链；ω_1 为等效的电角速度 $\left(\omega_1 = \dfrac{\pi}{\tau} v\right)$，其中 τ 为极距，v 为直线电机的动子运动速度；L_{d}、L_{q} 分别为 d、q 轴电感；ψ_{f} 为永磁体产生的磁链。

其次，电机产生的电磁推力为

$$F_{\mathrm{t}} = \frac{3\pi}{2\tau}[\psi_{\mathrm{f}} i_{\mathrm{q}} + (L_{\mathrm{d}} - L_{\mathrm{q}}) i_{\mathrm{d}} i_{\mathrm{q}}] \tag{7.43}$$

若控制励磁电流 $i_{\mathrm{d}} = 0$，则可使得电机输出的电磁推力只与电流 i_{q} 相关，此时的电磁推力方程可简化为

$$F_{\mathrm{t}} = \frac{3\pi}{2\tau} \psi_{\mathrm{f}} i_{\mathrm{q}} = K_{\mathrm{t}} i_{\mathrm{q}} \tag{7.44}$$

电机动子的机械运动方程为

$$M\dot{v} + K_{\mathrm{f}} v + d_{\mathrm{f}} = K_{\mathrm{t}} i_{\mathrm{q}} \tag{7.45}$$

式中，v 为动子运动速度；M 为动子与负载的总重量；K_{t} 为电磁推力系数；K_{f} 为黏性摩擦系数；d_{f} 为扰动阻力。

选取动子位置 y 和速度 v 为系统的状态变量，则可得到直线电机的机械运动子系统的状态方程为

$$\begin{cases} \dot{\boldsymbol{x}} = \boldsymbol{A} \cdot \boldsymbol{x} + \boldsymbol{B} \cdot [\mathrm{sat}(u) + d] \\ y = \boldsymbol{C} \cdot \boldsymbol{x} \end{cases} \tag{7.46}$$

式中，$\boldsymbol{x} = \begin{bmatrix} y \\ v \end{bmatrix}$；$\boldsymbol{A} = \begin{bmatrix} 0 & 1 \\ 0 & a \end{bmatrix}$，其中 $a = -\dfrac{K_{\mathrm{f}}}{M}$；$\boldsymbol{B} = \begin{bmatrix} 0 \\ b \end{bmatrix}$，其中 $b = \dfrac{K_{\mathrm{t}}}{M}$；$\boldsymbol{C} = [1 \quad 0]$；

$u=i_{\mathrm{q}}$ 为控制输入量；$d=-\dfrac{d_{\mathrm{f}}}{K_{\mathrm{t}}}$ 表示由扰动阻力折算而成的等价输入扰动；sat(u) 表示控制信号(电流)的饱和限幅函数。

伺服平台的两轴分别配置了 Copley Controls 伺服驱动器(ACJ-055-18)和以色列 Mega-Fabs D 系列驱动器，并采用 Maglin 公司的磁栅编码器(分辨率为 1μm)提供增量式位置正交脉冲信号。利用伺服平台配套的上位机软件，对两个运动轴的直线电机的驱动器(Copley 驱动器和 Mega-Fabs D 驱动器)进行参数设置，让它们都工作在电流(力矩)命令模式。则伺服平台的每一轴(包括驱动器和电机本体)，都以电流(A)作为控制信号，以位置(m)作为输出量，其数学模型可用式(7.46)来表示，y 和 v 分别是每一轴动子的位置(m)和速度(m/s)，其中位置信号可测量，控制信号 u(电流命令)的饱和限幅值为 $u_{\max}=1.4\mathrm{A}$，d 是未知扰动。模型参数经系统辨识，其值如下。

X 轴：$a=-44.12$，$b=9.3$；

Y 轴：$a=-37.14$，$b=16.2$。

7.6.2 曲线轨迹跟踪控制器的设计

为进行二维轮廓轨迹的跟踪，需为每一轴指定一个目标轨迹信号，并设计相应的轨迹跟踪控制律。由于两个运动轴具有相同的系统模型结构，其控制器的设计是类似的。基于模型(7.46)，采用第 4 章的 RCNT 控制技术，控制器的设计分如下三步。

第 1 步 针对各轴要跟踪的轨迹信号 $r(t)$，设计相应的参考信号生成器：

$$\Sigma_{\mathrm{Ref}}:\begin{cases}\dot{\boldsymbol{x}}_{\mathrm{e}}=(\boldsymbol{A}+\boldsymbol{B}\boldsymbol{F}_{\mathrm{e}})\boldsymbol{x}_{\mathrm{e}}+\boldsymbol{B}r_{\mathrm{s}}, & \boldsymbol{x}_{\mathrm{e}}(0)=\boldsymbol{x}_{\mathrm{e}0}\\ u_{\mathrm{e}}=\boldsymbol{F}_{\mathrm{e}}\boldsymbol{x}_{\mathrm{e}}+r_{\mathrm{s}}\\ r_{\mathrm{g}}=\boldsymbol{C}\boldsymbol{x}_{\mathrm{e}}\end{cases} \tag{7.47}$$

式中，$\boldsymbol{x}_{\mathrm{e}}\in\mathbb{R}^2$ 是其内部状态量；u_{e} 是辅助控制信号；r_{s} 是外部信号源；r_{g} 是生成的信号。通过恰当设计 $\boldsymbol{F}_{\mathrm{e}}$，设置初始值 $\boldsymbol{x}_{\mathrm{e}0}$ 和选择 r_{s}，可使参考信号发生器 Σ_{Ref} 生成期望的轨迹信号，即 $r_{\mathrm{g}}(t)=r(t)$。例如，对正弦轨迹信号 $r(t)=a_1\sin(\omega_1 t+\phi)$，选择 $\boldsymbol{F}_{\mathrm{e}}=-\begin{bmatrix}\dfrac{\omega_1^2}{b} & \dfrac{a}{b}\end{bmatrix}$ 使得 $\boldsymbol{A}+\boldsymbol{B}\boldsymbol{F}_{\mathrm{e}}$ 具有一对特征值 $\pm \mathrm{j}\omega_1$，令外部信号源 r_{s}=0，且设置初始值 $\boldsymbol{x}_{\mathrm{e}0}$ 为

$$\boldsymbol{x}_{\mathrm{e}0}=\begin{bmatrix}\boldsymbol{C}\\ \boldsymbol{C}(\boldsymbol{A}+\boldsymbol{B}\boldsymbol{F}_{\mathrm{e}})\end{bmatrix}^{-1}\begin{bmatrix}a_1\sin\phi\\ a_1\omega_1\cos\phi\end{bmatrix}=\begin{bmatrix}a_1\sin\phi\\ a_1\omega_1\cos\phi\end{bmatrix} \tag{7.48}$$

对其他复杂或超越函数类型的轨迹信号 $r(t)$，可选择 $\boldsymbol{F}_{\mathrm{e}}=\begin{bmatrix}0 & -\dfrac{a}{b}\end{bmatrix}$ 使得 $\boldsymbol{A}+\boldsymbol{BF}_{\mathrm{e}}$ 在原点具有一对特征值，令外部信号源 $r_{\mathrm{s}}(t)=\ddot{r}(t)$，且设置初始值 $\boldsymbol{x}_{\mathrm{e0}}$ 为

$$\boldsymbol{x}_{\mathrm{e0}}=\begin{bmatrix}\boldsymbol{C}\\ \boldsymbol{C}(\boldsymbol{A}+\boldsymbol{BF}_{\mathrm{e}})\end{bmatrix}^{-1}\begin{bmatrix}r(0)\\ \dot{r}(0)\end{bmatrix}=\begin{bmatrix}r(0)\\ \dot{r}(0)\end{bmatrix} \tag{7.49}$$

第 2 步　设计扩展状态观测器，对速度和扰动加以估计：

$$\begin{cases}\dot{\boldsymbol{\eta}}=\begin{bmatrix}-\sqrt{2}\omega_0 & b\\ -\dfrac{\omega_0^{\ 2}}{b} & 0\end{bmatrix}\cdot\boldsymbol{\eta}+\begin{bmatrix}b & -(\omega_0^{\ 2}+\sqrt{2}a\omega_0)\\ 0 & -\dfrac{(a+\sqrt{2}\omega_0)\omega_0^{\ 2}}{b}\end{bmatrix}\cdot\begin{bmatrix}\mathrm{sat}(u)\\ y\end{bmatrix}\\ \begin{bmatrix}\hat{v}\\ \hat{d}\end{bmatrix}=\boldsymbol{\eta}+\begin{bmatrix}a+\sqrt{2}\omega_0\\ \dfrac{\omega_0^{\ 2}}{b}\end{bmatrix}\cdot y\end{cases} \tag{7.50}$$

式中，$\boldsymbol{\eta}$ 为观测器内部状态量；$\hat{v}$ 和 $\hat{d}$ 分别为速度和扰动的估计值；ω_0 为观测器极点的自然频率。

第 3 步　设计 RCNT 控制律。

选取 RCNT 线性控制的极点阻尼 ζ 和自然频率 ω，得到线性控制律的各增益矩阵和系数如下：

$$\boldsymbol{F}=-\begin{bmatrix}\dfrac{\omega^2}{b} & \dfrac{a+2\zeta\omega}{b}\end{bmatrix},\quad f_{\mathrm{d}}=-1,\quad \boldsymbol{G}_{\mathrm{d}}=\begin{bmatrix}0\\ 0\end{bmatrix}$$

选择一个正定的加权对角矩阵：

$$\boldsymbol{W}=\begin{bmatrix}\dfrac{2\zeta\omega^4}{b^2} & 0\\ 0 & \dfrac{2\zeta\omega^2}{b^2}\end{bmatrix}$$

求解 Lyapunov 方程 $(\boldsymbol{A}+\boldsymbol{BF})^{\mathrm{T}}\boldsymbol{P}+\boldsymbol{P}(\boldsymbol{A}+\boldsymbol{BF})=-\boldsymbol{W}$，得到一个对称正定矩阵 $\boldsymbol{P}$：

$$\boldsymbol{P}=\begin{bmatrix}\dfrac{\omega^3(1+2\zeta^2)}{b^2} & \dfrac{\zeta\omega^2}{b^2}\\ \dfrac{\zeta\omega^2}{b^2} & \dfrac{\omega}{b^2}\end{bmatrix}$$

则非线性反馈增益矩阵为

$$F_{\rm n} = \boldsymbol{B}^{\rm T}\boldsymbol{P} = \begin{bmatrix} \dfrac{\zeta\omega^2}{b} & \dfrac{\omega}{b} \end{bmatrix}$$

基于观测器的 RCNT 控制律如下：

$$u = u_{\rm e} + \boldsymbol{F}(\hat{\boldsymbol{x}} - \boldsymbol{x}_{\rm e}) - \hat{d} + \rho(e)\boldsymbol{F}_{\rm n}(\hat{\boldsymbol{x}} - \boldsymbol{x}_{\rm e}) \tag{7.51}$$

式中，$\hat{\boldsymbol{x}} = \begin{bmatrix} y \\ \hat{v} \end{bmatrix}$，而非线性函数 $\rho(e)$ 选择如下：

$$\rho(e) = \beta \cdot \left[\arctan(\alpha\alpha_0 \cdot |e|) - \frac{\pi}{2}\right] \tag{7.52}$$

式中，α 和 β 是非负参数；α_0 用于对初始跟踪误差 $e(0) = r(0) - y(0)$ 进行归一化：

$$\alpha_0 = \begin{cases} \dfrac{1}{|e(0)|}, & e(0) \neq 0 \\ 1, & e(0) = 0 \end{cases}$$

根据电机的模型参数，选取 RCNT 控制律的可调参数值(两轴电机采用相同的控制器参数)如下：

$$\zeta = 0.3\text{，}\ \omega = 80\text{rad/s}\text{，}\ \omega_0 = 200\text{rad/s}\text{，}\ \alpha = 2\text{，}\ \beta = 6$$

在轨迹跟踪时，每个运动轴各自运行一个控制器，使用各自的模型参数和输入输出信号。

7.6.3 实验研究

本节的控制对象是 Inoservo 公司提供的两维伺服平台(*XY* 平台)，是由两台轴向相互垂直的 Servo Shaft 系列管状永磁直线同步伺服电机、ACJ-055-18 型号 Copley Controls 伺服驱动器、以色列 Mega-Fabs D 系列驱动器、磁栅编码器和与驱动器配套的上位机软件构成。两台直线电机分别直接驱动 *X*、*Y* 两轴，完成二维平面内的轮廓轨迹跟踪控制。本实验采用 TI 公司的 TMS320F28335 DSC 作为主控芯片，进行轨迹跟踪控制器的编程实现，其产生的控制量以 PWM 波形(频率 10kHz)输出给电机驱动器作为电流命令。

X 轴电机采用了 Copley Controls 伺服驱动器，可通过上位机软件进行参数设置，使该驱动器工作在力矩(电流)、速度或位置模式的某一种；支持“PWM/方向”信号输入、±10V 模拟量电压输入、脉冲/方向信号输入等控制方式；支持 RS232 串口通信、CANopen 网络通信这两种通信方式。本实验中，通过使能设定，该驱动器工作在力矩(电流)模式，并接收来自外部控制器(DSC)的 PWM/方向控制信号，实现伺服驱动。其默认的电子齿轮比为 1∶1，采用 RS232 串口通信。

Y 轴电机采用的是以色列 Mega-Fabs D 系列驱动器，功能与 Copley Controls 伺服驱动器大致相同，可通过设置让其工作在力矩(电流)模式。但该驱动器仅能接收 ±10V 外部模拟电压信号来实现伺服驱动。因此在实验中，需要将这一轴的电流命令从 DSC 输出的 3.3V PWM 信号转化为驱动器可识别的 ±10V 外部模拟电压信号。

两个运动轴都配置了 Maglin 公司生产的磁栅编码器，分辨率为 1μm，编码器可产生 A、B 两路正交脉冲信号，经 DSC 的 eQEP 模块进行解码处理，得到电机动子的位置反馈信号，提供给轨迹跟踪控制器。

系统的整体结构如图 7.40 所示。利用 TI 公司的 CCS 软件系统进行了实验调试，控制算法的离散采样周期设置为 1ms，分别进行了圆形、双纽线和四叶草轮廓轨迹的跟踪控制，采集的数据从 CCS 系统导出，然后在 MATLAB 中进行分析和绘图。

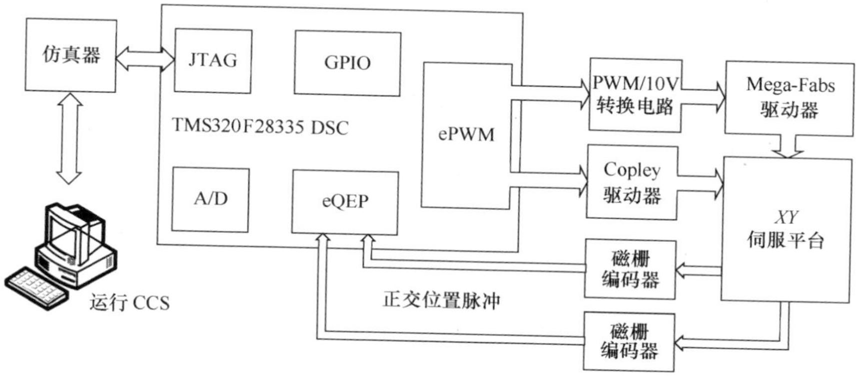

图 7.40　伺服平台实验系统的整体结构

1. 跟踪圆形轮廓

为了在二维平面上跟踪一个圆形轮廓，需分别指定两个运动轴的参考轨迹信号为

$$r_x(t) = a_1 \cdot \cos(\omega_1 t) = a_1 \cdot \sin\left(\omega_1 t + \frac{\pi}{2}\right),\quad r_y(t) = a_1 \cdot \sin(\omega_1 t)$$

式中，a_1=0.05m，$\omega_1 = 0.5\pi$。跟踪圆形轮廓轨迹(半径为 5cm)的实验结果如图 7.41～图 7.43 所示(以半径 a_1 为基准进行归一化处理和显示，其中 X 轴和 Y 轴的跟踪曲线显示了两个周期的波形，下同)，实际的轮廓轨迹与目标轨迹基本吻合，其中 X 轴跟踪误差最大值约为 0.5mm，Y 轴跟踪误差最大值约为 0.9mm，系统较好地实现了圆形轮廓轨迹的跟踪。

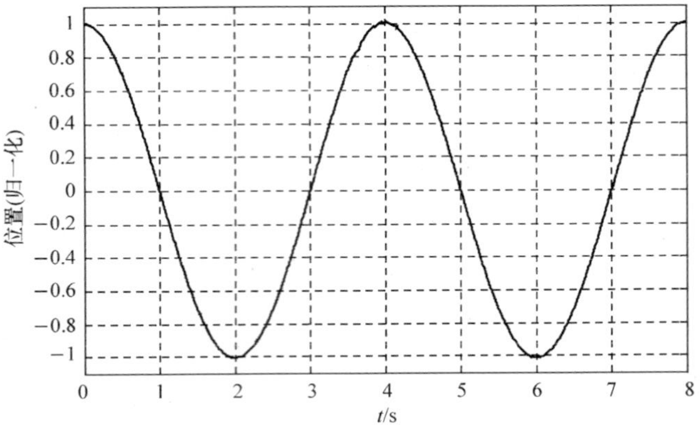

图 7.41　圆形轨迹 X 轴跟踪曲线(实验)

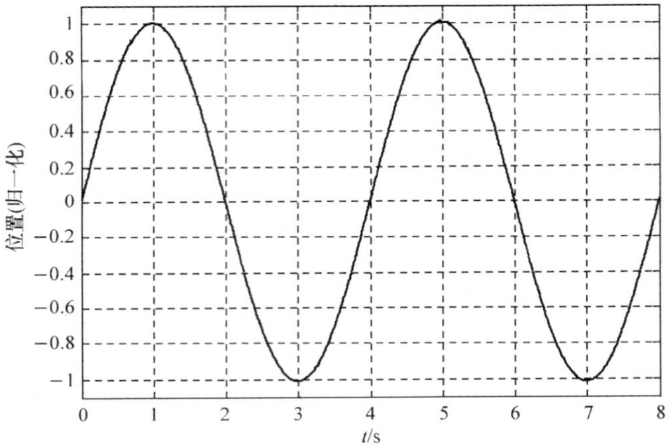

图 7.42　圆形轨迹 Y 轴跟踪曲线(实验)

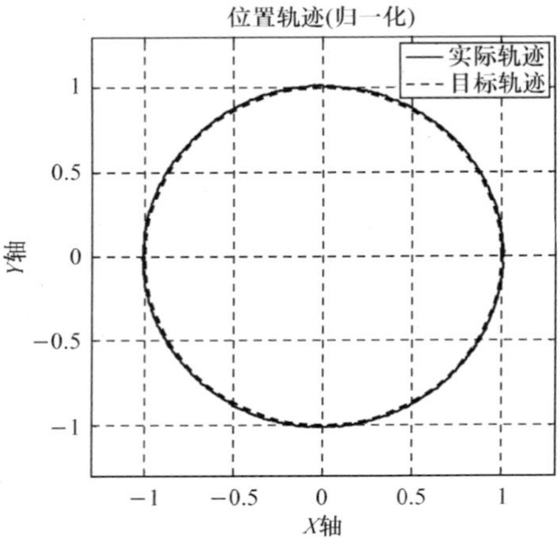

图 7.43　跟踪一个圆形轮廓轨迹(实验)

2. 跟踪双纽线轮廓

要在二维平面上跟踪一个双纽线轮廓，可分别指定两轴的参考轨迹信号如下：

$$r_x(t)=\frac{a_1\cdot\cos(\omega_1 t)}{1+\sin^2(\omega_1 t)},\quad r_y(t)=\frac{a_1\cdot\sin(\omega_1 t)\cdot\cos(\omega_1 t)}{1+\sin^2(\omega_1 t)}$$

式中，a_1=0.05m，$\omega_1=0.5\pi$。其参考信号生成器按照超越函数类型进行设计。实验结果如图 7.44～图 7.46 所示。在跟踪双纽线轮廓轨迹信号时，伺服平台能较好地实现轨迹跟踪和轮廓控制，其中 X 轴跟踪误差最大值约为 1.1mm，Y 轴跟踪误差最大值约为 0.6mm。

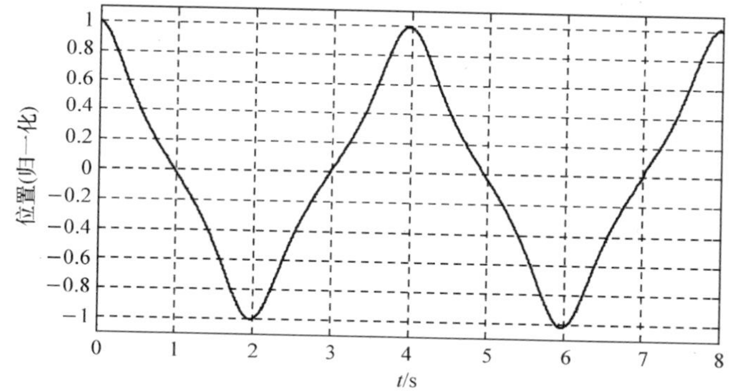

图 7.44　双纽线轨迹 X 轴跟踪曲线(实验)

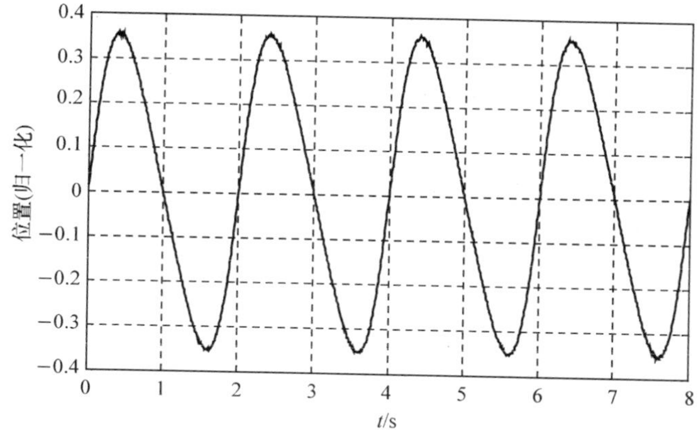

图 7.45　双纽线轨迹 Y 轴跟踪曲线(实验)

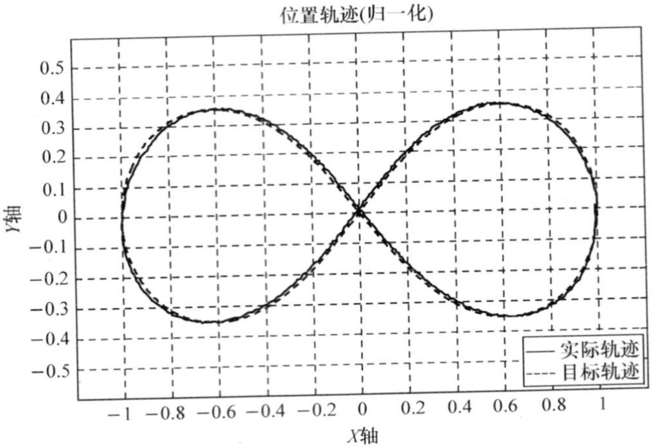

图 7.46　跟踪一个双纽线轮廓轨迹(实验)

3. 跟踪四叶草轮廓

为跟踪一个四叶草轮廓，需为两轴分别设定参考轨迹信号：

$$r_x(t) = a_1 \cdot \sin(2\omega_1 t) \cdot \cos(\omega_1 t)\text{，}\quad r_y(t) = a_1 \cdot \sin(2\omega_1 t) \cdot \sin(\omega_1 t)$$

式中，a_1=0.05m，$\omega_1 = 0.5\pi$。其参考信号生成器按照超越函数类型进行设计。实验结果如图 7.47～图 7.49 所示，系统能实现轮廓跟踪控制，其中 X 轴跟踪误差最大值为 2.8mm，Y 轴跟踪误差最大值为 1.7mm。随着轮廓轨迹的复杂度增加，跟踪误差有所扩大，这主要是由于机械系统的非线性效应(摩擦、反冲等)的影响。若要进一步改善轮廓跟踪性能，可考虑对每个运动轴的非线性效应进行建模和补偿，并引入两轴交叉耦合控制方案[5]。

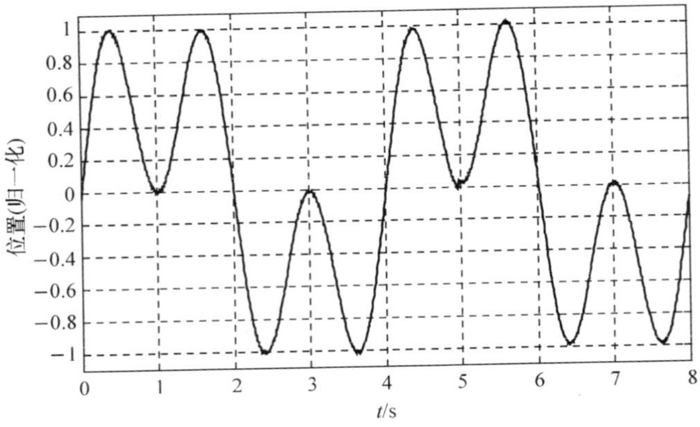

图 7.47　四叶草轨迹 X 轴跟踪曲线(实验)

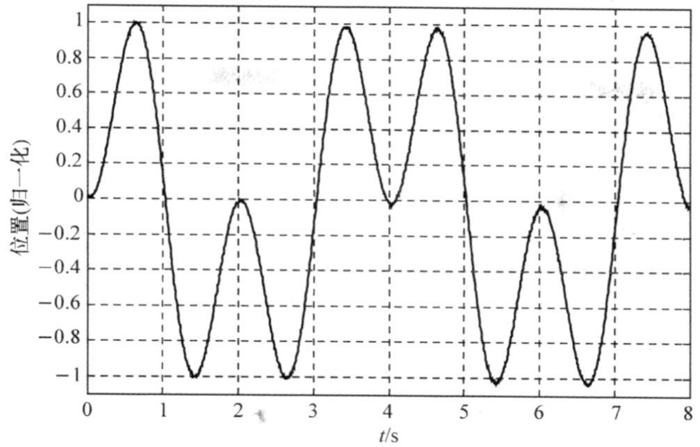

图 7.48　四叶草轨迹 Y 轴跟踪曲线(实验)

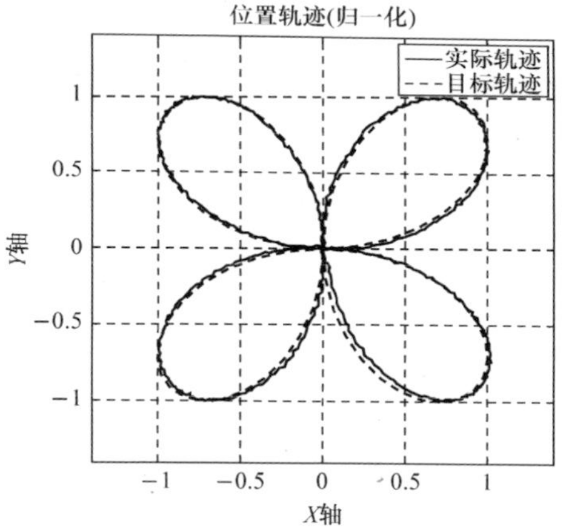

图 7.49　跟踪一个四叶草轮廓轨迹(实验)

7.7　小　　结

本章针对典型的电机伺服系统，分别采用了鲁棒 PTOS 控制技术(包括速度受限 PTOS 控制和带阻尼伺服系统的扩展 PTOS 控制)、RCNS 和 RCNT 控制技术，以及 DMSC 等技术，设计了相应的位置/速度伺服控制系统，并通过数字信号处理器芯片编程实现，进行了实验测试，展示了控制技术的优越性。在具体的控制器设计中，尽可能地采用参数化的设计方案，通过关键参数的整定，来改善伺服系统的控制性能。这种参数化的伺服控制器设计方案，一方面使得控制器可以方便地推广应用到同类的伺服系统；另一方面也可与系统模型参数的在线辨识算法相结合，构成自校正控制系统，从而提高控制器的适应性。

本章涉及的伺服系统，其系统模型原本含有高阶和/或非线性动态特性，但经过解耦变换、串级控制、滤波或近似处理之后，其主导动力学模型退化为一个二阶系统，这样无论采用鲁棒近似时间最优还是复合非线性伺服控制技术，都可按参数化方式设计出一个满足控制量、状态量(如速度)约束条件的高性能伺服控制系统。这种处理方式为工程应用提供了一个兼顾性能和可实现性的范例。当然，如果要针对更一般的系统模型来实现带约束条件的高性能伺服控制，则需要更深入的研究。一种可能的思路是借鉴 MPC 的思想，在控制律设计、实现中显式地处理约束条件。但是，MPC 系统为了处理约束条件，在每个控制周期里需要在线求解一个数学规划问题，其计算量巨大，很难在电气传动、电力电子装置这样的快速动态系统中实现[6]。目前，许多研究人员致力于简化 MPC 算法和提高 MPC 在线计算的效率[7-14]。

本章设计的伺服控制系统在实验中展示了优越的性能，这主要体现在宏观层面上。对一些微米、纳米尺度下的精密伺服系统，如压电器件或形状记忆合金等构成的系统，其微观动态特性对系统性能具有重大的影响，特别是系统运动时接触表面之间的摩擦、反冲、迟滞等非线性动态效应，需要进行动态建模和补偿，才能实现准确的伺服控制[15]。这些内容，由于条件限制，本书目前尚未涉及，留待今后加以研究。

参 考 文 献

[1] 阮毅, 陈维钧. 运动控制系统. 北京: 清华大学出版社, 2006.

[2] Ghosh P. Numerical Methods With Computer Programs in C++. 北京: 清华大学出版社, 2008.

[3] Chen B M, Lee T H, Peng K M, et al. Hard Disk Drive Servo Systems. 2nd ed. New York: Springer, 2006.

[4] Peng K M, Chen B M, Cheng G Y, et al. Modeling and compensation of nonlinearities and friction in a micro hard disk drive servo system with nonlinear feedback control. IEEE Transactions on Control Systems Technology, 2005, 13(5): 708-721.

[5] Chin S C, Li Y C. Cross-coupling position command shaping control in a multi-axis motion system. Mechatronics, 2011, 21(1): 625-632.

[6] 席裕庚, 李德伟, 林姝. 模型预测控制——现状与挑战. 自动化学报, 2013, 39(3): 222-236.

[7] Gondhalekar R, Imura J. Least-restrictive move-blocking model predictive control. Automatica, 2010, 46(7): 1234-1240.

[8] Summers S, Jones C N, Lygeros J, et al. A multiresolution approximation method for fast explicit model predictive control. IEEE Transactions on Automatic Control, 2011, 56(11): 2530-2541.

[9] Zeilinger M N, Jones C N, Morari M. Real-time suboptimal model predictive control using a combination of explicit MPC and online optimization. IEEE Transactions on Automatic Control, 2011, 56(7): 1524-1534.

[10] Li D, Xi Y, Lin Z. An improved design of aggregation-based model predictive control. Systems & Control Letters, 2013, 62(11): 1082-1089.

[11] Necoara I, Ferranti L, Keviczky T. An adaptive constraint tightening approach to linear model predictive control based on approximation algorithms for optimization. Optimal Control Applications and Methods, 2015, 36(5): 648-666.

[12] Holaza J, Takcs B, Kvasnica M, et al. Nearly optimal simple explicit MPC controllers with stability and feasibility guarantees. Optimal Control Applications and Methods, 2015, 36(5): 667-684.

[13] Shekhar R C, Manzie C. Optimal move blocking strategies for model predictive control. Automatica, 2015, 61(11): 27-34.

[14] Goebel G, Allgower F. Semi-explicit MPC based on subspace clustering. Automatica, 2017, 83(9): 309-316.

[15] 闫鹏，张震，郭雷，等．超精密伺服系统控制与应用．控制理论与应用，2014，31(10): 1338-1351.